SMARTBUSINESSCONCEPTS

Die Zeit der Smarten Experten

1. Auflage 2018

Smart Business Concepts – Jesteburg 2018

ISBN: 978-3-943895-79-7

www.smartbusinessconcepts.de

Markenschutz

Verlag:
Smart Business Concepts
© Conta Gromberg Communication GmbH & Co. KG
21266 Jesteburg

Produkt-Treppe®

Der Begriff „*Produkttreppe*" ist als Wortmarke und die dazugehörige Grafik als Darstellung geschützt. Sie kann zur eigenen Arbeit und auch bei eigenen Publikationen in begrenztem Maße mit Quellenangabe verwendet werden.

Nähere Informationen zum Gebrauch siehe:

smartbusinessconcepts.de/produkt-treppe

Haftungsausschluss

Alle Angaben in diesem Buch wurden sorgfältig recherchiert und bearbeitet. Die Autoren und der Verlag übernehmen aber keine Gewähr und haften nicht für die Angaben oder etwaige Verluste, die aufgrund der Umsetzung von Gedanken oder Ideen entstehen, oder Folgen von Irrtümern, mit denen der Text behaftet sein könnte.

Die im Buch gezeigten visuellen Geschäftsmodell-Analysen mit Hilfe der Produkt-Treppe® sind Vereinfachungen. In der Wirklichkeit sind die Modelle komplexer. Zur besseren Verständlichkeit werden Sachverhalte und Zahlen vereinfacht dargestellt.

Die im Buch verwendeten Internetadressen entsprechen dem Stand Juli 2018. Die Autoren und der Verlag übernehmen keine Gewähr für Aktualität und Inhalt der Internetseiten oder Links.

Brigitte Conta Gromberg
Ehrenfried Conta Gromberg

Die Zeit der SMARTEN EXPERTEN

FINDEN SIE DAS THEMA, DAS IHR LEBEN VERÄNDERT!

In 9 Schritten zum eigenen smarten Expertenkonzept

Die erste kompakte Systematik smarter Wissens-Geschäftsmodelle

WOW!

Für Euch ... ausnahmsweise

Ja, ja, schon klar. Als smarter Experte halten Sie sich nicht mit Vorworten auf. Warum auch? Ihre Zeit ist kostbar. Und die können Sie besser nutzen. Also her mit dem Fleisch. Auf zu des Pudels Kern.

Genau das ist auch der Grund, weshalb wir bisher jede Anfrage, ein Vorwort zu schreiben, konsequent abgelehnt haben. Warum einführende Worte in die Tasten klimpern, wenn Zeit so wertvoll ist. Und so war auch hier unsere erste Reaktion „Nein, wir schreiben kein Vorwort" – bis wir in das Manuskript reingeschaut haben.

Um es kurz zu machen: Sie haben Ihr Geld sehr gut investiert. Was Sie hier in der Hand haben, ist fundiert und praktikabel zugleich. *„Die Zeit der smarten Experten"* gibt Neueinsteigern eine gute Orientierung und ist gleichzeitig Gedankenfutter für alle, die schon im Markt als Experten unterwegs und davon überzeugt sind, dass es sich lohnt, sich immer mal wieder zu hinterfragen und nachzujustieren.

Eine Sache ist uns aber noch wichtig: Lesen Sie dieses Buch nicht nur, sondern TUN SIE ETWAS. Das ist der Punkt. Die Pointe dieses Werks. Das Warum der Modelle und der Roadmap, die Sie in diesem Buch finden.

Das richtige Werkzeug haben Sie jetzt in der Hand. Nutzen Sie es.

In diesem Sinne:

Alles, außer gewöhnliche Grüße

Anja Förster & Peter Kreuz

foerster-kreuz.com

Kennen Sie Ihr Thema?

Was für eine Frage. Natürlich kennen Sie eine ganze Reihe von Themen, haben sich mit vielen in Ihrer Ausbildung oder im Beruf professionell beschäftigt, ganz zu schweigen von Vorlieben, Ängsten, Hobbies ...

Themen, die Sie bewegen, haben Sie genug.

Aber welches davon ist IHR Thema? Und ist Ihr Thema smart?

Vielleicht sind Sie bereits „Fachfrau" oder „Fachmann" in einem Gebiet. Aber irgendwie fühlt sich das noch nicht richtig an. Das Ganze ist noch nicht geschmeidig oder der Modus, in dem Sie Ihr Geld verdienen, behagt Ihnen nicht mehr. Kurzum: Sie haben Lust, noch einmal ein neues Kapitel aufzuschlagen. Doch wie macht man das, ohne sich zu verzetteln?

Viele, die wir begleiten, sind an einem solchen Punkt. Sie haben sich in ihrer Biografie oder beruflich weiterentwickelt – unter der Oberfläche ist etwas herangewachsen, das in eine neue Form will. Zum anderen sehen sie, wie andere scheinbar mühelos draußen im Netz Karriere machen. Warum sollte man nicht das, was in einem steckt, mit neuen, smarten, digitalen Möglichkeiten kombinieren?

Wir machen Ihnen Mut, es zu tun:

Was wäre, wenn Sie sich auf die Suche begeben und das Thema finden, für das es sich lohnt, morgens aufzustehen? Wenn es ein solches Thema gäbe (oder eine bessere Aufstellung Ihres alten Themas), was würden Sie tun?

- Wie würde sich Ihr Leben verändern?
- Wie weit würde Ihr Thema tragen?
- Wie müsste man das Ganze aufbauen?

Um diese Fragen geht es in diesem Buch.

Es ist unser Lieblingsbuch, da wir als langjähriges Solopreneur-Paar selbst Smarte Experten sind. Wir haben uns vor einigen Jahren genau diese Frage selbst gestellt: *Was ist eigentlich unser Thema?* Und das veränderte so gut wie alles. Ein (spätes Ergebnis) dieser Frage ist das Buch in Ihren Händen, komplett im eigenen Home-Office entstanden. Ohne Verlag, dafür mit Blick ins Grüne und mit regelmäßigen, selbstgesteuerten Pausen. Wir schreiben also auch über uns selbst. Aber vor allem schreiben wir über eine Zeit, in der immer mehr Expertinnen und Experten smart ihr Geld verdienen. Viele durften wir auf ihrem Weg begleiten, eine ganze Reihe sind uns Freunde geworden.

Dieses Buch zeigt, was die *Zeit der Smarten Experten* ausmacht und wie Sie sich selbst ein smartes Experten-Modell aufbauen. Wir lieben Analysen und bauen gerne Systematiken. Unsere Typologien sind Hilfestellungen, aus der Praxis gewachsen – aber keine Ideologie. Nutzen Sie dieses Buch in aller Gedankenfreiheit und trauen Sie sich, smart zu sein.

Ihre

Brigitte Conta Gromberg
Ehrenfried Conta Gromberg

smartbusinessconcepts.de

Finden Sie Ihr smartes Thema

- ***Warum*** werden in unserer Zeit Smarte Experten gebraucht?
- ***Warum*** lohnt es sich, seine Arbeitsweise zu verändern?
- Wie unterscheiden sich ***klassische*** von ***smarten*** Experten?
- Was ist das ***Thema***, für das Sie wirklich arbeiten wollen?
- Wie ***strukturieren*** Sie Ihr Thema, damit es tragfähig wird?

Planen Sie Ihr Experten-Modell strategisch

- Welcher ***Experten-Typ*** wollen Sie sein?
- Über welche der **5 *Marken-Typen*** positionieren Sie sich?
- Welche ***Marken-Strategie*** passt dann zu Ihnen?
- Lernen Sie, wie wichtig ein ***Experten-Frame*** ist
- Warum Ihre ***Produkte*** der Dreh- und Angelpunkt sind
- Wie die ***Produkt-Treppe***® Ihrem Geschäftsmodell Struktur gibt

Wachsen Sie in drei verschiedenen Situationen

Start
- Wie ***starten*** Sie, wenn Sie noch keine Bekanntheit haben?
- Welche ***Fehler*** sollten Sie am Anfang nicht machen?

Wandel
- Wie ***smartisieren*** Sie eine bestehende Selbstständigkeit?
- Wie ***tauschen*** Sie ein Kundensegment gegen ein anderes?

Reife
- Wie wollen Sie Ihre ***Experten-Biografie*** gestalten?
- Die Langzeit-***Perspektive***: Wann wollen Sie wo ankommen?

Die Zeit der Smarten Experten

Aus meinen eigenen Recherchen entstand im August 2010 Veggie Love, das erste deutschsprachige Blog über veganen Lifestyle.

Seitdem habe ich für zahlreiche nationale und internationale Publikationen geschrieben. (...) Ich bin Content Creator und Autorin von zwei Büchern.

Momentan lebe ich in Konstanz am Bodensee. Umziehen ist zwar nicht mein Hobby, dennoch mache ich es recht häufig und für mich gibt es nicht den einen Ort, an dem ich für immer bleiben will. Ich habe schon an der amerikanischen Ostküste, in Stuttgart, am Luganer See, in Hamburg und München und zuletzt sechs Jahre in Berlin gewohnt.

Selbstvorstellung von Franziska Schmid
Lebt von ihrem Blog und Publikationen
veggie-love.de

Schritt 1 – den Umbruch verstehen

1 Die Zeit der Smarten Experten

Warum Ihr Wissen mehr denn je gefragt ist

Unsere Zeit verändert sich. Immer mehr Menschen können und wollen selbstbestimmt lernen. Sie suchen authentisches Wissen, gut aufbereitet und schnell anwendbar. Anders gesprochen: Sie suchen nach Smarten Experten. Sie können eine dieser neuen Expertinnen oder Experten sein – wenn Sie beginnen, Wissen in neuer Form anzubieten.

Ein Blick in Ihre Zukunft

Sie sitzen an einem Ort, den Sie mögen und der Sie inspiriert. Das ist entweder ein tolles Café oder ein Home-Office mit Blick auf die Natur oder ______________________ (*wählen Sie sich etwas Schönes aus*).

Sie haben einen ruhigen Vormittag vor sich, um an einer spannenden Lektion zu arbeiten. Es geht um Ihr Lieblingsthema und darin um eine Fragestellung, die Sie schon lange gereizt hat. Sie haben am Vortag mit einigen Freunden und anderen Experten ausgetauscht, wie man das am besten angehen könnte und nun freuen Sie sich, das in Form zu bringen.

Sie schließen alle E-Mail-Programme und andere Messenger. Ohnehin ist dort nicht so viel los, da die meisten Fragen an Sie zunächst bei einem Help-Desk auflaufen und von einem freien Mitarbeiter vorsortiert oder beantwortet werden. Es herrscht also digitale Funkstille und Sie können in Ruhe arbeiten. Nicht weit von Ihnen entfernt sitzt Ihr Lebenspartner, der ebenfalls an seinem Thema arbeitet. Sie mögen es, in der Nähe Ihres Partners zu sein. Die nächste Pause ist das Mittagessen mit ihm (oder ihr).

Phantasie? Nein.

Das geht, denn Sie leben in der ***Zeit der Smarten Experten***. Und es geht noch viel mehr. Es fasziniert uns, welche Möglichkeiten für Sie heute offen stehen. Die oben geschilderte Szene entspricht unserer eigenen Wirklichkeit. Wir werden für Sie noch weitere Bilder entwerfen, andere Anordnungen, reale Szenarien von Smarten Experten, die wir kennen oder getroffen haben. Es ist vieles möglich. Doch was bedeutet das? In der Praxis werfen die Phantasien von schönen Orten und ruhiger Arbeit mehr als eine Frage auf. Vor allem, wenn man bei Null startet.

Da ist Robert*, Teilnehmer in einer unserer Intensivgruppen. Er war über 20 Jahre in Konzernen tätig, hat *„cross-funktionale und multikulturelle"* Teams geführt, Prozesse optimiert und ein Talent für Analyse. Robert wünscht sich *„die Freiheit, die Dinge so zu tun, wie ich sie für richtig halte"* und möchte ab jetzt *„selbstbestimmt nach meinen Werten leben und meine Erfahrungen für Dinge nutzen, die mich wirklich interessieren."*

* Name geändert

Der Wunsch ist klar, doch wie setzt er das um? Wie kann Robert seine Arbeitsweise ändern? Natürlich kann er kündigen und freier Projektleiter und Berater werden, aber er möchte nicht einfach das gleiche Muster wie vorher als Selbstständiger weiterleben. Er träumt von mehr Ruhe, Harmonie und Gelassenheit in seinem Leben. Und hier beginnen die Fragen. Wie kann er sein Wissen in eine andere, smartere Geschäftsform überführen? Wie baut man sich einen „neuen Ruf" als Experte auf?

- Soll man im Internet einen Blog anfangen?
- Oder nicht lieber gleich Seminare anbieten? Ist das smart?
- Oder wäre ein Online-Kurs die sinnvolle Form?
- Oder nicht doch lieber zuerst ein Buch schreiben?

Wie geht eigentlich Smarter Experte?

Robert muss sein Fachwissen „irgendwie" in eine neue Form bringen. Aber was ist die richtige Form und wie hängen die Sachen zusammen? Dafür gab es bisher keine Systematik. Die meisten Smarten Experten, die wir kennen, haben noch *Try and Error* gelernt. Oft gab es ein Vorbild oder einen Impuls, man stolperte über etwas, blieb dran und dann entwickelte sich das Ganze. Dieses Buch soll Ihnen die Sache leichter machen, liefert ein System und geht tiefer als das eine oder andere US-Buch zum Thema.

Die Antwort auf viele der oben genannten Fragen ergibt sich aus vier Dingen: Ihrem ***Experten-Thema***, Ihrem ***Experten-Typ,*** Ihrem ***Marken-Typ***, und Ihrer ***Produkt-Treppe***®. Wenn Sie diese vier Punkte gut benennen können, fallen andere Dinge ins Lot. Wir zeigen Ihnen deshalb die Welt der Smarten Experten und ordnen sie nach den genannten Kategorien. Sie ist oft bodenständiger als viele denken und doch abenteuerlicher als Sie wahrscheinlich vermuten. Wir können nicht genug davon bekommen.

Bevor wir das aber tun, sehen wir uns in diesem Kapitel zunächst an, wie die *Zeit der Smarten Experten* aussieht. Was sind Ursachen für die „neue Zeit". Es ist eine turbulente Zeit mit mehr als einem Umbruch. Wir laden Sie ein, die Zeit der Smarten Experten als eine Chance zu sehen, bereiten Sie gleichzeitig aber darauf vor, dass Experte zu sein, kein Selbstgänger ist.

Ein kleiner Blick aus unserem Fenster

Wir hatten mit einem Traumbild begonnen. Machen wir kurz dort weiter. Das Buch in Ihrer Hand ist ein selbst gestaltetes „Experten-Produkt". Während genau diese Zeilen entstehen, die Sie gerade lesen, regnet es, der Winter weicht einem ersten Übergangswetter. Deutlich hören wir die Vögel draußen, die sich bereits auf den Frühling vorbereiten. Anders ausgedrückt: Wir haben hier in unserem Home-Office unseren eigenen Takt, unsere eigene Zeit und haben heute früh beim Frühstück kurz darüber gesprochen, was wir in diesem Jahr stärker verfolgen wollen.

Das ist für uns harmonisches Arbeiten. Als Smarte Experten zu arbeiten, ist für uns etwas Erfüllendes und Schönes. Es bringt diese glücklichen Momente, an der richtigen Stelle sein zu dürfen. Genau dorthin möchten wir Sie bekommen: an Ihre richtige Stelle. Sie können Ihre Arbeitsweise so ändern, dass es für Sie rund läuft und Sie Ihrem Thema frei nachgehen.

Ein wesentlicher Faktor der Zeit der Smarten Experten ist die ***Wahlfreiheit***. Sie können heute Ihren Arbeitsplatz selbst gestalten. Das Home-Office ist dabei nur eine Möglichkeit. Wir arbeiten seit 25 Jahren in unseren eigenen vier Wänden (18 Jahre davon in unserem selbstgebauten Haus mit Kreativ-Loft) und wollen das nicht missen. Ihre „richtige Stelle" ist aber vielleicht nicht das Home-Office. Vielleicht sind Sie lieber an spannenden Orten irgendwo auf der Welt unterwegs (wir kennen viele digitale Nomaden, einige werden zu Wort kommen), oder Sie bevorzugen einen *zyklischen Rhythmus* (das erklären wir noch) oder ziehen immer mal wieder in die Stadt um, in der Sie gerade leben wollen (wie Franzika Schmid). Über all das werden wir sprechen, denn in der Zeit der Smarten Experten sind das wählbare Optionen. Sofern Sie Ihre Optionen kennen.

Schaffen Sie sich einen eigenen Orientierungs-Rahmen

Wir werden Sie in diesem Buch nicht mit Statistiken langweilen: Es gibt keine verlässlichen Zahlen, wer als Smarter Experte in Deutschland (Österreich, Schweiz) bereits etabliert und unterwegs ist. Es sind genug. Die Liste der im Buch beschriebenen Fallbeispiele finden Sie hinten im Buch. Sie werden rasch verstehen, wo die smarten Ansätze zu finden sind, und in Zukunft immer mehr „Smartianer" selbst entdecken. Es sind Solopreneure, Solopreneur-Paare und auch kompakte, kleine Remote-Teams. Es gibt sie und alle Zeichen der Zeit sagen: es werden mehr. Aber das ist eigentlich nebensächlich. Wichtiger ist:

Orientieren Sie sich nicht einfach an der Mehrheit. Die Mehrheit in Deutschland (AT/CH) fährt mit dem Auto (oder anderem) zu einem Arbeitsort. Dort arbeiten sie von 9 bis 5 und trennen Berufs- und Privatleben streng, als wäre die Arbeit ansteckend. Das ist für uns kein zukunftsweisendes und kreatives Arbeitsmuster. Oft ist es auch nicht gesund.

Wir glauben, dass Arbeit und privat stärker zusammengehört. Wir pendeln seit über 25 Jahren nicht mehr, sind ein Experten-Ehepaar und leben als Profis davon, Wissen weiterzugeben. In zwei Themen sind wir bundesweit (und auch etwas in Österreich und der Schweiz) bekannt. Für jedes Thema haben wir eine eigene GmbH. Beide „Firmen" (wir sprechen lieber von *Geschäftskonzepten*) steuern wir schlank aus unserem Home-Office im Süden von Hamburg. In nur 10 Minuten sind wir mitten in der Lüneburger Heide. Für zwei leidenschaftliche Naturliebhaber mit gelegentlichem Großstadtfieber ist die Randlage Hamburg perfekt.

Was ist klassisch, was ist smart, was ist digital?

Warum erzählen wir von uns und arbeiten mit Fallbeispielen? Weil oft falsche Bilder verbreitet werden, was heute möglich oder unmöglich ist. Wir haben lange als klassische strategische Berater gearbeitet und lehnen auch heute eine Anfrage (wenn sie uns gefällt) nicht immer ab. Von daher kennen wir klassische Projektarbeit. Unser Schwerpunkt liegt aber heute in der smarten Publikation (wie z.B. diesem Buch) und in strukturierten Arbeitsgruppen. Wir sind keine Blogger und eher Social-Media-Muffel.

Ist das schon digital? Ja, das ist es. Aber es ist nicht so offensichtlich.

Wir wollen mit diesem Buch Ihren Blick für Unterschiede schärfen. Drei verschiedene Dinge mischen sich in der Zeit der Smarten Experten: ***klassisch, smart, digital*** und es mischt sich auch jung und alt.

Sehen wir uns das in einem ersten Fallbeispiel an.

Über einen der erfolgreichsten Online-Kurse der Welt

Sind für Sie alle Online-Experten jung und „Generation Smartphone"?

Woran denken Sie bei dem Stichwort *„Smarte Experten?"* Vielleicht an Food-Bloggerinnen? Oder an einen Star der US-Online-Business-Szene? Oder an einen Facebook-Profi? Gleich, wen Sie vor Augen haben, sie oder er ist vermutlich jung, dynamisch, fit und im Internet unterwegs. Wir fangen bewusst in einer anderen Altersklasse an:

Die *New York Times* porträtierte im August 2017 *Barbara Oakley*, eine 62-jährige Professorin der *Oakland University* in Michigan. Nicht weil sie Professorin ist und an der Universität lehrt, sondern weil sie aus ihrem Home-Studio zu Hause aus dem Keller das schaffte, wovon viele träumen: 1,8 Millionen mal wurde ihr Kurs *Learning How to Learn* auf *Coursera* belegt. Von Lernwilligen aus über 200 verschiedenen Ländern.

Barbara Oakley ist keine Digital Native. Trotzdem ist ihr Kurs einer der erfolgreichsten Online-Kurse der Welt. Die *New York Times* bemerkte trocken, dass hier einer Frau etwas gelungen sei, wofür Prestige-Universitäten Millionen ausgeben und hunderte von Angestellten ins Rennen senden. Und das mit einem Technik-Investment von gerade einmal 5.000 $ und ihrem Mann hinter der Kamera. Was führte zum Erfolg ihres Kurses?

- ***Sie hat eine Passion, einen Stoff zu vermitteln***

Barbara Oakley hilft anderen, mit schwierigen Lerninhalten besser umzugehen. Ihr Interesse für Lernprozesse rührt aus persönlicher (schmerzhafter) Erfahrung, da es ihr selbst nicht einfach fiel, sich neuen Stoff zu erschließen. Sie begann Grundlagen zu vermitteln, wie man lernt, und macht Hoffnung, dass man lernen kann. *„It's actually not rocket science,"* sagt sie selbst. Genau dieses *„Non-Rocket-Wissen"* traf aber den Bedarf.

- ***Sie lernt quer, vernetzt sich und nutzt neue (smarte) Technik***

Ihre Biografie ist bunt: Sie wollte Linguistin werden, trat in die US-Army ein, übersetzte Russisch, wurde *Signal Officer* und war u.a. als Funkerin auf

Schiffen und in der Antarktis. Ihr Interesse für Technik erwachte und sie studierte noch einmal Ingenieurwesen, wurde Professorin. Der Hang, sich selbst neu zu fordern, blieb: Sie vernetzte sich mit Kollegen aus der Neuro-Wissenschaft, interessierte sich für Online-Learning und suchte sich das Wissen rund um ihr Home-Studio einfach über *Google* zusammen.

- ***Sie steht zu sich selbst und macht anderen nichts vor***

Barbara Oakley war technisch interessiert. Aber sich mit 60 Jahren selbst noch einmal vor die Kamera stellen? Wenn Sie sich ihren *TEDx*-Talk von 2014 ansehen, sehen Sie keine Schauspielerin, keine Super-Woman, sondern eine fast unscheinbare Frau, die aber ihren Gedanken, dass jeder lernen kann, stringent ausführt. Sie wagte sich an einen Video-Kurs heran, selbst im Zweifel, ob andere sich das ansehen würden. 1,8 Millionen taten es, weil sie als Mensch glaubwürdig (authentisch) ist.

Barbara Oakley hält allen mit ihren 62 Jahren und ihrem selbstgebauten Low-Budget-Home-Studio einen Spiegel vor die Augen: In der ***Zeit der Smarten Experten*** hängt es nicht am Alter oder Geld, ob wir Erfolg haben. Es ist eine Zeit, in der es auf andere Dinge ankommt.

- Es gilt, das eigene Thema zu finden
- Es gilt, den eigenen, authentischen Stil zu entwickeln
- Es gilt, die Technik zu meistern, die man braucht
- Es gilt, Fragen zu beantworten, die Menschen wirklich haben
- Es schadet nicht, ein Netzwerk und Reputation zu haben

Ihr Geschäftskonzept ist gemischt: Sie ist Professorin, verdient darüber klassisch Geld. Ihr smarter Einnahmestrang sind Bücher, Keynotes, der Kurs.

Wo überschritt sie die Grenze zur Smarten Expertin?

- Sie schaffte sich eine eigene Produktions-Basis (ein Home-Studio)
- Damit ist sie „selbstproduktiv“ und produziert mit schlanker Technik
- Ihr Erfolgs-Thema ist ein Randgebiet neben ihrem „eigentlichen Fach“

barbaraoakley.com
www.coursera.org/learn/learning-how-to-learn

Ursachen für die Zeit der Smarten Experten

In den nächsten zwei Kapiteln sehen wir uns an, warum smarte Geschäftskonzepte entstehen. Dann folgen weitere Fallbeispiele, und wir gehen in die Tiefe. Warum ist uns diese Vorarbeit wichtig? Weil es sich lohnt innezuhalten, bevor Sie sich mit einem eigenen Thema auf das Experten-Parkett wagen. Warum sind plötzlich so viele Dinge denkbar? Warum haben eine 62-jährige Frau wie *Barbara Oakley* mit einem Kurs oder eine Veggie-Bloggerin wie *Franziska Schmid* Erfolg – vorbei an den großen, klassisch etablierten Medien? Welches neue Feld tut sich dort auf?

Wir könnten es uns einfach machen und sagen:

> *Es ist der digitale Umbruch, es gibt (Blog-, Video-, Kurs- ...) Plattformen im Internet, deswegen kann jeder Online-Experte werden.*

Wer uns kennt, weiß, dass wir solche Verkürzungen nicht mögen.

A) Es geht nicht allein um das Internet und
B) Online-Kurse, Videos oder Blogs sind nur eine Gattung unter vielen.

Der „Digitale Umbruch" ist tatsächlich eine Wurzel von *Smart Working, Smarter Technik* und auch der *Smarten Experten*. „Digital" verändert viel, aber die Auswirkungen sind oft „gemischt" (wie bei uns). Von daher läuft das Konzept „smart" nicht allein im Internet und es geht auch nicht allein um digitale Formate. *Chris Anderson*, der Autor der Bücher *Long Tail* und *Makers* und – was viele nicht wissen – einer der Köpfe hinter TED, schreibt im offiziellen Handbuch zu den TED-Talks:

„Wer Zugang zum Netz hat (...), kann die besten Lehrer und Lehrerinnen der Welt zu sich nach Hause holen und von ihnen lernen. Plötzlich lassen sich mit einer uralten Kunst Menschen auf dem gesamten Erdball erreichen. Die Internetrevolution hat der Redekunst zu einer neuen Blüte verholfen."

Chris Anderson spricht von der freien Rede, einer uralten, fast schon historischen Gattung, die im Netz via Video eine neue, populäre Form gewinnt. Ein klassisches Konzept „Bühne und Redner" wird neu. TED ist ein Beispiel, wie Wissen in neue Kanäle strömt. In diesem Fall auf eine Web-Plattform, auf der Sie inspirierende Experten-Talks sehen können.[1]

1 – ted.com/talks

Es steht nicht überall smart drauf, wo smart drin ist

TED ist ein Vorzeigebeispiel, das digital und real Hand in Hand geht. Oder nehmen wir das Buch in Ihrer Hand (ein klassisches Buch). Es ist ein Kind des digitalen Umbruchs, weil selbst am Laptop gestaltet. Damit smart. Äußerlich hat es aber zwei Pappdeckel, wie jedes andere Hardcover-Buch. Neu ist an diesem Buch auch die Produktionsform ohne Verlag und die Distribution über *Amazon* und andere digitale Plattformen.

Smarte Arbeitsweisen sind nicht immer sofort von außen zu erkennen, mischen sich mit alten Techniken und stellen dabei die Experten-Welt auf den Kopf. Dass der digitale Umbruch viele klassische Experten-Formate neu ins Licht rückt, ist ein spannendes Paradox.

Durch diese vielen Schichten wird die Lage hin und wieder unübersichtlich. Denn was sind denn nun Merkmale für eine smarte Arbeitsweise? Wir selbst sind eher Autoren, keine „Kurs-Leute". Aber da gibt es noch *„Public Speaker"*, die zeitgleich Hörbücher verkaufen und Podcaster und und und ... Wie passt das alles zusammen?

Nicht nur in einer Dimension denken

Komplexe Dinge sind anstrengend. Darum versuchen viele, diesen Wandel eindimensional zu erklären oder gar nicht zu erklären, sondern ihn einfach nur auszuschlachten. In den letzten Jahren haben wir mehr als ein Buch in der Hand gehabt, mit Titeln wie „Geld verdienen im Internet".

Wer nur an „Geld verdienen" denkt, bewegt sich in einer einzigen Dimension. Geld ist eine wichtige Dimension, gerade bei einem Geschäftskonzept – aber wer nur daran denkt, springt zu kurz.

Vor Kurzem lasen wir in einem Ratgeber, dass das ultimative digitale Online-Produkt (um Geld zu verdienen) ein „Dating-Produkt" sei. Ganz ehrlich: Selbst wenn wir noch daten wollten, würden Sie den Liebes-Kurs eines Opportunisten kaufen wollen, der zwei, drei Headlines nach einer Checkliste optimiert hat, *„um Geld zu verdienen"*?

Bestimmt nicht.

Ihr Thema hat mehr als eine Dimension

Wer losstürmt, um ein einziges Ziel zu erreichen (z.B. Geld), kommt in der Regel nicht an. Denken Sie an Robert. Er wollte mehr Harmonie in seinem Leben. Arbeit hatte er vorher schon. Was sind Ihre Ziele?

- Geld verdienen?
- Viel Geld verdienen?
- Andere Menschen begeistern?
- Die Welt an einer Stelle verändern?
- Mit dem Strom schwimmen?
- Gegen den Strom schwimmen?
- Mehr Aufregung in Ihrem Leben?
- Weniger Aufregung in Ihrem Leben?

Nehmen Sie nicht das erstbeste Thema. Überlegen Sie, was Sie wollen.

Smart ist ein Begriff, der im Zeitalter der Smartphones meist ausschließlich mit Technik assoziiert wird. Wir glauben aber nicht, dass Sie *„Techniker"* werden wollen. In Ihrem Leben steckt mehr. Auch mehr als der Wunsch, gutes Geld zu verdienen. Wir arbeiten mit einem biografischen Ansatz. Wir glauben, dass es Sinn macht, ein **Thema zu wählen, das a) zu Ihrer Biografie passt und b) zu Ihren Zielen *(Werte, Lifestyle etc.)*.**

Smart hat damit für uns per se immer zwei Flanken:

• Ihr Leben (Ihre Biografie + Ziele)	*was Sie erreichen wollen*
• Ihre (smarte) Technik	*Ihre (digitale) Infrastruktur*

Damit ist es aber nicht getan: Ihr Thema richtet sich an Menschen, die im digitalen Umbruch stehen. Dieser Umbruch hat verschiedene (wir behaupten vier) Dimensionen. Das macht diesen Umbruch so gewaltig. Und das bedeutet: Um als Smarter Experte sein Geld zu verdienen, brauchen Sie mehr als einen Internet-Zugang. Männer lieben neue Technik und glauben wie immer, dass Technik schon die Lösung sei. Technik und Geld sind einzeln betrachtet aber immer zu wenig. Denn es geht um mehr.

HINTERGRUND Auslöser für die Zeit der Smarten Experten

Vier Dimensionen des Umbruchs

Wir sehen vier Wurzeln für die *Zeit der Smarten Experten*:

- Einige Faktoren (wie *neue Technik*) machen sie ***möglich*** ✓
- Andere Faktoren (wie *wachsendes Wissen*) machen sie ***nötig*** !

1. Smarte Technik – der technische Wandel

- *Digitale Revolution* – smarte, schnelle, vernetzte Technik (Geräte) ✓
- *Internet* – jeder kann von überall mit jedem (online) verbunden sein ✓
- *Komponenten* – Tools & Plattformen stellen mächtige Services ✓
- *Selfpublishing* – Die Zugangswächter sind in vielen Bereichen gefallen ✓

2. Größerer Bedarf – Quantität und Geschwindigkeit wächst

- *Immer mehr Daten und Informationen* (Mengenzunahme) !
- *Immer mehr Kanäle*, auf denen dieses Wissen fließt (Fragmentierung) !
- *Zunahme von Komplexität* (mehr Kombinationen / Ende der Linearität) !
- *Information Overload* – der Einzelne braucht Hilfen zur Verarbeitung !

3. Krisen – mitten im gesellschaftlichen Umbruch

- *Krise der Systeme* – Politik, Versorgung, Sicherheit, Werte, Klima !
- *Finanzkrise, Europakrise, Globalisierung* – drei Schlagworte als Beispiel !
- *Das Ende der Nachkriegszeit* – 2016/2017, das Ende einer Epoche !
- *Das Ende der alten Industrialisierung* – die Welle der Automatisierung !

4. Reaktionen – die neue Selbstlern-Kultur

- *Vertrauensverlust* – viele Menschen und Gruppen kapseln sich ab !
- *Krise der etablierten Bildung* – sie kommt nicht mehr hinterher !
- *Self-Education* – Selbstlerner, Communities, Master-Minds etc. ✓
- *Open Source* – immer mehr Wissen steht kostenlos im Internet ✓
- *Agile Methoden* – lösen an vielen Stellen klassisches Lernen ab ✓

Fragen Sie sich

Welche der oben genannten Veränderungen beschäftigt Sie? Wovon sind Sie selbst betroffen? Wo haben Sie Antworten auf offene Fragen?

1. Smarte Technik – die Werkzeuge in Ihrer Hand

Fangen wir mit dem Punkt an, der offensichtlich ist: Technisch ist immer mehr möglich. *„Smart"* wird oft allein mit Technik assoziiert. *Galileo* berichtete Februar 2018 über *„smarte Kleidung"* und meinte damit u.a. Jacken und Shirts, bei denen sich per Handy auf der Oberfläche Farbe und Motive wechseln lassen. Diese Deutung von „smart" wäre uns zu einseitig. Smart steht bei uns auch für clever, witzig und weise. Also nicht nur für High-Tech. Fakt ist aber: Ohne High-Tech-Geräte wie Laptop, Smartphone, Kamera, Scanner, Mikrofon etc. wäre alles, was wir beschreiben, nicht möglich. Unsere Laptops sind mächtige Rechner, die wir mit jeder Art von Peripherie einfach koppeln – und meist läuft das sofort.

Diese Einfachheit gab es früher nicht. Als wir vor etlichen Jahren einen Podcast starten wollten, mussten wir uns damals noch mit einem Tonstudio-Besitzer treffen. Dieser stellte ein Set zusammen aus einem teuren, schweren Studio-Mikrofon, einer externen Stromversorgung (für das Mikrofon), einem Zwischenverstärker, einem Switch (ebenfalls beides mit eigener Stromversorgung) plus vielen Adaptern für den ganzen Kabel-Salat. Er installierte eine teure Software, diverse Treiber und brauchte einen halben Tag, bis alles einigermaßen lief. Die Lösung war so umständlich, dass wir den ganzen Kram nach einigen Tagen in eine Kiste warfen und nie wieder anfassten. Es kostete zu viel Energie, damit zu arbeiten. Ergebnis: es wurde nichts aus dem Podcast.

Das ist Vergangenheit. Heute stecken Sie für eine Aufnahme ein günstiges Mikrofon direkt an Ihren Laptop (oder gleich an das Smartphone), es gibt einfache Apps und das war es. Natürlich müssen Sie sich einarbeiten. Die Eintrittsschwelle ist aber soweit gesunken, dass Sie es können. Das gilt für Videos, Audios, Bücher, Kurse und vieles mehr. Die junge Generation lebt bereits mit diesem *„es geht doch ganz einfach"*. Ältere müssen das an manchen Stellen noch begreifen: Die Technik ist wirklich vorhanden.

Nicht nur das: Die neue Technik macht Spaß. Produzieren weckt kreative Energien und die neuen Kanäle bei vielen den Spieltrieb. Gerade in den USA ist das „Expertenthema" ein Boom und führt zu Artikeln mit Titeln wie: „Wie Sie sich mit ________ einen Expertenstatus aufbauen."

YouTube, Teachable, Slideshare, LinkedIn, Coursera, Amazon...

Smarte Technik ermöglicht smarte Lebensstile – fordert aber auch

Neue Technik verändert Ihr Leben. Kleine, intelligente, leicht bedienbare Geräte *(smarte Technik)* macht Experten heute a) extrem produktiv und b) ortsunabhängig. Dass Sie aus dem Home-Office oder von unterwegs eigene Geschäftskonzepte erfolgreich aufbauen und verwalten können, das ist eine Revolution, die viele erst noch verstehen müssen.

Der technische Wandel hat große Vorteile:

- Sie können viel mehr als früher selbst erstellen (Produktivität)
- Sie sind in der Lage, von (fast) überall zu arbeiten

Dieser Wandel hat auch Nachteile:

- Fast jeder kann nun produzieren
- Die Quantität nimmt zu, nicht immer die Qualität

Es gibt noch eine andere Folge: Wenn Sie die Technik nicht meistern, sind Sie im Spiel nicht mehr dabei. Sie können mittels smarter Technik Ihre Stärken wirklich selbst leben. Aber Sie müssen an diese Technik ran.

Smarte Technik führt fast immer zum Selfpublishing

Mit smarter Technik legen Sie Kurse, Bücher, Materialien, Reports, Videos, Audios und vieles andere in eigener Regie auf – in einer guten, oft sogar besseren Qualität als ein Verlag. Damit steuern Sie den Verlauf Ihrer Experten-Biografie selbst, es beginnt die Zeit der *Selfpublisher.* Wer früher publizieren wollte, brauchte einen Verlag oder ein Institut, das ihn „aufnahm". Heute organisieren die meisten Smarten Experten das selbst.

Eigenproduktion bedeutet, dass Sie sich nicht auf Kompromisse einlassen müssen. Aber es fordert auch. Die eigene Produktion und Vermarktung selbst zu steuern, führt zur Unternehmerschaft! Klassische Experten sind selten Entrepreneure – jeder Selfpublisher muss es sein, da sonst der wirtschaftliche Erfolg ausbleibt. Das ist ein großer Wandel im Mindset. Auf der nächsten Seite zeigen wir Ihnen den Wandel exemplarisch an der Produktionskette ***Print*** (Fachbuch). Ähnliches gilt auch für die ***Seminare*** (Tickets), ***Lehrveranstaltungen*** (Kurse) und vieles mehr.

Fachbuch über einen Zugangswächter (Verlag)

In der mechanisch-analogen Zeit war es fast unmöglich, sich allein als Publizist zu etablieren. Nehmen wir als Beispiel die Produktionskette „Print“. Für ein Fachbuch mussten Sie einen Verlag finden, ohne diesen war eine Publikation kaum zu verwirklichen. Sie waren abhängig.

Gestern – Fremdproduktion – Fremde Marke

Jedes Werk musste genehmigt und vorfinanziert werden

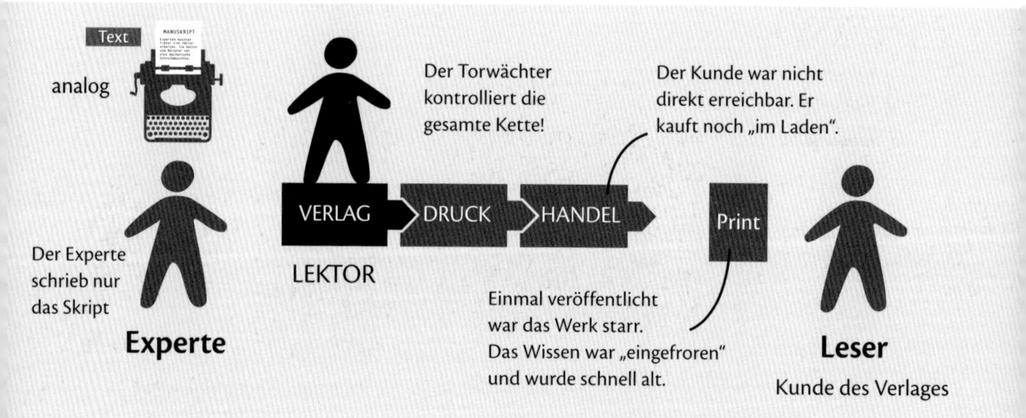

Das Manuskript

- Analog erstellt
- Wenige Durchschläge
- Jede Korrektur mühsam
- Übergabe auf Papier
- Eine einzige Verwertung

Ihr unternehmerischer Status

- Sie gaben Ihre Rechte ab
- Andere entschieden, was passiert
- Sie konnten nicht anpassen / verändern
- Sie konnten die Preise nicht setzen
- Sie mussten fremde Termine einhalten

Nur wenige konnten als Experten von Publikationen leben
Im alten System gibt es Wächter. Diese kontrollieren die Qualität. Sie nehmen aber auch den Gewinn aus der Kette. An Büchern verdienen im alten System die Verlage, nicht die Autoren. Nur ganz wenige Experten konnten davon leben. Die Verlage hatten die Macht.

Fachwissen in der smarten Eigenverwertung

Heute erstellen Sie Inhalte selbst und verteilen diese dann über verschiedene Kanäle. Sie selbst organisieren das Lektorat und bestimmen, ob Sie publizieren oder nicht. Damit können Sie eine Kontinuität im eigenen Programm garantieren – die Voraussetzung für einen Markenaufbau.

Heute – Selbstproduktion – Eigene Marke

Sie planen selbst, wann was erscheint – müssen aber selbst vermarkten

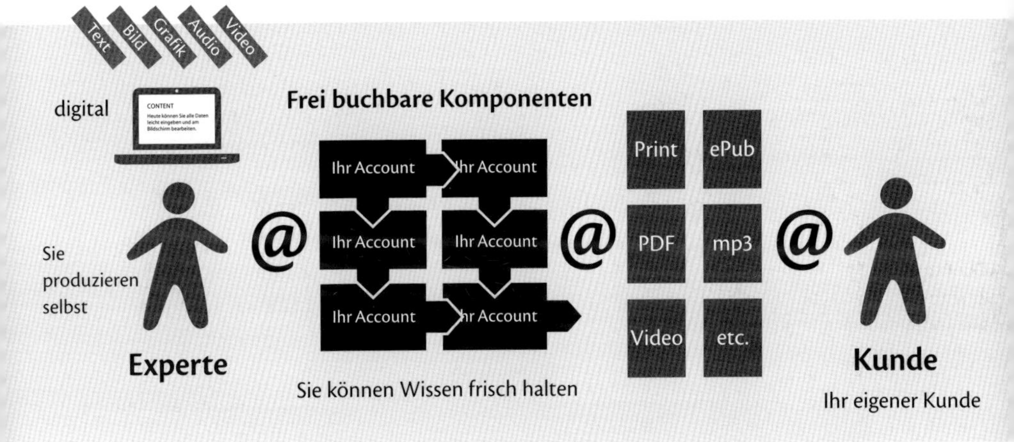

Die Datei	Ihr unternehmerischer Status
• Sofort digital	• Rechte bei Ihnen
• Unendlich kopierbar	• Sie können über alles entscheiden
• Korrekturen einfach	• Sie können flexibel reagieren
• Übergabe digital	• Preissetzungsmacht liegt bei Ihnen
• Multiple Verwertung	• Terminhoheit bleibt bei Ihnen

Heute können viele Experten von eigenen Produkten leben

Im neuen System können Sie selbst erstellen oder vorfinanzieren und bereits mit niedrigen Auflagen ausreichende Gewinne erzielen. Sie können digitale Dateien ohne Zwischeninstanz direkt anbieten. Sie haben in diesem System die Hoheit über Ihren Content und Ihr Geschäftsmodell.

Komponenten als der eigentliche smarte Treiber

Smarte Technik ist gut. Mal eben ein Video zu drehen, ist aber noch kein Geschäftskonzept. Ein Blog oder ein Podcast allein ebenfalls nicht. Und ein Buch zu schreiben, führt meist zu keinen dauerhaften Einnahmen.

Der eigentliche Hebel für Smarte Experten ist der offene Markt im Internet und strukturierte Angebote. Im Netz treffen Nachfrage und Angebot direkt aufeinander. Prozesse führen dazu, dass Sie etwas nicht nur einmal, sondern immer wieder tun können. Hier scheiden sich die erfolglosen von den erfolgreichen Konzepten.

Die einen fassen in diesem neuen grenzenlosen Markt Fuß und etablieren Prozesse, die anderen landen weit abgeschlagen in Ecken, in denen keiner sucht. In was für einer Ecke müssten Sie sein, damit Ihr Geschäftskonzept funktioniert? In einer Nische? Oder lieber so breit aufgestellt und öffentlich wie möglich? Dazu später mehr (bei der Themenfindung).

Im Internet kann heute jeder auf zwei Arten weltweit anbieten:

- Direktverkauf über eigene Websites, Webinare, E-Mail etc.
- Plattformgeschäft über Anbieter wie *Amazon*, *Coursera*, *Teachable* u.v.a.

Natürlich gibt es auch weiterhin klassische Pfade wie die Vermittlung über Redneragenturen, strategische Partnerschaften oder Verlage. Smarte Selbstständigkeit entsteht aber vor allem in der Eigenverwaltung und das bedeutet: Eigenvermarktung. Dazu braucht man Infrastruktur. Diese smarte Infrastruktur stellen heute Komponenten aller Art.

Komponenten-Konzepte

Wer heute ein smartes Geschäftskonzept aufbaut, programmiert nicht mehr selbst. Er stellt Komponenten zusammen. Eine Internetseite zu betreiben, Produkte auf Plattformen einzustellen, Logistik zu nutzen – all das wird Ihnen durch viele Anbieter und Tools einfach gemacht. Viele Funktionen, die früher Verlage erfüllten, übernimmt heute für Sie ein Set selbst zusammengestellter Komponenten. Das Wachstum dieser Komponenten nennen wir den „Komponenten-Sprung".

Der technische Dreisprung in die Zeit der Smarten Experten

ab 1960 — **analog zu digital**
mechanisch, elektrisch, digital

ab 1990 — **Internet**
Daten über Netz austauschen

ab 2000 — **Komponenten**
Marktzugang für alle günstig

Der Komponenten-Sprung ab 2000

Die Liste enthält 100 exemplarische Plattformen gelistet nach Gründung und alphabetisch (nicht nach Bedeutung). Produktions-Komponenten wie *flyerwire*, *BOD* etc. sind nicht genannt, obwohl sie auch dazu gehören. Im Kern kann jede Produktionseinheit eine Komponente werden, wenn sie eine digitale Schnittstelle hat.

	amazon | *eBay* (zwei Schrittmacher vor 1997 gegründet)
1997	*GoToWebinar* | *Rakuten*
1998	*ClickBank* | *Google* | *Mailingwork* | *MyCommerce*
1999	*basecamp* | *Blogger* | *Survey Monkey*
2000	*Domainfactory* | *Shopware*
2001	*MailChimp* | *Infusionsoft* | *iTunes*
2002	*versacommerce* | *Meetup*
2003	*ActiveCampaign* | *Doodle* | *LinkedIn* | *Skype* | *WordPress* | *XING*
2004	*Facebook* | *HighRise* | *SugarCRM* | *squarespace* | *vimeo*
2005	*Etsy* | *Get Friday* | *TeamDrive* | *Teamviewer* | *YouTube*
2006	*amazon aws* | *Animoto* | *Eventbrite* | *shopify* | *Slideshare* | *Twitter* | *Wistia* | *Wix*
2007	*Dropbox* | *Evernote* | *Fastbill* | *Jimdo* | *Presta Shop* | *teamwork* | *Tumblr*
2008	*Hootsuite* | *Magento* | *GitHub*
2009	*asana* | *Kickstarter* | *Newsletter2Go* | *WeTransfer* | *WhatsApp*
2010	*buffer* | *Fiverr* | *HipChat* | *Instagram* | *Optimize Press* | *Pinterest* | *Wunderlist* | *WP engine* | *Udemy*
2011	*AffiliCon* | *Dropscan* | *Gumroad* | *PowToon* | *Skillshare* | *Streak* | *trello* | *WooCommerce* | *Zapier* | *Zoom*
2012	*Medium* | *Digistore24* | *debitoor* | *Instapage* | *strikingly* | *Threema* | *Coursera* | *Skillcrush*
2013	*Appear* | *Canva* | *elopage* | *shipcloud* | *teachable* | *Typeform* | *visme* | *Webinaris* | *WPX Hosting*
2014	*Billbee* | *Calendly* | *click funnels* | *slack* | *SumoMe* | *Zenler*
2015	*d-log* | *eSheperd* | *Discord* | *Event Smart* | *Monsum* | *Smart Podcast Player* | *talque* | *Upwork*
2016	*Chimpify* | *The new Kajabi* | *Zenfulfillment*
2017	*Kyvio ...* und es werden immer mehr

2. Größerer Bedarf – Quantität und Geschwindigkeit

Mit dem Anstieg der Produktivität wächst überall das Volumen. Unsere Über-Versorgungsgesellschaft spuckt unsortiert Unmengen von allem aus. Wir brauchen daher immer besseres geistiges Schuhwerk, um durch die komplexe Wirklichkeit zu kommen. Der Soziologe *Niklas Luhmann* wies schon früh auf den Zusammenhang von Vertrauen und Komplexität hin. Ohne *„ständige Reduktion von Komplexität“* haben wir keine Grundlagen für Entscheidungen (und Vertrauen). Und damit kommen Sie ins Spiel. Sie können Schwimmlehrer in einer Zeit der Überinformation sein.

Nach unserer Defintion stellen Smarte Experten Informationen in der ***richtigen Passung*** zur Verfügung und nutzen dabei ein smartes Geschäftskonzept. Es kommen drei Faktoren zusammen:

- relevantes Wissen (geordnete Komplexität)
- in einer für den Kunden passenden Form
- über ein smartes Geschäftskonzept

Verlage oder Firmen antworten auf das Anwachsen der Themen dagegen häufig mit einer chaotischen Schlacht *(Battle of Content)*. Sie werfen technisch generiert möglichst viele Informationen zu möglichst vielen Stichworten auf den Markt. Irgendetwas davon wird schon greifen.

Sie übersehen dabei einen wichtigen Faktor: Menschen wollen wissen, woher das Wissen kommt. Wer steckt hinter der Information? Aus diesem Grund prallen viele Standard-Angebote an den Abwehr-Filtern der Überversorgten ab. Die gleichen Menschen schalten aber ein, wenn ihnen ein glaubwürdiger Mensch gegenübersteht. Auf einmal öffnet der andere sich, das Gehirn schaltet ein und neue Erfahrungen werden möglich.

Lernen braucht nach wie vor Lehrerinnen und Lehrer und Sie können das sein. Ihre Persönlichkeit hat Ausstrahlung. Sehen Sie sich (ihre Person) als Teil der Lösung. Aktivieren Sie gute Energie, gutes Wissen und helfen Sie anderen aus ihren Entscheidungs-Klemmen. Sie sind die Heldin, der Held und können den roten Faden für andere legen.

Das Informations-Paradox (Paradox of Choice)

Experten helfen anderen durch Orientierungsfelder, zu denen es in der Regel bereits tonnenweise Informationen gibt. Aber viel hilft nicht viel.

Sind Sie schon einmal an einem Abend vor dem Fernseher versackt? Sie konnten sich nicht entscheiden, welchen Film oder Talk-Show Sie sehen wollten, zappten am Ende wahllos durch die Kanäle, bis Sie am Ende ohne irgendein Ergebnis mit einem „dicken Kopf" ins Bett sanken?

So ungefähr geht es heute vielen. Gleich, ob Ernährung, Politik, Privatleben, Wissenschaft bis zur Frage, wie Sie am Automaten ein U-Bahn-Ticket lösen. Überall erhalten wir Informationen und müssen entscheiden. Dies wird durch die Menge der Blogs, Sender und Talk-Shows nicht besser: Infohäppchen ohne System, wohin Sie sehen. Wer jetzt nicht sinnvoll filtert, gerät schnell in eine „Lern-Paralyse". Zu viele Infos hängen im Verarbeitungs-Stau, plötzlich ist alles zu viel – das ganze System blockiert.

Low Information Voters und Wissensunfälle

Weil Verarbeitung Kraft kostet, sparen sich viele irgendwann die Energie, neue Informationen sauber „wegzuordnen". Sie verzichten auf eine Verarbeitungsstrategie und hören auf zu lernen. Das ist in einer Welt, die sich schnell verändert, nicht gut. *Postfaktisch* wurde 2017 in Deutschland zum Unwort des Jahres gewählt. Fakten können nicht mehr greifen, weil Deutungsrahmen fehlen. Ohne Verarbeitungsstrategie trifft man Entscheidungen auf einer vagen Gefühlsbasis oder stützt sich auf wenige Meinungen oder Details. Am *Brexit* (2016) kann gut studiert werden, wie ein Entscheidungs-Betriebsunfall aussieht.

Das geht besser und wir brauchen dringend sinnvollere Entscheidungs-Systematiken. Experten lösen Informations-Paradoxe, indem sie übergeordnete Ebenen und Entscheidungswege zeigen. Zusammenhänge werden deutlich und die Wahl fällt leichter. Das ist überall gesucht: in alltäglichen wie existenziellen Themen. Und es geht um Inspiration: Der Mentor als Vorbild teilt Erfahrungen, inspiriert und hat den Horizont im Blick. Smarte Experten ermöglichen damit bessere Entscheidungen.

Es geht um mehr als Information

Als Expertin oder Experte sind Sie mehr als ein Informationsübergeber. Sie sind eher ein Schwimmlehrer. Das ist notwendig, weil für viele das Meer zu groß ist, in dem geschwommen werden soll. Es wird viel darüber geschrieben, dass „das" Wissen in den letzten Jahren extrem zunimmt:

- Wir können besser speichern (*Daten sammeln – Datendichte*)
- Geräte aller Art werfen immer mehr eigene Daten aus *(Datenmenge)*
- Immer mehr Menschen werden produktiv (*Innovation*)
- Die Entwicklungs-Zyklen werden schneller (*ständige Updates*)
- Es werden immer mehr Dinge kombiniert (*Multiplikation*)

Das führt überall zu mehr Volumen und jeder sollte sich hüten, das zu unterschätzen (siehe Beispiel rechts). Wir mögen aber angstmachende Begriffe wie *Wissensexplosion* oder *Informationsflut* nicht. Wer denkt, eine Flut (*Big Data*) ergießt sich über einen, fühlt sich bedroht, der ertrinkt. Big-Brother-Ängste sind Kreativitäts-Killer. Experten-Aufgabe ist es, Angst zu nehmen und Orientierung, neue Erlebnisse und Entscheidungen möglich zu machen. Wissen ist eine Chance für jeden! Wichtig dabei: Es wächst nicht nur die Menge des Wissens, sondern auch die Auffindbarkeit der richtigen Teilmengen (*Smart Data*) wird besser. Dazu ein Beispiel:

Sie interessiert der Forschungsstand rund um *Transformation*?

Den können Sie mit einem Klick haben. *Maja Göpel* schrieb 2016 *The Great Mindshift*. Das Buch ist bei *SpringerOpen* publiziert und steht zum freien Download (!) beim *Wuppertal Institut.*[1] Entwickeln Sie ein Gespür für hochwertige Quellen und sammeln Sie. Gutes Wissen steht bereit. Ihre Experten-Aufgabe: Wissen organisieren, selbst weiterlernen und Wissen so aufarbeiten, dass andere es gerne aufnehmen.

Merksatz – Ihre Aufgabe als Expertin oder Experte

Es geht nicht darum, alles zu kennen. Es geht darum, anderen Menschen für konkrete Situationen (Fragestellungen) relevantes Wissen, gute Quellen und passende Werkzeuge (Frameworks) zur Verfügung zu stellen.

1 – wupperinst.org/publikationen/ geben Sie Maja Göpel in die Suche ein

Reality Overload – bescheidener werden

Smarte Experten haben Respekt vor dem eigenen Gehirn und wissen um ihre Grenzen. Unser Kopf ist genial und kann immer noch besser als jeder Super-Rechner Dinge verstehen und sie einordnen. Was wir nicht (mehr) können: Die Menge aller Daten selbst gleichzeitig bewältigen.

Vorsichtig werden

- Wir unterschätzen regelmäßig Dimensionen.
- Wir überschätzen, was wir selbst leisten können.

Also müssen wir achtsamer werden, bevor wir Schüsse ziehen.

Von einem, der nur ein paar Kaffee trinken wollte

Gefallen hat uns die Geschichte von dem texanischen Kaffee-Fan, der sich 1997 fragte, ob er es schaffen würde, in allen *Starbucks*-Filialen einmal einen Kaffee zu trinken. Damals gab es weltweit 1.400 Filialen. Das schien schaffbar. Er beschloss, es zu versuchen, er hatte ja Zeit und Urlaub.

Bei seiner Selbst-Wette hatte er nur einen Faktor übersehen: *Starbucks* ging auf steilen Wachstumskurs. Pro Jahr kamen bis zu 2.000 neue Filialen dazu (!). *Starbucks* hat heute über 25.000 Filialen und wächst weiter.

Rafael Winter hat das Ganze mit Humor genommen. Er hielt sich an sein Selbstversprechen, nennt es heute *„his personal mission"* und seine Form des Reisens *„Starbucking"*, besucht seit 20 Jahren (!) in allen seinen Urlauben möglichst viele Filialen und – Nein – er trinkt nicht mehr in jeder Filiale einen Kaffee, oft fotografiert er das Gebäude nur noch.

2017 hatte er 13.400 Filialen von 25.000 geschafft, davon 10.400 in USA und Kanada. Von den internationalen Filialen aber erst 3.000 und gerade dort kommen täglich neue dazu. Seine Wette wird ihn also den kompletten Urlaub seines Lebens kosten und er wird trotzdem nie fertig werden, weil *Starbucks* schneller wächst, als er reisen kann. Die Lehre von der Geschichte: Die Wirklichkeit ist manchmal größer als wir denken.

Zahlen Stand März 2017

3. Krise – mitten im gesellschaftlichen Umbruch

Die Zeit der Smarten Experten ist eine Zeit voll neuer Möglichkeiten. Aber es ist nicht per se eine goldene Zeit. Das 21. Jahrhundert hat schlecht begonnen: 2007 Finanzkrise, gefolgt von einer Europakrise, Terroranschlägen und politischen Drehungen vieler Länder in Richtung autoritärer Regime plus dem Wahldesaster in den USA. *Frank-Walter Steinmeier* sagte Ende Januar 2017 in der Funktion als Bundesaußenminister: *„Mit der Wahl Donald Trumps ist die alte Welt des 20. Jahrhundert endgültig vorüber."*

Begonnen haben wir dieses Buch optimistisch. Unter dem Eröffnungsbild für dieses Kapitel haben wir vollmundig geschrieben: *„Immer mehr Menschen können und wollen selbstbestimmt lernen."* Das stimmt – und stimmt auch nicht: Nicht jeder möchte lernen. *Carol S. Dweck*, Psychologin der *Stanford University*, unterscheidet zwischen „fixed minds" und „growth minds". Es scheint so zu sein, dass *fixed minds* unter Druck noch fixierter werden, *growth minds* dagegen lernbereit bleiben.

Wir gehen davon aus, dass die Krise der Gesellschaften nicht vorbei ist. Unser Planet wackelt an allen Ecken und Kanten. Wir stecken tief in handfesten Auseinandersetzungen, einige davon mit langem geschichtlichen Vorlauf und einem Gruselkabinett an Akteuren. Bei weitem nicht alle freuen sich auf die Zukunft und viele Konflikte sind nicht entschärft.

Aber genau das ist für uns ein Grund, Ihnen Mut zu machen, sich nicht auf das Negative zu fixieren, sondern zu lernen, weiterzuwachsen und dies an andere weiterzugeben. Wir brauchen dringend Menschen, die gutes Denken in die Fläche bringen. An vielen Stellen ist es keine Frage des Wissens, sondern des Verhaltens. Wir wenden die Dinge nicht an, die bekannt sind. Oder – und das ist das eigentliche Dilemma – wir wollen die falschen Sachen. Diese Diskussion um Werte und Ziele ist eine der zentralen Herausforderungen in den nächsten Jahren. Hier spielt ein Problem eine große Rolle: Viele Systeme (Politik etc.) haben große Teile ihrer Reputation verspielt. Deswegen besteht ein hoher Bedarf an Menschen, die Orientierung geben. Das ist eine ernst zu nehmende Verantwortung und zugleich ein Grund, warum Smarte Experten Erfolg haben.

Vertrauensverlust und fehlende Vorbilder

Etablierten Systemen wird nicht mehr blind vertraut. Nehmen wir den Finanz-Sektor. Trauen Sie nach der Finanzkrise noch den Beratern einer Vertriebsorganisation (Bank genannt)? Nein. Das ist bei vielen Themen so: *Politik, Versorgung, Sicherheit, Werte, Klima, Europakrise, Globalisierung.* Häufig liefern bestehende Systeme keine befriedigende Antwort.

Ein Vertrauensverlust kann zwei Reaktionen auslösen:

- A – ***Wissensstillstand***. Viele kapseln sich ab (Rückzug) und begnügen sich mit den Informationen aus unmittelbarer Umgebung. Das Konzept ist uralt (*Stammtisch*), Trendforscher erfanden dafür den Begriffe wie *Cocooning* (sich in seine vier Wände zurückziehen) oder *Clanning* (sich einer festen Gruppe anschließen). Wissens-Blasen erzeugen oft *Wissensinzucht*. Das Internet ist an vielen Stellen Brutstätte von beschränktem Wissen (siehe Stichworte wie *Fake News, Echo Chamber, Bubble*). *fixed mind*

- B – ***Selbstbildung***. Wir stehen für die Gegenbewegung: Man achtet ab jetzt viel mehr auf die Quellen, aus denen man sein Wissen bezieht und investiert Zeit in seine eigene Kompetenz, gleich, ob das Gesundheit, Politik, Finanzen oder Fachwissen betrifft. Bei diesem Selbstlernen spielt die *Qualität der Quelle* eine entscheidende Rolle. Dies ist eine Szene, die über Grenzen quer denkt und echte Lösungen sucht. *growth mind*

Lebensnah und vertrauenswert sein

Wer mit Wissen smart Geld verdienen will, sollte sich hinterfragen. Es ist möglich, in verschwörerischen Denkblasen Geld zu verdienen. Sie müssen nur radikale Thesen aufstellen. Wir gehen aber davon aus, dass Sie nicht die Biografie eines populistischen Propheten anstreben. Dann bleibt Kategorie B = offene Bildung auf der Basis von möglichst sauberem Wissen. Experten mit dieser Haltung gehen häufig neue Wege und zeigen Wissen praktisch und lebensnah. Auf der nächsten Seite zeigen wir Ihnen, was passiert, wenn ein bisher von Versicherungen besetztes Feld, plötzlich in das Feld der „Selbstlerner" rutscht.

Wir sprechen von der Rente und wie zwei Smarte Experten das anpacken.

Was tun, wenn das Vertrauen zu den Bankberatern weg ist?

Man gibt die Informationen selbst weiter

Gibt es ein langweiligeres Thema als Rente? Ein Thema, das keiner mehr von Politikern oder Finanzberatern hören will. Vertrauen verspielt.

Selbst machen ist angesagt. Aber wie? *Anna & Eddy* zeigen, wie man sich mit ETFs selbst ein Depot aufbaut und seine Rente plant.

Der Trick dabei:

- Sie sind KEINE Finanzberater
- Sie verkaufen KEINE Finanzprodukte
- Sie zeigen nur, wie man die Tools nutzt, um gute, eigene Entscheidungen zu treffen
- Und sie sind authentisch: Es ist ihr eigener Weg, wie sie ihre Finanzen investieren.

Sie geben also eigenes, sauberes Wissen weiter. Das funktioniert nicht nur, sondern ist ein Erfolg.

Dr. Anna Terschüren

War *Vice President Finance* bei *Jimdo*, (einem Hamburger Online-Startup). Liebt Zahlen und hat viel Spaß daran, anderen Finanzen und deren Zusammenhänge zu erklären.

Lazy Investors

Bootstrapping – Start mit geringem Kapital

2016 Idee | Entscheidung, sich smart aufzustellen. Ausgelöst durch Beschäftigung mit Solopreneurship

2016 Test | 20 offene Seminare in Hamburg als Test, ob die Idee trägt. Resonanz großartig.

How To Make **ALTERSVORSORGE** Suck Less

lazyinvestors.de

- Solopreneur-Paar
- Experten mit einem Programm
- Um das Programm eine Community
- Im Kern eine onlinegestützte Selbstlerngruppe

Martin "Eddy" Eckardt

Diplom-Ingenieur und kreativer Macher. Liebt die effektive Umsetzung von Ideen zu tragenden Geschäftsmodellen. Sein Ziel: maximale Resonanz bei geringer Investition.

Dazu gehört auch: testen und auswerten.

Lean Start-up

Smarte Experten nutzen oft die Methoden der großen Online Start-ups. In diesem Fall einfaches Prototyping: Die Themen für ihren Kurs entwickelten sie Stück für Stück in 20 Testseminaren in Hamburg. Erst als der Inhalt stimmte, gingen sie bundesweit online.

Über 10.000 € Umsatz mit dem ersten Webinar

2017 Kurs No.1 | Online-Kurs auf *teachable* gestartet. Zum ersten Informations-Webinar tragen sich 160 ein. 60 Personen hören dann zu. 35 davon buchen.

2017 Roll-Out | Die *Rolling Average GmbH* ist die Grundlage aller weiteren Expertenkurse und -projekte. Mit 2 Gesellschaftern: Anna & Eddy

4. Reaktionen – die neue Selbstlern-Kultur

Wenn Sie ein Problem haben, was machen Sie?

A – Sie schreiben sich in einer Universität ein und studieren das.

B – Sie suchen im Internet, ob es irgendwo dazu Informationen gibt.

Die meisten entscheiden sich für B. Es geht bei weitem nicht mehr nur darum, kurz bei *Wikipedia* etwas nachzuschlagen. A macht man, um einen Job zu erhalten, B tut man, um praktisch weiterzukommen.

Im Alltag sucht man gezielt nach dem besten, passenden Wissen in der für einen selbst bevorzugten Form. Wir sprechen von *der Zeit der Smarten Experten*, streng genommen ist es aber eine Zeit der *neuen Selbstlerner*. Menschen wollen Antworten auf die (für sie jetzt) dringenden Fragen – sofort und möglichst *von dem Vorbild, Lehrer, Experten, dem sie vertrauen*. Dieser Trend – ***anders und schneller direkt selbst zu lernen*** – erfasst immer mehr Bereiche, privat, beruflich, gesellschaftlich. Das heißt (wie so oft bei Umbrüchen) nicht, dass die alten Formen des Lernens aufhören.

Ein Grund für die Selbstlernkultur ist, dass große Systeme nicht mehr das Vertrauen haben. Ein anderer Grund ist aber schlicht, dass man nicht die Zeit hat, für jedes Thema in die Schule zu gehen. Häufig reicht ein 10 Min.-Video. Der Erfolg von *Google, YouTube* und *Wikipedia* ist die schnelle, direkte Erreichbarkeit OHNE große Anmeldung und Aufwand. Der kostenlose Informationshappen kommt aber schnell an Grenzen. Was folgt dann? Die strukturierten Angebote. Das ist das Feld der Smarten Experten. Sie geben mehr als zwei Sätze Information. Sie inspirieren, verknüpfen, strukturieren und begleiten.

Intellektuelle Selbstversorger und Situations-Bedarfs-Lerner

Dass im Internet gesucht wird, ist ein allgemeines Verhalten. Aber es gibt Feinschmecker unter den Selbstlernern. Im Umfeld unserer Vorträge bei der *Digitalen Nomaden Konferenz (DNX)*, dem *Entrepreneurship Summit* und anderer Veranstaltungen begegnen wir immer mehr Menschen, die sich „*Self Education*" verordnen, weil sie in Beruf, Studium und Ausbildung nicht das vermittelt bekommen, was sie aktuell brauchen. Diese (nicht nur jungen) Menschen lesen viel, arbeiten sich durch Kurse und sind in verschiedenen Communities aktiv. Für individuelle Selbstlerner geht es nicht mehr um Zertifikate, es geht um das persönliche Weiterkommen. Oft kreuzen sich Lifestyle und Fachwissen.

Dies soll nicht das Bild erzeugen, dass Smarte Experten nur für diese Lern-Gourmets arbeiten. Nach wie vor sind in vielen klassischen Umfeldern klassische Themen gefragt. Für Sie ist es aber wichtig, Inhalte „flüssiger" zu gestalten und den Bedarf Ihres Publikums genau zu kennen.

Gleich wo Sie sich aufstellen – denken Sie agiler

Auf der nächsten Seite zeigen wir Ihnen eine Lernreise. Bedarf verändert sich. Sie können nicht mehr *„auf Vorrat"* lernen, vieles passiert *„unterwegs"*.

- ***Die Brückenfrage***

Jeder Mensch hat seine persönliche Transformation. Er wandert durch Wissens-, Glaubens- und Erfahrungsfelder. Fragen Sie sich, welche Brücke zwischen welchen dieser Inseln Sie sein können. Das alte Bild der Hebamme, der Geburtshelferin, wurde von Sokrates für Experten geprägt.

- ***Werden Sie multidimensional***

Natürlich gibt es Kurse oder Videos, die einfach nur erklären, wie man eine Sache „richtig macht". Gerade Software-Experten erläutern oft nicht viel mehr, als eine Abfolge von Schaltern, die man drückt. Für *How To Do Wissen* gibt es Bedarf. Denken Sie aber einen Schritt weiter: Wie hängen die Dinge zusammen? Können Sie mehr als das? Wenn ja, machen wir Ihnen Mut, nicht nur eine Dimension zu bearbeiten. Das führt zu einem starken Thema und Sie werden einmalig (unique).

- ***Smart & agil – legen Sie bei der Methodik zu***

Agiles Denken ist flexibel und fordert, selbst zu entdecken, besser auszuprobieren, bessere Informationen zu bekommen, diese auszuwerten und so bessere Entscheidungen zu treffen. Fragen Sie sich, an welcher Stelle Sie Ihre Didaktik verbessern können. Lean & agil geht an vielen Stellen.

Lern-Biografie

Gelernt wird meist erst, wann man es braucht.

Barbara Oakley hat Erfolg mit einem Kurs, in dem man „*Lernen lernt*". Sind ihre Kursteilnehmer nicht zur Schule gegangen? *Anna&Eddy* punkten mit einem „langweiligen" Thema wie „Rente". Wie kann das sein? Etablierte Institutionen übersehen immer wieder, dass selten auf Vorrat gelernt wird. Und sie erzeugen noch seltener Vertrauen. Ein gutes Lernklima ist ebenso wichtig wie die Inhalte. Smarte Experten sind oft die „richtigen" Impulsgeber für eine bestimmte Lernphase, oft in Themen, die eigentlich schon gelernt sein „müssten".

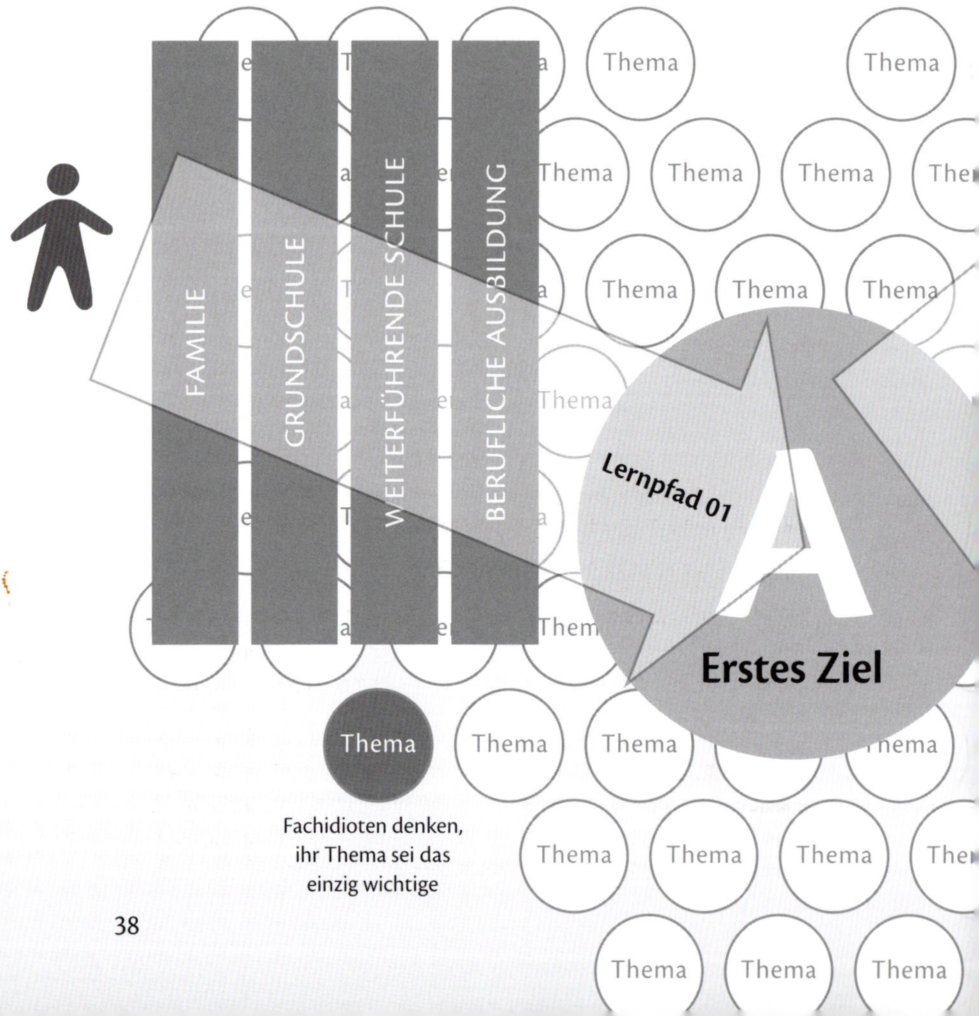

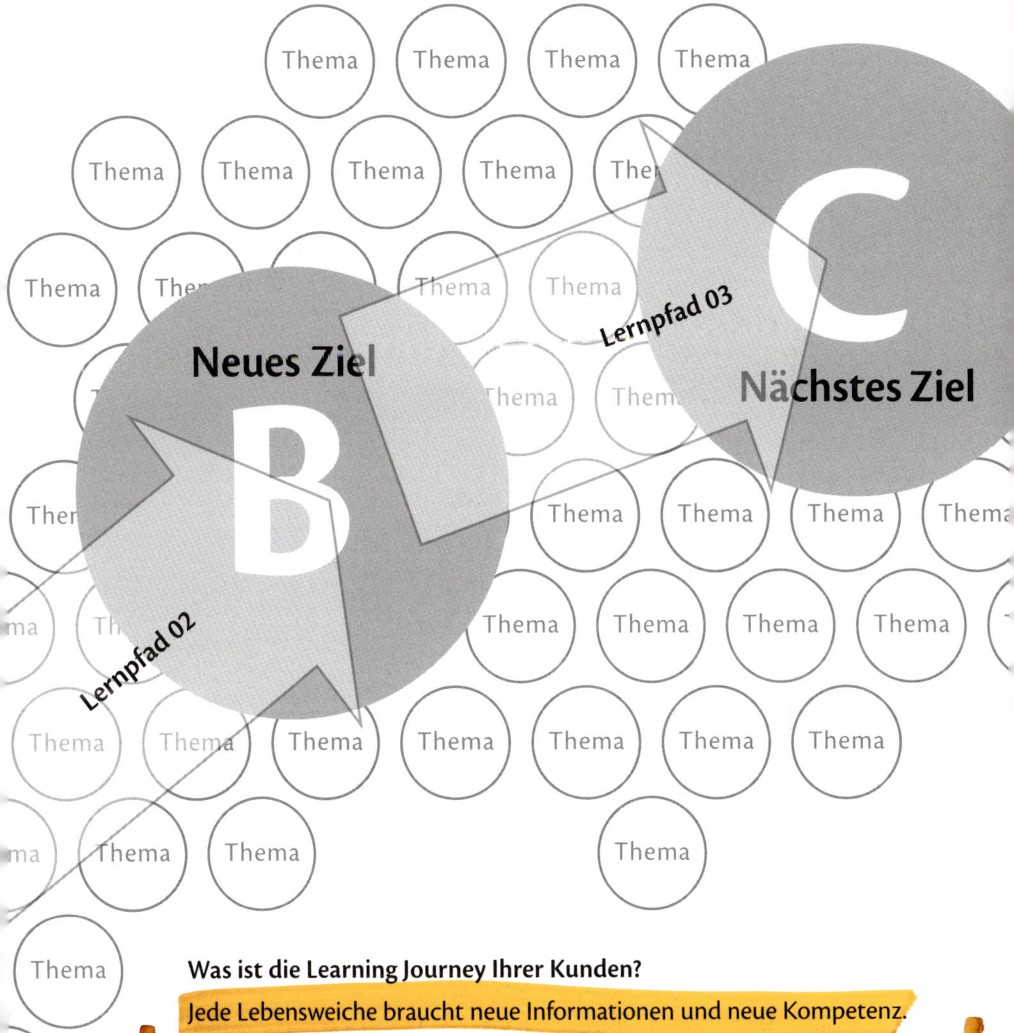

Was ist die Learning Journey Ihrer Kunden?

Jede Lebensweiche braucht neue Informationen und neue Kompetenz.

- Wechsel des Arbeitsplatzes
- Wechsel einer Software
- Wechsel der Sprache
- Wechsel Freizeitbeschäftigung
- Wechsel Partnerschaft / erstes Kind
- Wechsel eines Lebensstils

In einer freien Gesellschaft kann jeder seinen Kurs ändern. Je weiter man voranschreitet, um so größer werden i.d.R. die Selbstlern-Anteile. Keine Schule der Welt kann das alles abdecken. Vieles wird erst später relevant und hängt vom Kontext ab. Also wird bei jeder Kurve in der eigenen Biografie situationsbedingt neu- oder nachgelernt.

Die Zeit der Smarten Experten und Sie

Es ist mehr möglich und der Bedarf ist da. Doch was heißt das für Sie? Im nächsten Kapitel machen wir Mut, Ihre Karten neu zu mischen. Damit Sie dies gezielt können, stellen wir klassische Formen der Wissensarbeit neuen (smarten) Formen gegenüber. Sehen Sie Ihre Fähigkeiten und die neuen Möglichkeiten als zwei große ***Ressourcen-Felder***.

Wie gehört das zusammen? Was wäre die ideale Kombination?

Ihre bisherige Arbeit

Ihr Experten-Thema

Neue Möglichkeiten

- Ihr Leben
- Ihre Themen
- Ihre bisherige Art zu arbeiten

- Das Leben anderer
- Die Themen anderer
- Neue Arten zu arbeiten

Vom Bauchgefühl zum Geschäftsmodell

Wenn Sie neue Dinge durchdenken oder ausprobieren, ist dies wie mit einem Kartenspieler, der sich neue Karten in die Hand geben lässt, um sein Blatt zu verbessern. Aber anders als im Spiel ist Ihr Blatt im Business nicht „zufällig“. Bei jedem neuen Schritt können Sie sich die Frage stellen:

> *Welche Karte mische ich jetzt dazu? Welche lege ich dafür weg? Oder kombiniere ich zwei Dinge einfach neu?*

Diese Entscheidungen können Sie rein aus dem Bauch treffen – oder Sie nutzen dazu ein ***Geschäftsmodell***. Ein Geschäftsmodell ist eine visuelle Denkhilfe, die Ihnen hilft, das Blatt in der Hand besser zu bewerten. Dazu kommen wir später. Zunächst fragen wir uns: *Was ist eigentlich smart?*

Zusammenfassung

Wir leben in einer Zeit der Smarten Experten, bedingt durch

- *einen Wandel in der Technik* (vieles ist neu möglich)
- *einen Wandel der Gesellschaft*. Führt zu einem neuem Bedarf, mitzukommen und sich eine eigene Meinung zu bilden
- *einen Wandel in der Lernkultur* (Selbstlernen wird wichtiger). Führt zu einem wachsenden Publikum, das smarte Inhalte kauft

Weiterarbeit

Komponenten-Liste

- Liste mit Überblick der wichtigsten Komponenten: *smartbusinessconcepts.de/komponenten-liste*

Tipps Verarbeitungs-Strategien

- Dr. Martin Krengel, *Golden Rules*, Erfolgreich lernen und arbeiten
- Andrew Smart, *Öfter mal auf Autopilot*, Warum Nichtstun so wichtig ist

Sie sind mit diesem Schritt fertig, wenn Sie dies beantworten können:

Ich sehe die folgenden Herausforderungen in den nächsten Jahren:

Ich sehe den folgenden Bedarf für Smarte Experten:

☺

01 FERTIG

Zeit für Pause und Notizen

Die ersten Gedanken zur Veränderung hatte ich, als ich in einem Zeitmanagementworkshop meinen Teilnehmern die Nummer mit dem Maßband vorstellte. Plötzlich kam auch mir die Erkenntnis, dass bei mir vermutlich mehr Jahre hinter mir als vor mir liegen.

Die zweite Erkenntnis: Ich bemerkte, dass ich genau in demselben Hamsterrad stecke, aus dem ich speziell meinen inhabergeführten Mittelstandskunden heraushelfe.

Unter anderem verbrachte ich 50.000 km pro Jahr auf der Straße, um zu den Kunden zu fahren. Das sind umgerechnet mindestens 600 Stunden, die in meinem Leben jedes Jahr für Freunde, Familie und Gesundheit fehlten.

Es folgte die Einsicht, dass Du immer selbst der Engpass für Wachstum bist. Ich begann, konsequent nach einer neuen Aufstellung zu suchen.

Eckhard Lechner
Früher *Lechner und Kollegen*
heute *TOP-Produktiv.de*

Fährt heute nur noch einen Bruchteil der Strecken

Schritt 2 – den Unterschied verstehen

2 Wissen, was smart ist

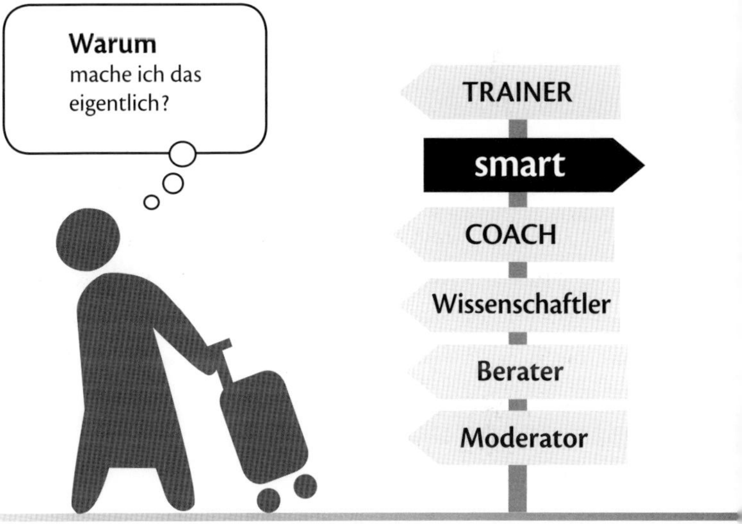

Vor Ihnen liegt eine Entscheidung

Weniger Arbeit und mehr Wirkung, wie soll das funktionieren? Indem Sie sich anders aufstellen und Produkte schaffen, die Sie in ein Geschäftskonzept einbetten. Aber dafür müssen Sie eine Entscheidung treffen: Sie müssen anders arbeiten.

Was unterscheidet klassisch von smart?
Und wie ist das eigentlich mit der Reputation?

Wie smart wollen Sie in Zukunft sein?

Was für ein Experte wollen Sie sein? Das ist eine Frage nach dem Bild in Ihrem Kopf. Was für eine Vorstellung haben Sie, was möglich ist? Um Entscheidungen sauber zu treffen, brauchen Sie ein klares Bild, wofür oder wogegen Sie sich entscheiden. Was ist smart, was ist klassisch? Erst dann können Sie sich der eigentlichen Frage in diesem Buch stellen:

- Wollen Sie in Zukunft Smarte Expertin / Smarter Experte sein?
- Wenn ja, WIE wollen Sie das sein? (*Experten-Typ, Marke, Produkte etc.*)

Also gehen wir im zweiten Kapitel durch eine Reihe von Bildern, die in unserer Gesellschaft vorherrschen. In vielen Menschen – und fast sicher auch in Ihnen – liegt das Potenzial für eine professionelle smarte Experten-Biografie. Wenige entfalten diese. Warum ist dies so? Das hat nach unserer Beobachtung zwei Gründe:

- Es fehlt oft ***Selbstbewusstsein***, also der Mut
- Ihr Kopf kennt oft nur wenige ***Experten-Rollen*** und die sind klassisch

Das hat Folgen:
Viele Menschen mit einem profunden Wissen und auch der Begeisterung für ein Thema gehen lieber in die Auftragsarbeit oder eine feste Anstellung, als sich etwas selbst aufzubauen. Also hinterfragen wir in diesem Kapitel bekannte Begriffe, um neue Bilder zu ermöglichen.

Denken Sie nicht in Bezeichnungen, sondern in Systemen

Nehmen wir als Beispiel „den Berater". Viele zieht es automatisch in diese Ecke, weil sie dieses Bild kennen. Was ist aber eigentlich eine Beraterin, ein Berater? Wir haben selbst beraten. Es ist kein fest gefügter Beruf. „Berater" ist ein Gemenge aus verschiedenen Anforderungen, Aufträgen, Projekten. Wenn einzelne Jobs nicht sauber einzugrenzen sind, Termine sich verschieben etc., kommt es schnell zu Arbeitsspitzen (in unserem Buch *Smart Business Concepts* als ***Dienstleisterfalle*** beschrieben). Warum rutschen Wissensarbeiter schnell in solche Mischmasch-Situationen? Es liegt daran, dass sie nicht in eigenen Geschäftskonzepten denken.

Wissensarbeiter landen häufig in ungeklärten Schubladen, weil sie mit aller Macht dort landen wollen: Lieber schlecht bezahlter Dozent, als gar kein Dozent. Oder einfach, weil man nicht über die Systeme hinter einem Beruf nachdenkt. Was ist zum Beispiel das Geschäftskonzept beim Berufsbild „Coach"? In dem Moment, in dem Sie sich als klassischer 1:1-Coach etablieren, müssen Sie individuelle Termine vereinbaren und individuell begleiten. Das geht nicht anders. *Serien von Einzelterminen zu verkaufen, ist das Geschäftskonzept im Einzel-Coaching.*

FALLBEISPIEL Werde ich Coach oder Trainer?

Was bestimmt, wie Sie über eine Rolle denken?

Anika* hat eine gute Ausbilung und erste Jahre in einer großen Firma hinter sich. Seit einiger Zeit ist sie damit nicht mehr zufrieden. Der Horizont in der Firma ist ihr zu eng und sie möchte „mehr bewirken". Auch hat sich ihr ein Thema auf die Seele gelegt, das sie weitergeben möchte. Sie fragt uns, was die bessere Aufstellung für sie sei: *Coach oder Trainerin?*

Auf die Frage, wie sie zu den beiden Optionen kommt, zeigt sie uns einen Ausbildungs-Prospekt. Dort gibt es zwei Lehrgänge: Der eine bildet aus zum *zertifizierten Coach* (1:1-Arbeit), der andere zum *zertifizierten Trainer* (mehr Weiterbildung). Das ist typisch: Es werden klassische Rollen angeboten und standardisiert. Oft wird dabei von den „Skills" her gedacht, weniger vom Geschäftsmodell. Mit solch festen Bildern schaffen wir kaum Raum für neue Geschäftskonzepte und smarte Kombinationen.

Auf den nächsten Seiten vergleichen wir *Klassische* und *Smarte Experten.*

- Die ***Arbeitsform*** Klassischer und Smarter Experten im Vergleich
- Die ***Rechtsformen*** in Deutschland
- Wie anerkannt sind welche ***Expertenformen*** in der Gesellschaft?
- Auf welcher ***unternehmerischen Etage*** spielen die Smarten Experten?

Die 5 *Experten-Typen* kommen später in Kapitel 4.

* Name geändert

Die Arbeitsweise Klassischer Experten

Klassische Experten haben Wissen, ***aber kein smartes Geschäftsmodell.*** Sie arbeiten in einer Organisation, Anstellung, Kanzlei, eigener Praxis oder unterwegs, um *die Anforderungen anderer* zu bearbeiten. Einzelne Jobs stehen im Vordergrund. Es fehlen eigene Produkte, die Unabhängigkeit im Thema und in der Arbeitsweise bringen. Viele sind in eine Hierarchie oder ein Kollegium eingebunden, als Selbstständige sind sie *Auftragnehmer.*

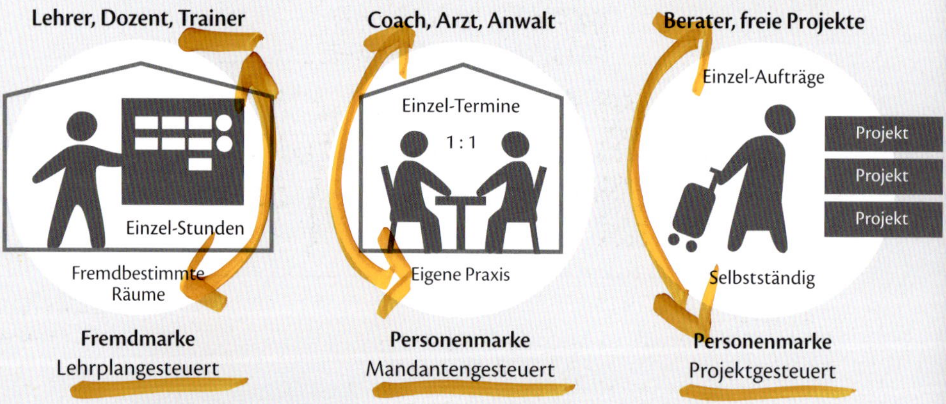

JOB-Bezug	Für andere indiviuell arbeiten

- Sind angestellt oder arbeiten im Auftrag für andere.
- Fremdgesteuert (*Lehrauftrag / Beratungsauftrag etc.*).
- Ortsgebunden (*keine freie Wahl des Arbeitsorts*).
- Lehrt in einem Gebäude oder ist beim Kunden unterwegs.
- Die Inhalte, die sie weitergeben, gehören ihnen i.d.R. nicht.
- Fachwissen, das auch andere vermitteln können.
  Damit sind sie in der Regel austauschbar.

Indikatoren für Job-Bezug

- Keine eigenen Produkte
- Keine eigenen Rechte am geistigen Inhalt
- Keine eigene Methodik und selten eine eigene klare Marke

Die Arbeitsweise Smarter Experten

Smarte Experten bauen eine ***eigene Marke*** mit ***eigenen Produkten*** auf, die sie auch unabhängig von ihrem direkten Zeiteinsatz verkaufen können. Dadurch schaffen sie sich ein Grundeinkommen, das ihnen die Freiheit für weitere Eigenkreationen gibt, deren Erstellung sie selbst steuern. Sie sind *Wissens-Entrepreneure*, in der Regel *Solopreneure*. Sie haben ein prozessbasiertes Vorgehen, wir nennen das ein *Smart Business Concept*.

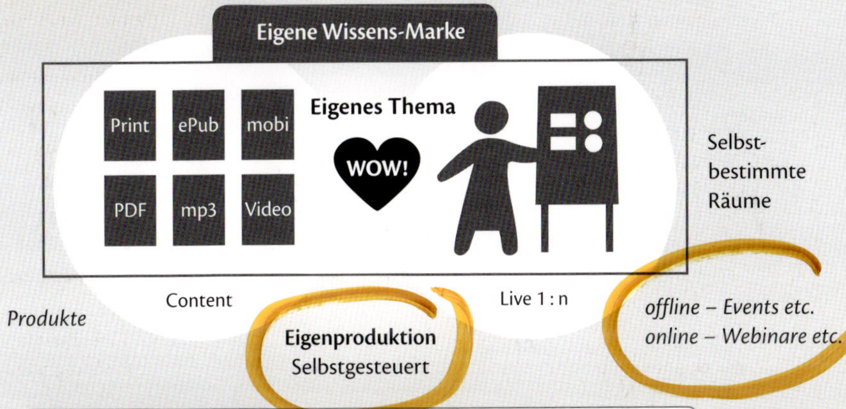

PRODUKT-Bezug | Über skalierbare Angebote arbeiten

- Sind selbstständig und schaffen eigene Produkte (*Angebote*).
- Selbstgesteuert (*Auftrag an sich selbst*).
- Ortsungebunden (*freie Wahl des Arbeitsorts*).
- Erstellt Content im Home-Office oder lehrt auf Event.
- Die Inhalte, die sie weitergeben, gehören ihnen (*Rechte*).
- Eigenes Fachwissen, das andere so nicht lehren, oder eine Art und Weise, die sie von anderen abhebt.

Indikatoren für Produkt-Bezug

- Hat eigene Produkte (*dingliche, digitale, Veranstaltungen*)
- Hat die Rechte am geistigen Inhalt
- Hat eine eigene Methodik (*Framework*) und eigene Marke

Verwirrung – was bedeutet „smart" den rechtlich?

Eigentlich haben wir auf der Vorseite „klassisch" und „smart" geordnet. Deutschland wäre aber nicht Deutschland, wenn wir uns das Leben nicht kompliziert machen würden. So lange Sie sauber in einer Schublade bleiben, ist das meiste geregelt. Wenn Sie aber beginnen, Dinge zu mischen, kann das bei Versicherungen und Ihrem Finanzamt seltsamste Sachen auslösen. Also müssen Sie leider bei der Rechtsform aufpassen.

Was verwirrt bei der Rechtsform?

Dass es nicht die eindeutige Rechtsform für Smarte Experten gibt. Es hängt stark von Ihrem Angebot und der konkreten steuerlichen Ausgestaltung ab. Das kann eine größere Rolle spielen als die eigentliche Rechtsform.

Altgediente Solo-Entrepreneure gehen häufig früher oder später in eine Kapitalgesellschaft (*wie die GmbH*)[1], weil dies die stabilste Unternehmensform ist. Grund: Sie sind „vollwertiger" Unternehmer und können alles rechtlich und steuerlich sauber abbilden. Aber das schlägt dafür mit einem höheren Aufwand „zu Buche". Eine Kapitalgesellschaft führt sofort zu einer strengen (doppelten) Buchführung und anderen Begrenzungen und den höchsten Abgaben. Das kann am Anfang belasten.

Raus aus Deutschland Ja / Nein

Weil Deutschland kompliziert ist, wird gerade bei Online-Experten an vielen Stellen kräftig für einen Geschäftssitz im Ausland geworben. Estland und Zypern sind hoch im Kurs. Die englische Limited war auch lange Zeit beliebt. Das kann Steuern sparen, und die Verwaltungen in anderen Ländern sind tatsächlich oft freundlicher. Aber das hat nicht nur Vorteile.

Unsere Meinung: Wer in Deutschland seinen Wohnsitz hat, sollte hier auch seinen Geschäftssitz führen und Steuern zahlen. Das ist fair und auch der sicherste Weg. Bei Digitalen Nomaden, die tatsächlich überwiegend in anderen Ländern leben, sieht das anders aus. Aber wir sprechen von einer echten Wohnsitzverlagerung. Wir mögen es nicht, wenn Personen nur so tun, als wenn sie nicht in Deutschland wären ...

1 – In der Schweiz spielt die AG eine ähnliche Rolle, daher das dort bitte entsprechend umdenken.

EXKURS

Abgrenzung Gewerbe / Freischaffender

Darf ein Freischaffender einfach Produkte verkaufen?

Viele „Freie" sind unsicher, ob sie einfach smart loslegen können. Zu recht. Mit einem *Freien Beruf* sind Sie solo in der Rechtsform *Einzelunternehmer.* Verwirrend: Ein Einzelunternehmen kann aber auch als Gewerbebetrieb geführt werden (siehe nächste Seite). Freischaffende sind das aber erst einmal nicht.[2] Und wollen es eigentlich auch nicht sein, da Freischaffende steuerlich besser gestellt sind. Wollen Sie als „Freier" smarte Angebote entwickeln, prüfen Sie das bitte vorher! Die deutsche Rechtsprechung geht bei Freien Berufen vom *persönlichen Arbeitseinsatz* aus (Stunde gegen Geld). Sie kommen daher beim Verkauf von Produkten schnell in Abgrenzungsprobleme zur gewerblichen Tätigkeit.

Zwei Lösungswege

1 – *Die smarte Tätigkeit streng von der gewerblichen trennen*

Eine Einzelperson kann neben der freiberuflichen Tätigkeit auch eine gewerbliche Tätigkeit ausüben und hat dann in der Steuererklärung mehrere *Gewinnermittlungen* (Einkünfte aus Gewerbebetrieb und aus freiberuflicher Arbeit). Voraussetzung ist, dass sich die Tätigkeiten eindeutig trennen lassen und kein sachlicher und wirtschaftlicher Zusammenhang besteht. ***Wichtig:*** Sauber abgrenzen. Sonst kann es passieren, dass alle Umsätze unter „Gewerbe" fallen.[3]

2 – *Mit einem Steuerberater klären, ob die eigenen Publikationen nicht doch noch in die eigene freischaffende Tätigkeit fallen*

Wie müssten Ihre Produkte ausgestaltet sein, damit sie ggf. unter eine wissenschaftliche / schriftstellerische Tätigkeit fallen und die eigene Expertise („tiefe und breit angelegte Kenntnisse") unterstreichen und NICHT als gewerbliche Tätigkeit vom Finanzamt eingestuft werden? Welches Umsatzverhältnis „Stunde gegen Geld" zu Produktverkäufen wäre in Ihrem Fall unschädlich? Dies hängt von der konkreten Tätigkeit und auch u. U. von der jeweiligen Bewertung des zuständigen Finanzamtes ab.

---

2 – Katalog der Freiberufler, siehe §18 Einkommensteuergesetz (EStG)

3 – Werden freie und gewerbliche Tätigkeiten gleichzeitig ausgeführt, muss die freiberufliche Tätigkeit leicht von der gewerblichen zu trennen sein. Sind Tätigkeiten „untrennbar verbunden", zählen die gesamten Einkünfte als Einkünfte aus Gewerbebetrieb und sind entsprechend zu versteuern.

Grundlegende Rechtsformen

Selbstständig

Ziel eines Smarten Experten ist eine rechtliche Selbstständigkeit. Damit sind alle Smarten Experten *„Selbstständige"*, was zur Verwirrung beiträgt. Denn *„selbstständig"* sagt nichts über die Rechtsform, Steuern oder die Anzahl der Mitarbeiter aus. Selbstständig ist das Gegenteil von angestellt.

Freie Berufe / Freischaffend

„Freischaffend" ist eine privilegierte Form der Selbstständigkeit. Vor allem für Künstler, Autoren, Designer, Ärzte, Rechtsanwälte etc. Im Prinzip ein Einzelunternehmer mit Sonderbehandlung (*keine Gewerbesteuer, keine IHK-Beiträge, keine doppelte Buchführung u.a.*). Die Rechtsprechung verlangt von Freien Berufen *„tiefe und breit angelegte Kenntnisse"* und dass der persönliche Arbeitseinsatz (Stunde gegen Geld) eine besondere Rolle spielt. Sie dürfen also keine gewerblichen Tätigkeiten ausführen. Siehe dazu den Exkurs auf der Vorseite „Abgrenzung zum Gewerbe".

Einzelunternehmen oder GbR können Gewerbe sein, müssen es aber nicht.

Einzelunternehmer

Die einfachste Rechtsform. Reicht als Experte zu Beginn. Dazu braucht man im Prinzip nur eine Anmeldung beim Ordnungsamt mit einem eigenen Gewerbe. Vorteil: Einfache Buchhaltung (*Einnahme-/Überschuss-Rechn.*). Nachteil: Volle Haftung mit dem Privatvermögen bei Insolvenz.

Gesellschaft bürgerlichen Rechts - GbR

Arbeiten Sie als Experte nicht ungeklärt mit anderen lose zusammen! Das führt im Zweifel in eine *Gesellschaft bürgerlichen Rechts*. Jeder haftet in einer GbR unbegrenzt für alle. Das Tückische: Alle anderen Rechtsformen müssen Sie bewusst starten. Nicht so die GbR. Sie entsteht, wenn eine Gruppe gemeinsam einen Auftrag annimmt und keine sauber geklärten Unterauftragsverhältnisse hat. Stellen Sie daher gegenseitig saubere Rechnungen und grenzen Sie die Aufträge ab. Als Solopreneur sind Sie der Inhaber und lassen andere nur zuarbeiten. Vermeiden Sie die GbR. Denn dabei verlieren Sie alle Vorteile eines Solopreneurships. Ausnahme sind Solopreneur-(Ehe)Paare. Dann können Sie auch bewusst die GbR als Rechtsform wählen (oder aber eine Kapitalgesellschaft, wie wir das tun).

Es fehlen die Partnergesellschaft und die AG. Beides spielt bei Smarten Konzepten kaum eine Rolle. Diese Übersicht ersetzt keine Beratung durch einen Steuerberater oder Rechtsanwalt.

Kapitalgesellschaften

Faustformel: *Eine Kapitalgesellschaft ist immer ein Gewerbe.*

Viele Smarte Experten haben Kapitalgesellschaften. Weil sie dadurch alle Formen von Produkten (Bücher, Spiele, Box-Sets, Services, Events) ohne Einschränkungen selbst produzieren können. Damit eröffnen Sie aber einen „richtigen Betrieb", sind zur doppelten Buchhaltung (Bilanz) verpflichtet und unterliegen allen Steuern, auch der Gewerbesteuer.

Unternehmergesellschaft - UG

Die UG (haftungsbeschränkt) als „Mini"-Variante der GmbH hat bereits mit einer Einlage von 1 Euro die Haftungsbeschränkung.[1] Sie müssen aber über eine jährliche Rücklage aus dem Jahresüberschuss das GmbH-Mindestkapital aufbauen. Die UG füttert sich also quasi so lange selbst, bis sie eine ausgewachsene GmbH ist. Die UG ist damit leichter beim Start zu finanzieren, zieht aber auch sofort die Auflagen einer GmbH nach sich.

Gesellschaft mit beschränkter Haftung - GmbH

Haftungskapital 25.000 Euro. Vorteil: Wird im Markt als vollwertiger Partner akzeptiert. Nachteile: Sie müssen bilanzieren und haben einen höheren administrativen Aufwand. Der Buchungsaufwand sollte Sie nicht schrecken. Jeder Steuerberater kann das für Sie übernehmen. Sie haben in einer GmbH aber formellere Abläufe. Sie können zum Beispiel nicht einfach jeden Monat das Gehalt ändern oder Privatentnahmen tätigen.

GmbH & Co. KG

Wer die Stabilität der GmbH mit mehr Freiheiten in der operativen Führung verbinden will, greift zur GmbH & Co. KG. Eine beliebte Rechtsform bei erfahrenen Solopreneuren, die die Vorteile der haftungsbeschränkten Kapitalgesellschaft und der Personengesellschaft KG (Kommandit Gesellschaft) vereint. Durch die GmbH als Komplementärin ist die Haftung auf das Firmenvermögen begrenzt. Sie haben den Schutz der GmbH, arbeiten aber als Kommanditist und können als Personengesellschaft mit Ihrem Geld freier operieren. Zum Beispiel sind Privatentnahmen möglich. Ist etwas für Fortgeschrittene und verlangt Einarbeitung und einen höheren administrativen Aufwand, aber einmal aufgestellt ist es ein schöner, flexibler Zwitter.

1 – Die UG kann mit 1 Euro gegründet werden. Damit die Gesellschaft aber nicht schon zu Beginn überschuldet ist, empfiehlt sich mindestens eine Einlage in Höhe der Gründungskosten.

Wie bekannt sind welche Experten in unserer Gesellschaft?

klassisch am meisten bekannte Form

kein Gewerbe

Angestellte Experten

- Lehrer, Dozenten, Trainer, Berater, Wissenschaftler ...
- Alle Arten von Inhaus-Experten
- Ortsabhängig, weisungsabhängig, oft Wettbewerbsverbot

Unsere Gesellschaft bildet hierfür aus. Häufig Titel, Status.

ab hier selbstständig – viele kennen den Unterschied Gewerbe / Freischaffend nicht

Freischaffende / Freie Berufe

- Künstler, Autoren, Ärzte, Rechtsanwälte, Steuerberater ...
- Sind KEINE Gewerbetreibende, dürfen nicht alles
- Dafür Privilegien (z.B. keine Gewerbesteuer)

Sehr verschiedene Anerkennung und Etablierung.

Gewerbe

Einzel-Selbstständige / Solo-Selbstständige

- Einzelunternehmer oder Kapitalgesellschaft
- Sind Gewerbetreibende mit Gewerbeschein
- Müssen verschiedene Auftraggeber haben

Dieser Bereich wächst stark. Die Gewerkschaften gehen auf die Barrikaden, weil sie das nicht wollen / verstehen

War lange Zeit unorganisiert Seit 2012 gibt es den *VGSD*.

smart am wenigsten bekannt

Gewerbe

Smarte Experten / Solopreneure

- Einzelunternehmer oder Kapitalgesellschaft
- Meist Gewerbetreibende mit Gewerbeschein
- Haben eigene Produkt-Portfolios

Pionier-Situation. Jung und wachsend. Ohne offizielle Lobby. Es gibt eine eigene Szene. Nicht alle Akteure (besonders im Online-Marketing) sind seriös, daher auch Graubereiche. *Solopreneur Day* seit 2013 als erster Fachtag zum Thema.

Das Wissen über die Berufsrollen nimmt von oben nach unten ab.

Job-orientiert / der sichere Hafen und die sichere Rolle

Die Masse der Kopfarbeiter und Wissensvermittler sind angestellt und arbeiten in Institutionen oder Firmen. Meist gibt es eine Berufsstands-Denke. Je nach Vertrag / Arbeitgeber dürfen Angestellte nebenbei publizieren oder nicht.

Skalierung Nur über das Gehalt. Oder Publikationen nebenbei / Nebenjob.

Einzel-Werk-orientiert / Mandanten / Auftraggeber

Gesellschaftlich auch bekannt sind *freischaffende Künstler* und *Freie Berufe*. Das sind privilegierte Berufe wie Künstler, Betriebswirte, Steuerberater.

Skalierung Über eigene Werke (Autor z.B. Buch). Fast nie Eigenverlag.

Projekt-orientiert / Honorar / Auftraggeber

In der Debatte gerade stark umkämpft sind zur Zeit die Einzel-Selbstständigen, dazu gehören viele Software-Entwickler oder Externe Projektleiter, die oft einen langen Zeitraum auf Honorarbasis in einem Projekt für einen Auftraggeber arbeiten.

Skalierung Gehen in Jobs + Projekten auf. Daher selten eigene Produkte.

Produkt-orientiert / Verkäufe / Kunden

Als Rolle am wenigsten bekannt sind Solopreneur-Experten, unternehmerisch handelnde Experten mit eigener Marke und eigenem Produkt-Portfolio.
Sie arbeiten nicht mehr „vor Ort", sondern ortsunabhängig und steuern ihren wirtschaftlichen Erfolg über eigene Angebote. Also weg von der Auftragsarbeit.

Skalierung Über eigene Publikationen, Produkte, Events, Programme etc.

Der Ausstieg aus der klassischen Experten-Denke

Klassische Experten sind in der Überzahl und werden das auch noch lange bleiben. Dieses Buch ist nicht gegen klassische Formen, es macht Ihnen nur Mut, einen Schritt weiter zu gehen. Wir möchten, dass Sie im Denken eine Etage nach oben klettern. Das hängt nicht unbedingt an der Rechtsform (wie wir gesehen haben), ***sondern an Ihrem unternehmerischen Willen***. Sie gehen aus der Handarbeit (oder der Job-Kopfarbeit) in Richtung eines kreativen, skalierbaren Business. Unternehmerisch wird es dann, wenn es mehr als einmal verkauft werden kann und Ihr eigenes Angebot ist.

In welcher unternehmerischen Etage stecken Sie?

Was für ein Rollen-Vertständnis haben Sie? Was für ein Arbeits-System?

- Das System, in dem Sie sich bewegen, führt zu den Ergebnissen.
- In was für Zustände geraten Sie ständig durch Ihr System?
- Welchen Zustand wollen Sie als Expertin / Experte auf Dauer erreichen?
- Wie reduzieren Sie Ihren Burn-Out-Faktor?

Was für einen unternehmerischen Willen haben Sie?

- Anstellung — *Sicherer Job ist Ihr System*
- Klassischer Experte — *Aufträge reichen Ihnen*
- Smarter Experte — *Spaß an eigener Marke / Produkten / Prozessen*

Smarte Experten arbeiten (hauptsächlich) produktorientiert. Sie installieren Routinen, die ihnen (teil-)automatisierte Buchungen oder Verkäufe von Produkten ermöglichen. Haben Sie das geschafft und die Umsätze werden stabil, dann bekommen Sie operative Zeit frei, um am nächsten Produkt zu arbeiten. Es öffnen sich kreative Zonen, die Sie selbst bestimmen, und Sie laufen den Aufträgen anderer nicht mehr hinterher. Smarte Experten kreuzen damit die Linie zum *Entrepreneur*. Sie nutzen zum Beispiel viele Vorgehensweisen aus der Welt der Online-Start-ups, ohne ein solcher zu sein. Wir nennen dies ein *Smart Business Concept*.

Entrepreneur werden – eine Etage nach oben gehen

Die *Geschäftstyp-Pyramide*, mit der wir in unserem Programm arbeiten, hilft Ihnen, Ihre unternehmerische Etage besser im Blick zu haben.

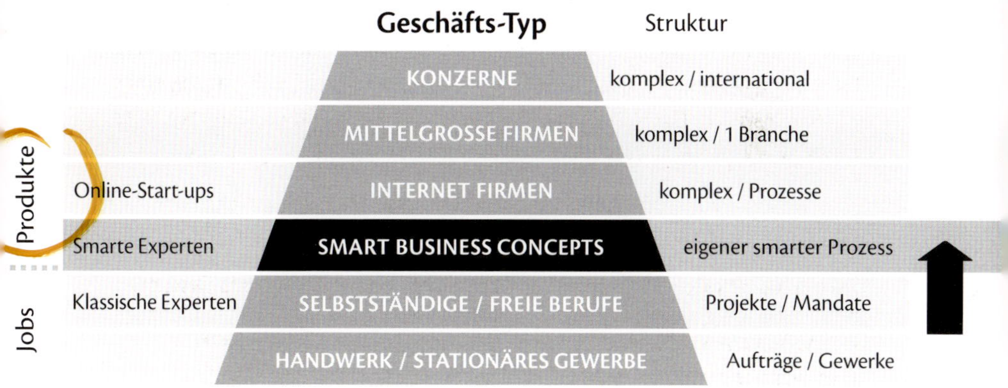

© 2013-2018 Smart Business Concepts

Warum nicht gleich ein Online-Start-up?

Wenn Sie schon wie ein Experten-Entrepreneur denken, warum dann nicht noch eine weitere Etage nach oben klettern und ein größeres Unternehmen wie z.B. eine internationale Wissensplattform schaffen?

Weil Sie dann in der Gewichtsklasse aus dem smarten Fenster rutschen. Bei *bizcademy* waren wir als Business Angel mit an Bord. Es war ein Online-Start-up-Team in den ersten Stunden. Im Sinne von *Codecademy* sollte ein Portal für „Business" entstehen. Der Teamleiter, ein erfahrener Mann, hatte am Ende doch nicht die nötige Zeit. Ein eingeflogener Ersatz konnte sich nicht mit dem Projekt identifizieren. Das Team brach auseinander, bevor es richtig in Fahrt kam. Fazit: Die Etage über den smarten Konzepten ist anstrengend. Sie haben es sofort mit mehr Menschen, mehr Investitionen und auch einer höheren Rate des Scheiterns zu tun. Warum wir solo für besonders smart halten, ist in unseren anderen Büchern ausführlich argumentiert. Natürlich können Sie größer denken. In diesem Buch bleiben wir aber smart. Das ist in unseren Augen besser zu steuern.

Vom Moderator zum Moderatorenwerk

Jan Doering

Neues Ziel,
neue Aufstellung,
eigenes Programm

Sein Rat an andere Smarte Experten

„Erst geben, dann nehmen.

Also erst kostenlose Inhalte rausgeben, um Vertrauen aufzubauen und Qualität zu zeigen.

Von klassisch zu smart

Aus der Selbstständigkeit heraus smartisiert

ab 2005 | Einstieg über Praktikum bei einem TV-Sender in Wien. Dann als fester Freier oder selbstständig für Sender wie ZDF, ProSieben, Sat.1, VOX etc.

ab 2010 | Freier Reporter und Moderator für TV und Video. Er moderiert auch Veranstaltungen für die Bundesregierung und große Firmen.

Ein freier Moderator ist ein klassischer Selbstständiger. Was passiert, wenn er den Arbeitsmodus „einzelner Auftrag" komplett dreht?

Jan Doering tat dies und bildet seitdem andere Moderatoren aus.

Schon in früher Jugend war ihm klar – Moderatoren haben den besten Job der Welt. Zunächst studierte er aber Medieninformatik und traute sich erst nach einer Zeit in der Technik selbst vor die Kamera. Es wurde Leidenschaft. Er sattelte eine einjährige Ausbildung zum Moderator obenauf und stieg in eine professionelle Moderatoren-Laufbahn ein. Warum dann die Wende zum Smarte Experten? *„Grundsätzlich hatte ich Spaß bei der Arbeit und einen guten Verdienst. Aber: Viele Arbeitsspitzen, ständige Verfügbarkeit, wenig Vorbereitungszeit. Das war mir zu viel."* Im Moderatorenwerk begleitet er heute TV-, Radio- und Eventmoderatoren, selbstständig Fuß zu fassen. Von der Ausbildung bis hin zur Jobbörse.

moderatorenwerk.de

Drei-Schritt: Konzept – Testaufbau Community – Launch des Moderatorenwerks

2014
onzept

Das Wendejahr
Erstellt in einer Intensivgruppe von uns ein Konzept für sein Experten-Geschäftsmodell.

2015
Launch

Community-Building über Social Media, dann erstes Prototyp-Seminar zum Selbstkostenpreis. Dann Aufbau Website und Launch erster 6-Wochen-Kurs.

Aus der Menge heraustreten, die Sache mit der Reputation

Bei *Jan Doering* wird aus dem Moderator (klassisch) das *Moderatorenwerk* (ein smartes Programm). Das klingt schon fast natürlich. Es fällt aber nicht allen so leicht, das System zu wechseln. Es fehlt oft das Selbstbewusstsein, ***und viele fürchten um ihre Reputation***. Weil das eine echte Sorge ist, gehen wir dem Thema „Reputation" hier ausführlich nach. Ein Teil der Sorgen kommt daher, dass man Systeme wechselt und verwechselt.

Ängste vor einem neuen Profil

Vor einiger Zeit hatten wir den Auftrag von einer Stiftung, jungen WissenschaftlerInnen zu zeigen, wie sie sich in ihrem Gebiet mit eigener Story gezielter aufstellen (sich als Personenmarke etablieren). Alle hatten ihren Doktortitel, Auslandserfahrung und erste Jahre in renommierten Einrichtungen hinter sich. *Aber sich selbst profilieren, über den vorgegebenen Standard hinaus?* Sofort sieht man in den Gesichtern zwei Energien: Die Faszination, dass dies Spaß machen könnte – in der gleichen Sekunde aber auch die Frage, ob das nicht die eigene Karriere gefährdet.

Verliere ich Reputation, wenn ich eigene Wege gehe?

Diese miteinander kämpfenden Kräfte erleben wir immer wieder auch in unseren Intensivgruppen. Angestellte geraten regelmäßig in einen Loyalitätskonflikt: *Was passiert, wenn ich selbst etwas aufbaue? Was sagt mein Arbeitgeber dazu?* Selbstständige aktivieren Verlust-Ängste: *Verliere ich nicht Kunden, wenn ich mich plötzlich auf „eine Sache" einenge?*

Das gipfelt in Aussagen wie: *„Diese ganzen E-Books haben doch keine Qualität. Damit verliert man doch eher Reputation"*. Ist das so? Nehmen wir einmal diese Aussage. Die Sorge, dass die smarte Welt nicht die gleiche Anerkennung wie die klassischen Systeme hat, ist weit verbreitet. Richtig ist: Das Misstrauen gegenüber Selfpublishern ist in akademischen Kreisen groß. Und in der normalen Karriere zählen im Lebenslauf letztlich nur „harte" Zertifikate (keine eigenen Produkte). Die Reputationsfrage ist aber so nicht korrekt beantwortet. Denn Reputation hängt maßgeblich davon ab, in welchem Reputations-System Sie sich gerade bewegen.

FALLBEISPIEL | Umtopfen des Wissens von A nach B

Eine Etage nach oben

Vor Kurzem schrieb uns eine Ärztin (klassisch mit Praxis):

„Die letzte schlaflose Nacht habe ich Ihnen zu „verdanken". Ich fühle mich als Ärztin wie aus dem Dornröschenschlaf wachgeküsst. In meinem Gehirn explodieren gerade die Ideen. Ich fühle mich noch gar nicht so alt (46 Jahre), aber wenn ich Ihre Komponentenliste anschaue, muss ich leider feststellen, dass das digitale Zeitalter sich wohl erschreckend an mir vorbeigeschummelt hat. Dabei dachte ich, dass ich mit meiner papierlosen Praxis schon sehr fortschrittlich bin."

Was muss passieren, damit Sie noch einmal über Ihren Tellerrand schauen? Diese Ärztin hat heute ein eigenes *Smart Business Concept* zum Thema „gesunde Ernährung". Ihr Fundus ist eine sehr gute Expertise, da sie jahrelang Frauen mit diversen Krankheitsbildern bei der Ernährungsumstellung anleitete. Es braucht bei Frauen mittleren Alters (oft in den Wechseljahren) tatsächlich eine Expertin, die durch die Nebelwand diffuser Beschwerden hindurchschaut und gezielt eine bessere Ernährung empfehlen kann. Das ist keine Zauberei, aber es ist auch kein Kinderspiel. Jahrelange Praxis (hier im doppelten Sinn) ist Voraussetzung.

Zuvor dachte sie nur als Ärztin, nicht als Unternehmerin. Eine eigene Marke zum Thema zu schaffen, war ein Sprung in eine neue Dimension. Dabei ist es möglich, als Ärztin ein Unternehmen aufzubauen. Sie müssen nur darauf achten, die rechtlichen Sphären sauber zu trennen und auch im Habitus das Vertrauen der Patienten auf der einen Seite und das Vertrauen der Kunden auf der anderen Seite nicht zu missbrauchen.

Querdenken – Wissen umtopfen

Wohin kann Ihr bisheriges Wissen umgetopft werden?

- andere Altersstufe
- andere Abnehmer
- anderes Verteil-Medium
- anderes Land
- andere Profession
- andere Passung
- anderer Stil
- anderes Geschäftsmodell

Unterschiedliche Reputations-Systeme

Experten leben in unterschiedlichen Reputations-Systemen. Wer sich als Smarter Experte etabliert, sollte die Unterschiede kennen. Sonst kann es Kollisionen geben. Hier die drei wichtigsten Reputations-Systeme:

Klassische Karriere

- Schule
- Ausbildung / Studium
- **Abschluss wichtig**
- Position 01 – Start
- Position 02
- **Beförderung**
- Position 03
- Position 04
- **Status durch Position**
- Karriereziel – Ende

Reputations-Belege

- Lebenslauf (CV)
- Liste der Positionen (nicht der Ergebnisse)
- Zeugnisse von anerkannten Zugangswächtern

Reputation wofür?

- Kann Position ausfüllen
- Hat besondere Fertigkeiten erworben
- Passt ins System, bringt in ihm Ergebnisse

Reputation bei Arbeitgebern

Klassisch Selbstständige

- Schule
- Ausbildung / Studium
- **Können wichtig**
- Auftrag 01 – klein
- Auftrag 02 – größer
- **Einzel-Akquise**
- Auftrag 03 – renommiert
- Auftrag 04 – renommiert
- **Track-Record**
- Auftrag 05 – renommiert

Reputations-Belege

- Referenzliste
- Liste der Aufträge (der Ergebnisse)
- Testimonials von Auftraggebern
- Qualitätszertifikate

Reputation wofür?

- Job termingerecht in hoher Qualität liefern
- Besondere Qualität bei der Ausführung
- Teamfähig von extern

Reputation bei Auftraggebern

Smarte Experten

- Schule
- Ausbildung / Studium
- **Wissen wichtig**
- Erfahrung sammeln
- Produkt 01
- **Selbstmarketing**
- Produkt 02
- Produkt 03
- **Street-Credibility**
- Produkt 04

Reputations-Belege

- Einschaltquoten
- Annerkennung im Netz
- Referenzen von Lesern / Teilnehmern
- Anerkennung von anderen Experten im Feld

Reputation wofür?

- Relevantes Wissen
- Bringt mich weiter, wenn ich es lese, höre, daran teilnehme
- Fairer Kundenumgang

Reputation unter Anwendern

Ein viertes Reputations-System ist die *akademische Welt*. Hier geht es in Zukunft immer mehr um Akkreditierung, wissenschaftliche Standards und Zertifikate. Zum Teil bewusst in Abgrenzung zu den klassischen und smarten Experten.

Konflikte beim Wechsel der Systeme

Smarte ExpertInnen kommen meist aus einer klassischen Karriere oder einer Selbstständigkeit. Sie wechseln und nehmen dabei einen Teil ihrer alten Reputation mit. Anderes lässt man zurück. Wenn sie wechseln, erzeugt das regelmäßig Angst und wirft Bewertungsfragen auf:

- Kann ich mich als Ingenieur öffentlich als der Erfinder (Experte) eines Verfahrens präsentieren, wenn ich dieses Verfahren in einem klassischen Beruf für eine Firma entwickelt habe (also im System)?
- Darf ich Kontakte aus dem öffentlichen Bereich für meine eigene Experten-Karriere ansprechen? Was ist legitim? Wo sind die Grenzen?
- Verliere ich Reputation, wenn ich ursprünglich mit „harten" Fakten vertraut war und als smart auf einmal „weiche" Themen behandele?

Solche Dinge gilt es, sauber zu klären, sonst kann es harte Brüche geben.

Einige Regeln über smarte Reputation

Smarte Experten bauen eine eigene Reputation auf (eigene Marke), sie bewegen sich aber nicht im luftleeren Raum. Achten Sie auf Ihr Reputations-Fundament:

- Achten Sie die unterschiedlichen Reputations-Systeme. Wenn Sie mit einem Thema wechseln, gibt es Grenzen. Beachten Sie diese.
- Nutzen Sie keine Referenzen, die Ihnen im neuen Feld nicht zustehen oder dort nicht relevant sind. Digital herrscht eher ein salopper Lebenslauf-Stil.
- Faken Sie niemals Referenzen. Gleich ob digitale Kommentare oder andere Belege.
- Sagen Sie, woher Sie Ihr Wissen haben. Autoritäre Persönlichkeiten beanspruchen einfach, recht zu haben. Woher kommt Ihr Wissen, warum ist Ihr Wissen relevant?
- Nennen Sie sauber alle Quellen. Kopieren Sie nicht einfach Inhalte. Plagiate sind auch im Selfpublishing ein No-Go. Andere wollen wissen, auf welchem Grund Sie stehen. Achten Sie das geistige Eigentum, die Leistung anderer.
- Überbetonen Sie nicht die Bedeutung Ihres Wissens, nur um es besser verkaufen zu können. Die Art Ihrer Marketing-Kommunikation ist ein Teil Ihres Rufs.
- Reagieren Sie auf Angriffe gelassen und kompetent. Klären Sie transparent auf.
- Und immer wichtig: Sprechen Sie über Dinge, in denen Sie sich auskennen :-)

Reputation – Wer beurteilt, ob Ihr Wissen relevant ist?

Experten leben von ihrer Reputation. Nur wenn andere Ihnen etwas zutrauen, werden Sie für Ihre Angebote bezahlt. Vertrauen ist daher Ihr oberstes Gut. Wie baut sich Vertrauen auf? *Mihaly Csikszentmihalyi* beschrieb in seinem Buch *Flow und Kreativität* wie Reputation ***klassisch*** funktioniert: Sie erarbeiten sich einen Ruf in einer ***klassischen*** Domäne.

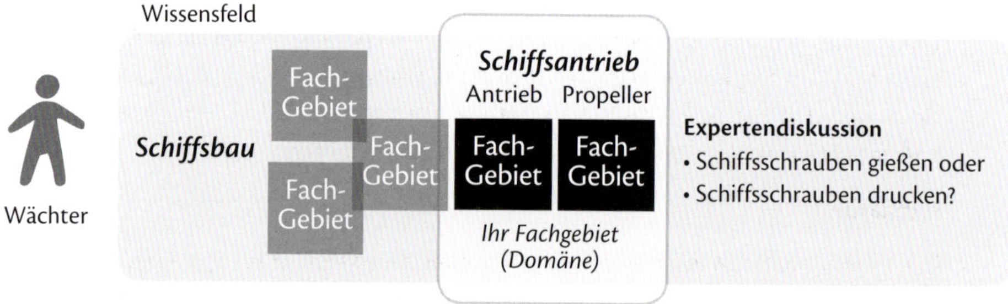

Wissensfeld / das Hauptgebiet – in diesem Buch ab jetzt *Meta-Thema*

Jeder Experte steht in einem Wissensfeld. Beispiel: *Das Wissen, wie man Schiffe baut.* Es gibt mehr Wissen über Schiffsbau, als in den Kopf eines Experten hineingeht. Daher stehen Sie nicht allein mit Ihrem Wissen, sondern zusammen in einem Feld mit anderen (historischen wie aktuellen) Experten.[1] Einige sind besonders anerkannt, die Meinungswächter.

Fachgebiet / Wissens-Domäne – in diesem Buch ab jetzt *Thema*

Im Feld gibt es Fachgebiete mit aktuellen Fragen, wie z.B.: *wie man Schiffspropeller baut.* Klassisch werden Schiffsschrauben gegossen. In Rotterdam gibt es nun *Ramlab*, ein Start-up, der große Metallpropeller im 3-D-Druck erzeugt. Wer sagt nun, welches Verfahren besser ist? Darüber streiten Fachleute und nennen Kriterien (Zahlen, Fakten, Beobachtungen). Bei einer Schiffsschraube wird man bald „wissen", welche Schraube „besser" ist. In anderen Gebieten (wie der Kunst) ist es schwer zu sagen, wann z.B. ein Gemälde „gut" ist. Es ist Geschmacks- und Ansichtssache.

1 – Wichtig: Wer führte einen zuerst in das Thema ein? Der Großvater, der Schiffsbauer war? Eine gute Professorin? Oder die Freunde, mit denen man Schiffsmodelle baute? Moderne Erkenntnis: Weniger das Talent als die Empathie der ersten Personen, die einen in ein Wissensfeld einführen, „zünden den Funken" für Interesse und legen das Fundament für spätere Disziplin und Expertise.

Zugangswächter

Wer bestimmt, was Wissen und was Ansicht oder Geschmack ist? In klassischen Systemen (z.B. Universitäten) gibt es strenge Kriterien. Wissen wird gemessen und es gibt Spielregeln, wer einen Beitrag im Fachgebiet leisten darf. Sie können weder frei lernen (Sie brauchen einen Studienplatz), noch können Sie frei publizieren. Die Zugangswächter behaupten: Nur kontrolliertes Wissen hat Qualität. Ganz so einfach ist das nicht. Die Diskussion um Pressefreiheit, Fake News und System-Blindheit zeigt: Nur weil eine Quelle staatlich oder klassisch ist, bedeutet das nicht, dass sie aktuell und sauber ist. Im System zu sein, heißt auch nicht mehr, automatisch das Vertrauen des Publikums zu haben (siehe dazu auch Kapitel 1). Und hier kommt digital ein komplett neuer Faktor ins Spiel: das freie Publikum.

Publikum

Mit immer mehr Menschen, die auch neben den klassischen Systemen lernen, verlieren die alten Wächter an Bedeutung. Reputation ist positive Bekanntheit bei einem Publikum (*Gruppe, die am Thema interessiert ist*). Das kann ein Fachpublikum sein, aber auch jede andere Gruppe. Ein erfolgreicher Snowboarder, der einen *YouTube*-Kanal hat, lebt von einer ganz anderen Reputation als ein Professor.

Eine Domäne oder einen Tribe selbst neu gestalten

Spannend wird es, wenn Sie eine neue Domäne eröffnen. Sie sind zuerst in diesem Gebiet und können Ihren Vorsprung meist über Jahre halten. Diese Taktik beschrieb *Csikszentmihalyi* bereits 1966: „*... ein kreativer Mensch ist eine Person, deren Denken oder Handeln eine Domäne verändert oder eine neue Domäne begründet. Dabei darf man aber nicht vergessen, dass eine Domäne nur durch (...) Zustimmung des dafür verantwortlichen Feldes verändert werden kann.*" Er dachte noch klassisch: Die Zugangswächter müssen zustimmen. Heute kann dies auch ein freies Publikum sein. Im Internet ist das bewusste Schaffen einer neuen Domäne mit Schlagworten belegt wie: *Create your own tribe.* First-Mover-Strategien bringen aber nur dann Reputation, wenn dieses Gebiet eine Neueröffnung wert ist. Eine Trendsportart zu erfinden, die keiner praktiziert, ist dann doch kein Trend. Wir sehen uns dies noch näher in Kapitel 3 an.

Neue Reputation über einen Podcast

Was ist der Einstieg in das gewünschte neue Arbeitsprofil?

Maik Pfingsten war über 14 Jahre Troubleshooter in der Autoindustrie, Stress und lange Zeiten fern von der Familie inbegriffen. Das viele Reisen lag ihm nicht. 2011 beginnt er sein Wissen als Mentor an andere Ingenieure weiterzugeben. Dann startet er dazu etwas, das alles ändert: seinen Podcast. Heute arbeitet er fast gänzlich aus dem Home-Office.

„Durch Neugier habe ich Anfang 2012 zufällig begonnen, mit dem Podcast mein Marketing zu automatisieren. Heute kann ich mein Leben so leben, wie ich es will. Unabhängig von Zeit und Ort."

Wandel zum Smarten Experten in drei Schritten

zukunftsarchitekten-podcast.de *lastenhefterstellen.de*

2012 Start mit dem Podcast. Anfang 2018 hatte dieser 142 Folgen. Das sind im Schnitt jede zweite Woche eine neue Folge.

Stück für Stück entsteht eine feine Community um seinen Podcast. Die Themen werden spezieller und breiter zugleich. Er wird bekannter und gefragter. Er trifft sich mit Hörern, wo er kann.

Als „Thema im Thema" entpuppt sich das *Lastenheft*. Klemmt ein Projekt, dann haben die Probleme meist im Lastenheft begonnen. Er entwickelt ein eigenes Lösungs-Framework, wie Ingenieure Fehler in Lastenheften vermeiden: *The System Footprint*.

Hauptprodukte

- Podcastfolgen for free
- Agiles Lastenheft zum Festpreis in (das ist schnell) zwei Wochen
- Strukturiertes Beratungsprodukt

Hauptkanäle Marketing

- Weiterempfehlung unter Profis
- Inbound Marketing z.B.Top-Positionen bei *Google* zum Keyword *Lastenheft*

Lieblings-Medium

Maik Pfingsten redet und spricht gerne und hat eine angenehme Stimme. Film ist nicht so sein Ding. Also ein Podcast.

Rechtsform

- Solopreneur, alleiniger Inhaber
- *blueshaper UG*
- ansonsten freie Mitarbeiter

Von der langweiligsten Nische der Welt –
oder wie ein *standardisiertes* Experten-Produkt entstand

Er hat einmal gesagt, es sei die *„langweiligste Nische der Welt"*. Aber ganz ernst gemeint hat er das nicht. Denn Maik Pfingsten ist mit Herz und Seele Ingenieur. Nur nicht mehr gerne als freier Projektleiter. Er hatte genug Stress als Troubleshooter. Durch seinen Podcast rund um *System Engineering* wurde er aber zunächst stärker gebucht als vorher.

- Wie konnte er seine Arbeit in ein Produkt wandeln?
- Er wollte mehr zu Hause bei Familie und Kindern sein.

Je mehr Fälle er beobachtete, desto häufiger stolperte er über das ***Lastenheft***. Wenn ein Projekt steckenblieb oder ins Schleudern kam, gab es meist bereits in der Spezifizierung Fehler. Folgerung: Man müsste vorn anfangen und bessere Lastenhefte schreiben. Es gab kein gutes Material, das sich auf diesen eher langweiligen Teil der Ingenieursarbeit konzentrierte. Und was macht man mit einem Lastenheft in einer agilen Umgebung? Dann stolperte er über die *Canvas* von Alexander Osterwalder und es machte „Klick".

Er schuf ein eigenes Framework, wie man schnell und professionell Lastenhefte erstellt und diese vor allem aktuell hält: Der *System Footprint*, im Kern eine eigene Canvas für Lastenhefte. Heute arbeitet Maik Pfingsten aus seinem Home-Office, verdient mehr als vorher als freischaffender Troubleshooter und muss gelegentlich seinen Nachbarn erklären, warum er „nicht mehr zur Arbeit" geht.

Wechsel will geplant sein

Unserer Erfahrung nach gibt es fast immer einen Wendepunkt, der dazu führt, dass man seinen klassischen Weg verlässt, um in seinen neuen Experten-Status zu investieren. Es kann einen „zufälligen" Auslöser geben, wie rechts beschrieben, oder die bewusste Entscheidung, die man fällt, nachdem man sich für einige Tage zurückgezogen hat.

Wer seinen Status ändern will, muss über das erste Produkt hinwegkommen und weitere Angebote entwickeln. Das verlangt Ausdauer. Der Übergang ist eine unsichere Zeit, oft von sich selbst und von anderen hinterfragt. *Giulia Enders* (siehe rechts) entschied sich z.B. nach ihrem Buch-Erfolg, wieder in die klassische Rolle zurückzugehen. Es hat also nicht nur mit dem Erfolg eines Produktes, sondern auch mit eigenen Zielen zu tun.

Von welchem Punkt springen Sie?

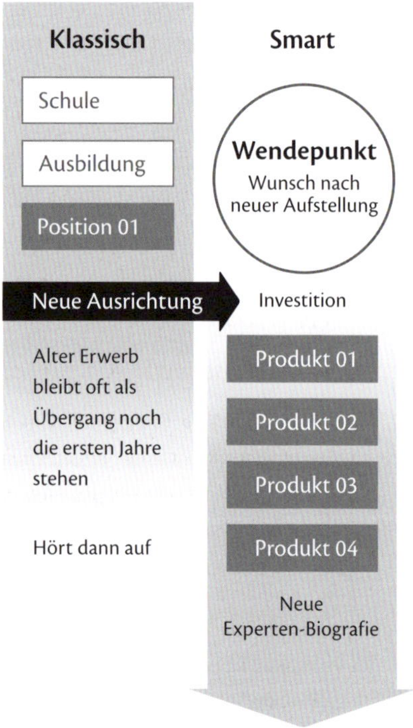

Fragen, die sich stellen

Wie weit soll Ihre Wende gehen?

- Verlassen Sie Ihren alten Weg ganz oder nur zum Teil?
- Wollen Sie in ein neues Thema oder entwickeln Sie Ihr altes weiter?
- Streben Sie smart einen Vollerwerb oder nur einen Teilerwerb an?
- Planen Sie einen langsamen Übergang. Bestseller-Stars sind Ausnahmen.

Konflikte

- *Bei jungen Menschen:* Eltern und Freunde können nicht verstehen, wie man sein Studium „aufgibt", um seinen Weg zu gehen.
- *Bei Angestellten-Karrieren:* Sorge, mit dem bisherigen Umfeld und Arbeitgeber in Konflikt zu geraten.
- *Bei Selbstständigen:* Verlust von Umsatz, während an Experten-Produkten gearbeitet wird.

FALLBEISPIEL Studentin landet einen Welt-Bestseller

Ein Semester aussetzen, um ein Buch zu schreiben

Hin und wieder wird man Darm-Expertin, ohne das geplant zu haben. *Giulia Enders* hatte Weihnachtsferien und nichts zu tun, als eine Freundin ihr eine E-Mail sendet und fragt, ob sie schon einmal etwas von einem *Science Slam* gehört habe und daran teilnehmen möchte. 2012 nimmt die Studentin der Universität Frankfurt an *Science Slams* in Freiburg, Karlsruhe und Berlin teil und begeistert das Publikum mit ihrer Art und ungewöhnlichen Einblicken in die Welt unserer Verdauung.

Das Video des Berliner Slams verbreitet sich im Netz und wird auch von einer Literaturagentin gesehen. Sie fragt Giulia Enders, ob sie über ihr Thema „Darm" ein Buch schreiben möchte.

Ein Buch über den Darm für normale Leser?

Welche andere Studentin hätte daraufhin ein Freisemester genommen, das Studium unterbrochen, um solch ein Buch zu schreiben? Giulia Enders tut es und schreibt sechs Monate in lockerer Sprache. Ihre Schwester Jill steuert fröhliche cartoonistische Zeichnungen bei – seitdem ist *Darm mit Charme* eine Erfolgsgeschichte.

- *Darm mit Charme* erscheint 2014 bei *Ullstein*, stürmt die Bestsellerlisten, verkauft sich alleine in Deutschland über 2 Millionen mal, wird in über 40 Ländern verlegt und gilt als eins der erfolgreichsten Sachbücher der deutschen Geschichte.
- Giulia Enders wird von Anfragen überrannt, gibt Interviews, ist in Fernsehshows. Dann ist es für sie genug und sie drosselt bewusst ihre Autorentätigkeit, um ihre Doktorarbeit und Forschungstätigkeit nicht zu vernachlässigen. Heute ist sie auf dem Weg, Fachärztin in Gastroenterologie zu werden. Aber wir vermuten, irgendwann in einigen Jahren werden wir noch einmal von ihr hören ...

Die FAZ begründete 2014 ihren Erfolg u.a. so:

„Enders hat (...) medizinisches Wissen, das sonst nur Eingeweihten bekannt wird, für die breite Bevölkerung didaktisch exzellent aufbereitet."

Informationen Stand 2017. Zitat: Christina Hucklenbroich, FAZ, 11.04.2014.

Ist ein Buch immer das Mittel der Wahl?

Bisher wurde in diesem Buch häufig von Büchern gesprochen.

Das Fachbuch war und ist einer der bekanntesten Wege, seine Reputation als Experte aufzubauen. Der Standard-PR-Tipp, um sich als Berater zu etablieren ist: *Halten Sie Vorträge auf Konferenzen und schreiben Sie ein Buch.* Bei Wissenschaftlern sind regelmäßige Publikationen sogar Pflicht.

Das Konzept *„Buch schreiben"* ist also nicht neu. Smarte ExpertInnen arbeiten mit allen Arten von Publikationen. Sei es Print, Video, Kurse, Programme, Audios. Das Buch hat aber nach wie vor eine Sonderstellung, da es im klassischen Kontext eine tragende Rolle spielt. Gibt es beim Buch Unterschiede zwischen klassisch und smart? Ja. Und das hängt vor allem an der Funktion des Buches im Geschäftsmodell.

Klassische Reputationsbücher verdienen kein Geld

- *Wissenschaftler veröffentlichen Forschungsergebnisse*

  Das stärkt den Ruf (und den des Instituts) und bringt die wissenschaftliche Diskussion voran. In den letzten Jahren hat der Druck auf Wissenschaftler zugenommen: *Publish or perish* (veröffentliche oder stirb)! Dies führt nicht immer zu besserer Qualität. Gleich aber, wie Wissenschaftler veröffentlichen: Es ist kein Geschäftskonzept (soll es auch nicht sein). Die meisten wissenschaftlichen Publikationen rechnen sich nicht. Bezahlt wird über das Gehalt. Es ist eine klassische Karriere.

- *Klassische Berater schreiben, um den Status zu erhöhen*

  Viele klassische Experten positionieren sich über ein Buch in einem möglichst renommierten Fachverlag. Solche Bücher erhöhen den Status, öffnen Türen zu besser bezahlten Aufträgen – sie erwirtschaften aber für den Autor selten Geld. Meist steht monatelange Arbeit einer schmalen Ausschüttung gegenüber. Auch führt die klassische Reputation zu normalen, klassischen Aufträgen. Beratungsmandate sucht ein Smarter Experte aber gar nicht mehr. Etwas anderes ist es, wenn ein Buch in einem Publikumsverlag Reichweite für die eigene Treppe erzeugen soll.

Smarte Experten platzieren Bücher in einem strategischen Mix

- *Smarte Experten arbeiten mit strategischen Produkten*

Smarte Experten setzen auf eine Angebotspalette. Ein einzelnes Buch zu schreiben, bringt Sie im seltensten Fall weiter, es ernährt Sie nicht. Aus diesem Grund bauen Smarte Experten Geschäftsmodelle, ***in denen Serien möglich sind.*** Wir sehen uns später an, wie Sie solche Produkt-Serien mit der Produkt-Treppe® strategisch planen. Ein Buch übernimmt hier also eine bestimmte Funktion – entweder in einem Gemisch aus verschiedenen Produkten oder in einer Buchserie. Je nach Ziel wird das Buch anders kalkuliert und hat andere Funktionen:

- Soll das Buch „nur" Reichweite und Reputation aufbauen?
- Soll das Buch sichtbaren Umsatz im Geschäftsmodell erwirtschaften?

Experten sind keine Autoren die „frei schreiben". Das Geschäftsmodell stimmt, wenn die Mischkalkulation aller Produkte zusammen aufgeht. Oft steht dabei das Buch unten auf der Treppe und führt ein. Wenn Inhalte dazu oft aktualisiert werden, ist Selfpublishing besser als Verlag.

Was soll Ihr Buch bewirken?

Ist Ihr Buch ein Schwergewicht und soll für einen Zeitraum von sagen wir einmal 5 Jahren einen Teil Ihrer monatlichen Einnahmen sichern?

Oder ist Ihr Buch ein Leichtgewicht, um Interesse zu wecken? Vielleicht steht es sogar als Freebie-E-Book kostenlos zum Download bereit?

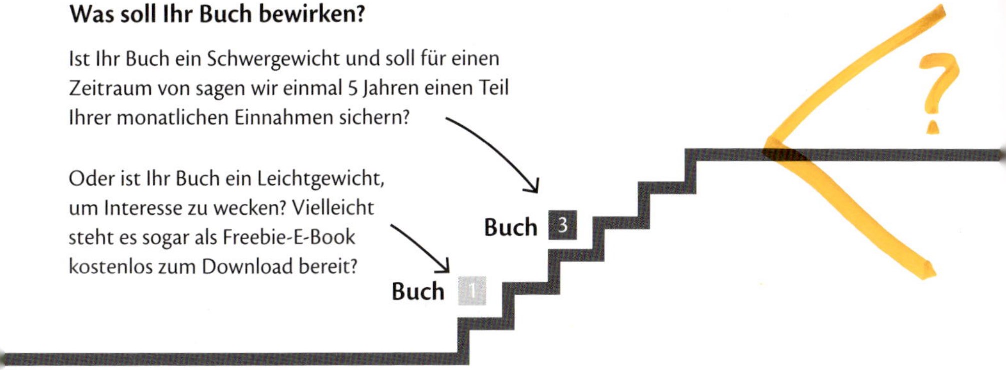

- Lernen Sie, Publikationen strategisch zu planen
- Smart zu veröffentlichen heißt: in einem Geschäftskonzept zu denken
- Ihre Experten-Treppe kann Bücher enthalten, muss aber nicht
- Gleich ob Bücher oder andere Medien: Sie denken in einem Portfolio

FALLBEISPIEL Von einer smarten Veteranin und leichtem Lernen

Vera F. Birkenbihl – gehirngerecht zwischen den Stühlen

Wer im letzten Jahrhundert noch non-digital begann, aber bereits smart dachte, saß häufig zwischen den Stühlen und hatte es schwer. Ein Beispiel dieser „smarten Veteranen" ist *Vera F. Birkenbihl* (†2011). Sie gilt als die erste deutschsprachige Frau, die als Management-Trainerin eine eigene Wissens-Produktlinie entwickelte, allgemein bekannt wurde und gleich hohe Honorare wie männliche Kollegen aufrufen konnte. Bei ihr kann man schon deutlich sehen, wie mit einem strategischen Mix aus Produkten und den dazugehörigen Kommunikationskanälen gearbeitet wird. Sie hatte nicht nur eine Funktion, sondern ein Geschäftsmodell und erreichte sowohl Manager als auch ein breites Publikum.

Ihre Produkt-Treppe®

ca. 500.000 Teilnehmer in den Seminaren

Thema Vom passiven Gehirn-Besitzer zum proaktiven Gehirn-Benutzer.

Framework Das Konzept *„gehirn-freundlich"* entwickelte sie in den 1970ern während ihrer Studien in den USA und entwickelte es fortwährend weiter. In ihren Sprachkursen wurde später daraus die *Birkenbihl-Methode*.

Lebensstil Obwohl sie noch keine smarte Technik hatte, arbeitete sie im Ansatz bereits wie viele Smarte Experten heute: mobil und effizient.

„Zwischen Bullrich-Salz und Heimorgel bereitet sie sich im eigenen Wohnmobil auf ihre Vorträge vor, die der Einfachheit halber mit Video gefilmt und anschließend als eigenständiges Produkt verkauft werden."

Katrin Wilkens, Der Spiegel 30 / 2002

Die Informationen sind mit Stand 2012. Zahlen und Darstellung vereinfacht.

Was beeindruckte an Vera F. Birkenbihl?

Andreas K. Giermaier war von 2000 bis zu ihrem Tod persönlicher Assistent von Vera F. Birkenbihl und übernahm Aufgaben wie Recherche, Korrekturen, Gamification und E-Learning-Entwicklung. Es entstand eine Freundschaft. Wir fragten ihn, was ihn an Vera Birkenbihl faszinierte:

„Sie war für mich einer der prägendsten Menschen in meinem Leben. Sie hatte gleich mehrere Personas in sich, die sie auf Grund ihres Asperger auch intensiv ausleben konnte: die Wissenschaftlerin, die über Monate in wissenschaftliche Forschung und Studien eintauchte und Wissen aus verschiedensten Bereichen parallel verarbeitete.

Die zweite Rolle war die der strategischen Meta-Denkerin, die über das WIE nachdachte und Methoden entwickelte, zum Beispiel besser zu kommunizieren oder mit Freude spielerisch zu lernen.

Die dritte Rolle war Lehrerin und Coach, wie man es sich nur wünschen konnte. Nicht immer nett und angenehm, aber stets auf den Punkt und liebevoll von der Intention her. Sie bereitete monatelang ihre Seminare und Vorträge bis ins letzte Detail vor, übte sie oft und lebte Edutainment.

Als Mensch begeisterte sie mich, weil ihr, obwohl sie Millionen verdiente, der niedrigschwellige Zugang zu Wissen für alle immer wichtig war. Sie hat sich immer für Menschen mit niedrigem Einkommen eingesetzt und war Befürworterin von Social Entrepreneurship, was sich auch dadurch zeigt, dass sie ihr Erbe und alle Tantiemen ihrer Bücher und Materialien an eine Organisation zur Förderung von Social Entrepreneurship vermachte.

Ihre Botschaft war: Wir werden von unseren (gesellschaftlichen) Umfeldern und Prägungen eines Großteils unseres eigentlichen Potenzials beraubt. Sie suchte Mittel und Wege, wie wir wieder den Zugang zu unserem eigentlichen Potenzial zurückbekommen und wie unser Glück eine Entscheidung wird, die wir jeden Tag selbst treffen können.

Wir haben noch zusammen LernenDerZukunft.com ins Leben gerufen und dort trage ich ein Stück weit ihr Werk fort und entwickle es weiter."

Andreas K. Giermaier – lernenderzukunft.com

Reine Modelle und Mischmodelle

Es geht also um Geschäftsmodelle mit einem strategischen Portfolio von eigenen Produkten und nicht um Jobarbeit (ein Job folgt dem anderen).

DEFINITION	Smarte Experten

Nach unserer Definition ist eine smarte Expertin oder Experte:
Jemand, der ein Business um sein Wissen (oder das Wissen anderer) aufbaut und dieses Wissen smart in skalierbare Produkte überführt.

Das von Ihnen weitergegebene Wissen kann von Ihnen selbst stammen (*Kreation*) oder Sie arbeiten das Wissen von anderen auf (*Kuration*). In der Regel ist es eine Kombination:

- Sie verarbeiten Wissen von anderen
- Sie reichern es mit eigenen Erfahrungen, Erkenntnissen etc. an

Damit das Ganze smart wird, brauchen Sie smarte Produkte. Diese werden häufig online angeboten. Das ist aber nicht zwingend, wichtig ist die *Skalierbarkeit* (die Möglichkeit einer Vervielfältigung). Ihre Materialien kann man kaufen, Ihre Kurse buchen, Ihre Seminare besuchen usw. Es entstehen *smarte Verlage, smarte Akademien* und andere Modelle in Eigenregie und meist solo. Sind die eigenen Angebote ausschließlich Wissensprodukte oder Lehrveranstaltungen, sind dies Experten-Modelle in Reinkultur. Es geht aber in diesem Buch nicht um eine Ideologie. Sie können in Ihr Geschäftskonzept auch andere Angebote dazumischen:

- Sie mischen klassisch / smart — siehe rechts
- Sie mischen die 5 *Solopreneur-Typen* — siehe nächste Seite

Sie haben alle Freiheiten. Doch gleich, was Sie tun: Versuchen Sie wirklich strategisch zu arbeiten. Also mit Konzept und nicht einfach von der Hand in den Mund. Harmonie kommt durch Ordnung.

Klassisch und smart mischen

Starke Geschäftskonzepte sind oft puristisch und fußen auf einem starken, fokussierten Angebot (Produkt). 100 % smart ist aber nicht zwingend. Sie können klassische und smarte Experten-Tätigkeiten mischen. Wir raten aber dazu, das gewollt zu tun und es nicht dem Zufall zu überlassen.

Hier vereinfacht drei Misch-Aufstellungen klassisch / smart.

Klassischer Experte gönnt sich smarte Produkte

Sie arbeiten hauptsächlich klassisch. Es gibt zusätzlich ein oder zwei Wissensprodukte, die zu Ihrem Umsatz beitragen. Oft sind dies ein, zwei Bücher oder ein Kurs. Oft ist es auch eine digitale Dokumentation der klassischen Arbeit etc. Hier ist smart das Spielbein, nicht Standbein.

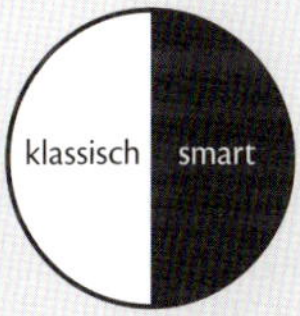

Klassisch / smart gleichwertig

Sie stehen auf beiden Beinen. Sie haben z.B. eine Praxis für Coaching mit Einzelmandaten und gleichwertig ein Online-Programm zum gleichen Thema. ***Aber Achtung:*** Bei 50 / 50 müssen Sie smart ernst nehmen, sonst drängen die Einzelaufträge Ihre smarte Zeit zur Seite. Smarte Experten wollen sich kreative Freiräume erarbeiten. Wer viele klassische Aufträge parallel annimmt, wird erleben, dass diese viele kleine Aufgaben nach sich ziehen. Ihre freie Zeit wird schnell „zerstückelt".

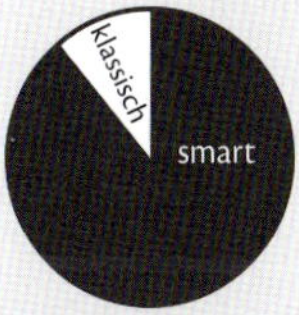

Smart mit einem Restflügel klassisch

Sie sind smarter Experte und arbeiten professionell an Ihrem Programm und Ihrem Experten-Marketing. Das hindert Sie nicht daran, den einen oder anderen klassischen Auftrag anzunehmen. Das ist gerade dann der Fall, wenn Sie aus einer früheren klassischen Selbstständigkeit kommen. Es ist nicht verboten, alte Kunden noch einmal klassisch zu bedienen.

Die Solopreneur-Typen mischen

Ein bewährtes Raster, um smarte Modelle gezielt zu mischen, sind die 5 ***Solopreneur-Typen***[1]. Sie stehen für den gesamten Kosmos der *Smart Business Concepts*. Die smarten Experten-Modelle in diesem Buch sind einer der fünf Typen.

Die 5 Solopreneur-Typen

Smart Business Concepts

Der Produzent Maker	stellt ein Produkt selbst her (oder lässt es herstellen)	**Produkt Modelle**	
Der Händler Trader	handelt mit einem Sortiment (stellt dieses nicht selbst her)	**Sortiments Modelle**	
Der Experte Expert	baut sein Business um sein Wissen auf (oder um das Wissen anderer)	**Experten Modelle** (Inhalt)	Wissen Informatio Impulse Lernen
Problemlöser Service	bietet einen Service oder nimmt anderen Arbeit ab	**Service Modelle**	Aufgaben strukturie lösen
Der Kreative Creator	schafft ein Erlebnis und vermarktet dieses	**Erlebnis Modelle**	

Reine Experten-Modelle arbeiten mit Content-Produkten (*Kurse, Bücher etc.*) und Wissensformaten (*wie Seminaren*). Es sind strukturierte Lern- und Informationsangebote. In der Praxis gibt es Mischvarianten. Z.B. ein Smarter Experte, der gleichzeitig Händler ist. Sie müssen nur aufpassen, dass der zusätzliche Teil ebenfalls smart aufgestellt ist, sonst erzeugt dieser Nebenstrang unverhältnismäßig viel Arbeit.

1 – Die 5 *Solopreneur-Typen* haben wir im Buch Solopreneur vorgestellt © 2014-2018

Experten-Mischmodelle

Hier die vier wichtigsten Kombinationen, die in der Praxis vorkommen:

Experte und Produzent

Haben Sie als *Maker* ein Gerät oder System entwickelt, ist es naheliegend, ein smartes Programm aufzubauen, in dem der Umgang mit dem neuen Gerät gezeigt wird. Oder Sie sind *Hersteller* eines Spiels. Dieses Spiel hat ein Thema, zu dem Sie wiederum Bücher schreiben etc.

Experte und Händler

Sie verkaufen die zu ihrem Thema passenden Produkte. Beispiel: Sie entwickeln einen Online-Kurs über Handarbeit und verkaufen die dazu passenden Handarbeits-Materialien oder schreiben Kochbücher und verkaufen glutenfreie Lebensmittel. Das rechnet sich aber nicht immer ...

Experte und Service

Es gibt Experten, die einen ***Productized Service*** aufbauen. Dies sind strukturierte Beratungs- oder Serviceangebote (die Arbeitspakete werden standardisiert + teilautomatisiert). In diesem Buch konzentrieren wir uns auf Experten mit strukturierten Lernangeboten. Ein strukturierter Service ist aber ein starkes alternatives Geschäftsmodell, gerade im Consulting.

Productized Services können zum einen als strukturierte Lösung über freie Mitarbeiter laufen, die Sie vermitteln, oder über *digitale Service-Designs*. Beispiele dafür in diesem Buch sind *Maik Pfingsten* und *Jan Kristof Arndt*.

Experte und Erlebnis

Besonders schön ist die Kombination aus Wissen und Erlebnis. Das Erlebnis kann z.B. ein Abenteuer oder eine Challenge sein. Oder Sie vermitteln das Wissen an herausfordernden Orten (*z.B. Ausland / Workation*) oder nutzen Ihre Kreativität, Inhalte lustig oder spannend zu vermitteln (*Infotainment*). Ein Beispiel für die Kombination ***Kabarett + Musikunterricht***: *Marti Fischer* mit seinem YouTube-Format *„Wie geht eigentlich Musik?"*

Wie smart sind Sie bereits?

Seit unser Programm läuft und speziell seitdem wir das Buch *Solopreneur* veröffentlicht haben, kommen immer wieder Selbstständige auf uns zu und sagen: *Das ist ein toller Titel, ich bin auch ein Solopreneur.* Damit ist oft gemeint: Ich arbeite alleine. *Solopreneur* klingt schöner als das Wort *Solo-Selbstständiger*, das von Regierung und Gewerkschaften oft einseitig gebraucht wird, für angeblich nach Hause abgeschobene Scheinselbstständige, die dort für geringen Stundenlohn via „Fernarbeit" Firmen zuarbeiten. Es gibt also viel Schlechtgerede und Augenwischerei in diesem Feld. Erstellen Sie bitte für sich eigene, klare Kriterien.

Wenn wir von *Smarten Experten* sprechen, meinen wir Entrepreneure, die *Wissens-Produkte* oder *Wissens-Programme* erfolgreich anbieten. Wir sind sicher, dass Sie Expertise haben, ob Sie aber schon smart sind, können Sie einfach feststellen. Analysieren Sie dazu Ihre Einnahmen:

Welche Ihrer Jobs / Aufträge werden individuell vereinbart?

- Nach einem individuellen Telefonat schreiben Sie ein Angebot
- Sie reagieren auf eine individuelle E-Mail
- Sie treffen sich mit dem Auftraggeber und besprechen das Projekt
- Sie treffen einen Mandanten und rechnen nach der „Sitzung" ab etc.

Welche Ihrer Buchungen erfolgen automatisch?

- Verkauf von PDFs, Audios oder anderer Dateien per Download
- Verkauf von Büchern über Plattformen oder Handel
- Buchungen von Kursen / Memberships / Services
- Buchungen von Tickets für Veranstaltungen / Seminare etc.

Faustformel

Ist Ihr automatisierter Einnahme-Strang unter 25%, sind Sie in unseren Augen klassisch selbstständig. Haben Sie mehr, hat die Smartisierung begonnen. Die meisten Smarten Experten, die wir kennen, liegen bei über 50% automatisierter Buchungen. 100% automatisiert ist selten.

Fremdbestimmung – Rechte – Reputation

An welchen Stellen arbeiten Sie heute noch klassisch?

- Wie viel Ihrer Zeit wird von Ihren Kunden bestimmt (Termine)?
- An welchen Stellen müssen Sie persönlich anwesend sein?
- Wie viel Ihres Einkommens ist an (Stunden)-Honorare gebunden?

Wie viel Ihres Wissens gehört Ihnen?

- Haben Sie eigene Inhalte? Oder vermitteln Sie das Wissen anderer?
- Gehören Ihnen die Rechte an Ihren Inhalten?
- Haben Sie ein eigenes Framework (Lösungsansatz)?

Worauf beruht Ihre heutige Reputation?

- Auf Zertifikaten, Abschlüssen und einer Position in einer Firma?
- Auf bestimmten Inhalten, für die Sie stehen?
- Auf einer eingeführten und bekannten eigenen Marke?

Sie sind mit diesem Schritt fertig, wenn Sie dies beantworten können:

Hier bin ich ein klassischer Experte:

klassische Arbeitsbereiche

Hier bin ich bereits ein Smarter Experte:

smarte Arbeitsbereiche

☺

02 FERTIG

Zeit für Pause und Notizen

Es fühlt sich verdammt gut an,
sein Lebensthema gefunden zu haben.

Norman Bücher
Extremsportler und Keynote-Speaker
auf einer Postkarte an uns

Schritt 3 – Von der These zum starken Thema

3 Finden Sie Ihr Experten-Thema!

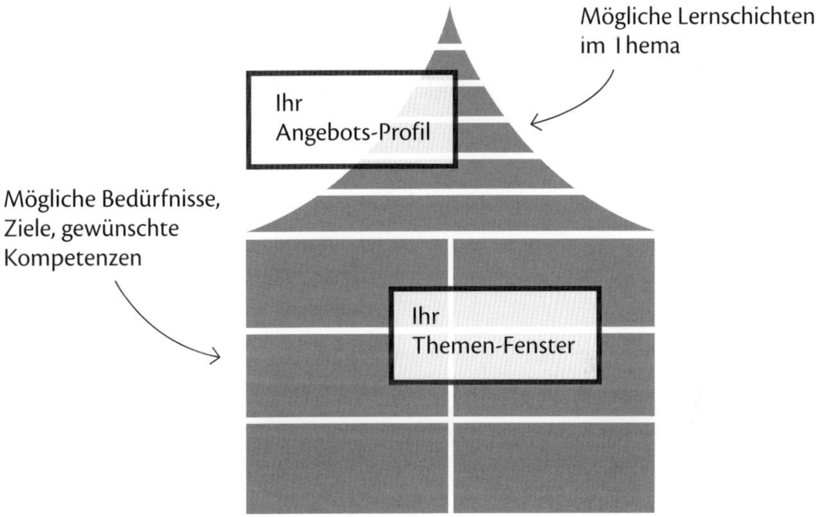

Legen Sie sich bitte einmal fest,
wofür Sie eigentlich stehen.

Arbeiten mit der *Lernschicht-Pyramide*.

Das Thema macht den Experten

Ab nun geht es in die Praxis. Wir starten grundsätzlich bei Ihrem Thema. An diesem hängt alles. Wenn Sie Ihr Experten-Thema sauber identifizieren, legen Sie die Grundlage für eine glückliche Experten-Biografie. Schludern Sie, werden Sie in Zukunft von einem halb angebrochenen Versuch zum nächsten stolpern. Es lohnt sich, beim Thema Zeit zu investieren.

Das eigene Thema finden

Zu Beginn des Buches haben wir gefragt: Welches Thema steckt in Ihnen? Erfolgreiche ExpertInnen haben Klarheit, wofür sie stehen, und zeichnen sich durch eine hohe Kontinuität in ihrem Gebiet aus (was nicht bedeutet, dass sie sich nicht weiterentwickeln). Dieses Thema gilt es zu finden. Das eigene Grundthema *(Meta-Thema)* ist nicht immer offensichtlich. Häufig müssen Sie einige Schritte vom Bild zurücktreten, um es zu entdecken. Erinnern Sie sich an *Vera F. Birkenbihl*?

- Alle ihre Kurse drehten sich um *gehirn-freundliches Lernen / Arbeiten*
- Ein Spezialfall davon war *gehirn-freundliches Sprachenlernen*

Vera F. Birkenbihl begeisterte sich für den richtigen Umgang mit dem Gehirn. Das brach sie herunter auf spezifische Anwendungen. Also eine Kombination aus ***„wie“*** = *brainfriendly* und ***„was“*** = z.B. *Sprachkurse.*

Ein Tipp – Unterscheiden Sie Ihr Thema von Ihren Einzel-Titeln

Was ist Ihr Thema? Sie tun sich leichter, Ihr grundlegendes Thema zu entdecken, wenn Sie Ihr zentrales Experten-Thema (*Meta-Thema*) von der späteren Kunden-Ansprache unterscheiden. Sie suchen an dieser Stelle noch NICHT Ihre Produkt-Titel. Ein genialer Titel von Vera Birkenbihl war:

> *Von Null Ahnung zu etwas Japanisch. Dies ist kein Sprachkurs.*

In diesem Titel kommt das Wort „brainfriendly“ gar nicht vor. Es ist eine Verpackung für Kunden, die das Konzept noch nicht kennen. Die Oberfläche sagt also nicht immer etwas über Ihr Meta-Thema aus. Lassen Sie sich von Details nicht ablenken. Aus dem oben genannten Kurstitel abzuleiten, das Experten-Thema von Vera Birkenbihl sei „Japan“, wäre z.B. eine 100-Prozent-Fehlanalyse.

In die Weite schauen oder eingrenzen?

Viele wissen nicht sofort, was sie nach vorne stellen sollen. Es gibt – das ist das Problem – viele Möglichkeiten. Zwei erste Tipps zur Vorgehensweise:

Sie stehen am Start Ihrer Laufbahn
Ihr Thema zu finden, ist eine Reise in Ihre Möglichkeiten (*Exploration*)

Wenn Sie jung sind oder am Anfang einer Selbstständigkeit stehen, ist Ihre professionelle Biografie noch unbeschrieben. Sie bauen sich ab jetzt Schritt für Schritt eine Reputation auf. Damit haben Sie eine hohe Freiheit.

Schritt 1	Sammeln Sie systematisch Themen, die Sie interessieren
Schritt 2	Erarbeiten Sie sich eine Short-List mit 10 möglichen Themen
Schritt 3	Reduzieren Sie dieses Feld auf drei Favoriten
Schritt 4	Gehen Sie in Klausur und überlegen Sie sich, was in den nächsten Jahren das stärkste Thema in Ihrem Leben sein soll

Sie sind bereits selbstständig
Ihr Thema zu finden, ist oft eine Eingrenzung (*Reduktion*)

In unseren Intensivgruppen listen Selbstständige oft sehr viele Themen, in denen sie „gut" sind. Das ist zu breit, wenn Sie smart sein wollen.

Schritt 1	Erfassen Sie systematisch Ihre Themenfelder
Schritt 2	Werfen Sie alles raus, was Ihnen keinen Spaß mehr macht
Schritt 3	Reduzieren Sie das übrige Feld auf Ihre drei Favoriten
Schritt 4	Suchen Sie nach einem starken Thema, das durch diese Favoriten gespeist wird, und das Sie professionell reizt. Sie können die alten Wurzeln auch mit einem neuen Thema kreuzen. Wichtig ist nur: Neues darf nur an Bord, wenn Altes rausfliegt.

Anders gesprochen: Junge Hasen können sammeln, auf was sie Lust haben. Alte Hasen haben bereits eine Sammlung. So oder so müssen Sie den Kern finden. In beiden Fällen ist die Entscheidung für ***ein*** Thema immer auch ein ***Nein*** zu vielen anderen.

Lassen Sie den Prozess zu, Ihr Thema zu finden

Ihr Thema zu finden, ist ein Abenteuer und verändert Ihr Leben.

In unserer Gesellschaft wird so getan, als wenn mit der Ausbildung das Thema gesetzt wäre. Ein Schreiner schreinert. Klassische Bildung sieht ein Zertifikat als Voraussetzung für den Beruf. Das ist alte Denke aus der Industrialisierung. Es ist bestimmt nicht schlecht, eine Ausbildung zu haben, aber das sagt wenig darüber aus, in welchem Gebiet Sie als Experte in Zukunft unterwegs sind. Viele Experten, die wir kennen, haben ihr Thema nicht in ihrem Ausbildungsberuf gefunden.

Gleich, ob Sie am Anfang Ihrer Biografie stehen oder schon einige Jahre im Beruf sind: *Beschränken Sie sich bei der Suche nach Ihrem Experten-Thema nicht allein auf bisherige Tätigkeiten!* Ihre Profession kann Pate für Ihr Thema sein, Ihr Thema kann aber ebenso aus einer neuen Richtung kommen. Oft ist Ihr altes Wissen für Ihr neues Experten-Thema nicht mehr zentral. Dann können die Fähigkeiten aus dem alten Beruf trotzdem eine treibende Funktion einnehmen. Spannende Experten-Biografien entstehen oft dort, wo mehrere Dinge zusammenkommen.

Aus Betroffenheit von der Kreativ-Direktorin zur Foodbloggerin

Beispiel für eine Neumischung ist *Steffi Grauer-Stojanovic* von ***KochTrotz***. Sie arbeitete als *Creativ Director* für große Etats, gründete eine eigene Agentur und verkaufte diese erfolgreich. 2010 traf sie ein Allergie-Schock (Hyperallergie). Sie lernte mit nur 12 Lebensmitteln zu kochen, überwand diese Leidenszeit, fing spontan an zu bloggen und veröffentlichte 2015 ein erstes Kochbuch für Menschen mit Mehrfachallergien. Beim Aufbau ihres Food-Blogs, der Gestaltung ihrer Bücher etc. griff sie 100 % auf ihre Kreativ-Fähigkeiten zurück. Bis auf das Lektorat und den Druck macht sie alles selbst. Aus der Vorgeschichte wundert es nicht, dass *KochTrotz* eine extrem gut gestaltete Selfpublishing-Experten-Linie ist. Der Einstieg in die neue Experten-Laufbahn war eine Krise, die Skills wurden recycelt.

kochtrotz.de – Genuss trotz Einschränkungen

Vom Themen-Einstieg zur Experten-Biografie

Ein Experten-Thema ist mehr als eine Erfahrung. Wer zum Beispiel gelernt hat, seine Zähne zu putzen, ist deshalb noch kein *„Zahn-Putz-Experte"*. Was haben Sie wirklich gemeistert? Wo können Sie andere in einem Thema führen? Dafür brauchen Sie einen ***Wissens-Vorsprung***.

Ihr Wissens-Vorsprung kann unterschiedlich entstanden sein:

• Sie haben eine Ausbildung	*Laufbahn*
• Sie haben sich in diesem Gebiet selbst gebildet	*Self Education*
• Sie haben sehr viel praktische Erfahrung	*sind im Feld gewesen*
• Sie haben „biografisch" gelernt	*eigene Betroffenheit*
• Sie haben etwas neu geschaffen	*neues Framework*

Bleiben wir beim Beispiel „Zähne putzen". Sie können Zahnärztin sein (studiertes Wissen). Oder haben als Leiterin einer Kita einen Kurs entwickelt, wie Eltern Kindern das Zähneputzen beibringen (Praxiswissen). Es kann aber auch sein, dass Sie in einem Slum aufgewachsen sind und wissen, was es bedeutet, wenn man sich nicht die Zähne putzt (Betroffenheit).

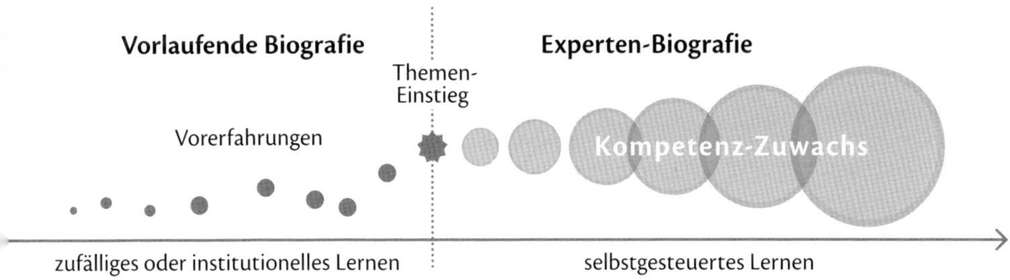

Gleich, von wo Sie einsteigen, Sie entfalten ab dem Einstieg eine ***Experten-Biografie***, in die Sie sich tiefer einarbeiten und dabei auf Zusammenhänge stoßen, die es wert sind, für andere dargestellt zu werden. Sie lehren ihr Wissen, arbeiten mit immer mehr Menschen, erhalten Rückmeldungen, bilden sich weiter, wachsen im Thema, werden kompetenter. Sie setzen damit eine ***Experten-Spirale*** in Gang, die Sie und Ihre Kunden vorantreibt.

Proud to be Sensibelchen

Meine Antwort auf
„Bist du immer so sensibel?"
ist: „Ja. Voll toll, oder?"

Maria Anna Schwarzberg

Eine Frau, die andere mit *„Hey Sensibelchen"* anspricht und damit Erfolg hat, muss wissen, was sie tut oder weiß, wovon sie spricht. Beides ist der Fall. Der Weg zum eigenen, klaren Thema *„Hochsensibilität bei Frauen im Alter von ca. 24 bis 35"* war aber nicht einfach. Die längste Zeit in ihrem Leben versuchte *Maria Anna Schwarzberg* ihre eigene Hochsensibilität zu ignorieren – und scheiterte damit bravourös bis hin zum eigenen Burnout mit 24. Dann puzzelte sie die Teile zusammen, schreibt seitdem sensible Texte für sensible Frauen und ist auf dem besten Wege, eine wichtige und gehörte Stimme in diesem Sektor zu werden.

Mein Weg zum eigenen Thema

Wir haben Maria Anna gefragt, wie sie ihr Experten-Thema fand:

„Ich arbeitete bereits als Autorin, hatte sogar mein erstes Projekt, einen Reise-Blog, aber dem mangelte es an Konzept. Um Geld zu verdienen, machte ich etwas mit Fotografie, dem mangelte es an Herz. Mit dem Schreiben war ich glücklich, wusste aber, dass ich mehr möchte, etwas das Herz und Konzept verbindet. Das Thema Hochsensibilität hatte seit meinem Burnout eine große Bedeutung für mich. Als ich mit kleinen Postings damit rausrückte, war das Feedback enorm und ich wusste: Das ist es. Das brauche nicht nur ich, das brauchen andere, dass darüber gesprochen wird, jemand mutig vorangeht, mit positiven und negativen Emotionen."

Produkt-Treppe® von Proud to be Sensibelchen

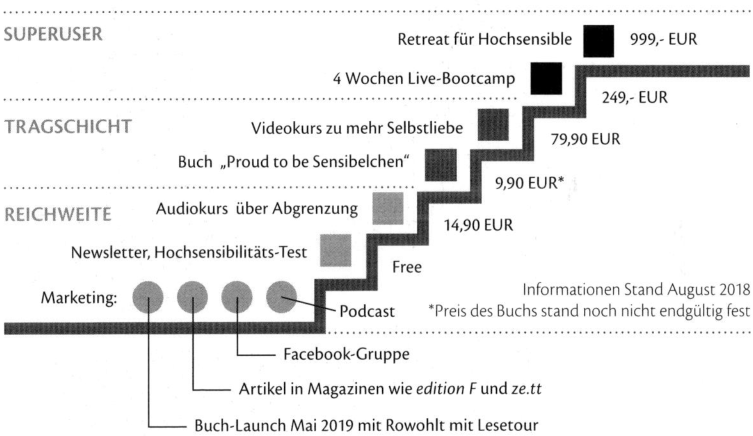

Informationen Stand August 2018
*Preis des Buchs stand noch nicht endgültig fest

Ein wenig biografischer Hintergrund

- geboren und aufgewachsen in Salzwedel
- studiert + gearbeitet für die Stadt Hamburg im Opferentschädigungsrecht
- selbstständig von 0 auf 100 seit Juni 2016
- Buch „*Proud to be Sensibelchen*" bei Rowohlt im Mai 2019

Was ist die größte Herausforderung, eine „Expertin" zu sein?

„Man selbst sieht das, was man besonders gut kann, immer als normal, als etwas, was sowieso jeder kann. Mir bewusst zu machen, was meine Stärken sind und dass ich an keinem Münchhausen-Syndrom leide, steht regelmäßig auf der To-Do-Liste."

Checkliste – Wie Sie nach Ihrem Thema suchen

- **Frage nach Ihrem Themen-Einstieg**

Gibt es in Ihrem Leben einen *Themen-Einstieg* (Ereignis, Vorbild, Buch etc.), seitdem Sie von einer Sache fasziniert oder betroffen sind? Der Einstieg muss nicht exakt das spätere Thema sein, gibt aber einen Hinweis.

- **Frage nach Spezialfertigkeiten, Zertifikaten etc.**

Gibt es eine zugespitzte *Expertise* in Ihrem Leben? Etwas, was nur wenige Menschen beherrschen. Eventuell ist das eine Spezialausbildung.

- **Frage nach einem bereits vorhandenem Experten-Status**

Sind Sie an irgendeiner Stelle von anderen bereits *als Expertin benannt oder um Rat gefragt worden*? Wenn ja, wofür? Was war die Begründung?

- **Frage nach bisherigen Erfolgen**

Wo waren Sie bisher erfolgreich? Wann spüren Sie, dass Sie im *Flow* sind? Wo fühlen sich andere von Ihnen angesprochen? Gab es Auszeichnungen, besonders gelungene Momente? Für was werden Sie am besten bezahlt?

- **Frage nach Besonderheiten in Ihrer Biografie**

Was lief anders als bei anderen? Sind Sie an einer Stelle gescheitert? Haben Sie Dinge getan, die andere nicht tun? Besondere Menschen getroffen? Einmal die Seiten gewechselt? Wo kennen Sie beide Seiten einer Medaille?

Herz oder Taxi

Das Herz steht für Leidenschaft. Das Taxi für die Nachfrage.

Herz mit Taxi

Das Thema bewegt Sie stark, Sie sind darin gut und haben dafür eine Leidenschaft. Es bringt Menschen weiter und diese honorieren das.

●●● Die beste Lösung
Nicht immer sofort möglich

Taxi mit Herz

Das Thema ist sehr gefragt und sehr gut bezahlt. Sie haben dafür eine grundlegende Begeisterung.

●● Gut geeignet
Oft wird hier gestartet

- **Frage nach einer besonderen Klangfarbe / Identität**

Haben Sie eine besondere Identität? Können Sie deshalb für eine Gruppe besonders authentisch sein? Beispiel: andere Nationalität. Aber Vorsicht: Herkunft ist kein Schicksal, sie müssen diese Klangfarbe nicht bedienen.

- **Frage nach einer Position, die Sie abstößt**

Sie können Ihr Thema durch eine Gegenthese finden. Wir spüren oft stärker, was wir ablehnen, als das, was wir bejahen. Fragen Sie sich, was Sie auf dieser Welt auf keinen Fall wollen. Gibt es etwas, gegen das Sie sind? Leiten Sie von dieser Contra-Position die Positiv-Variante ab: Wofür sind Sie dann? Was würden Sie unterstützen? Was sind Ihre Werte?

- **Frage nach einer besonderen Relevanz (Betroffenheit)**

Für welches Thema schlägt Ihr Herz besonders? Was hat sich Ihnen „auf die Seele" gelegt? Warum ist das so? Was hat sich für Sie gegenüber früher verändert? Was würden Sie dort gerne verändern wollen?

- **Frage nach einem starken Bedarf in einem Publikum**

Sind Sie über einen Bedarf gestolpert, bei dem Sie nicht verstehen, warum dort bisher noch niemand eine (gute) Antwort gibt? Maik Pfingsten wunderte sich, warum noch kein Ingenieur eine gute Anleitung erstellt hatte, wie man ein Lastenheft in der Autoindustrie schreibt.

Herz alleine reicht nicht. Sie brauchen genug Taxi.

Taxi ohne Herz

Das Thema ist sehr gefragt und gut bezahlt. Aber es berührt Sie nicht wirklich. Das ist seelenlos.

- Nur als Notlösung

Herz ohne Taxi

Es ist Ihre Leidenschaft, aber niemand will damit etwas zu tun haben oder dafür Geld ausgeben.

Selbstausbeutung

Thema ist gleich Geschäftsmodell

Zu wissen, was man tun will (sein Thema zu kennen), und davon leben zu können, sind zwei Paar Schuhe. Wenn Sie als Smarter Experte einen Vollerwerb anstreben, brauchen Sie nicht nur ein Publikum, Sie brauchen ein Publikum, das bereit ist, für Ihre Angebote zu zahlen. Aus diesem Grund liegen zwei Aspekte miteinander im Wettstreit:

- Sie wollen in einem Thema arbeiten, das Sie fasziniert — Herz
- Sie brauchen ein Thema, in das andere einsteigen — Taxi

Der Aufbau eines Experten-Geschäftsmodells ist daher keine einsame Entscheidung, sondern ein Prozess mit Prototyping, Testen und der Bereitschaft, selbst zu lernen und sich zu verändern. Sie können zwar sagen *„Ich möchte Zahnputz-Experte sein"*, das bedeutet noch nicht, dass es ein zahlendes Publikum für dieses Thema gibt. Häufig haben Sie am Anfang nur ein grobes Gespür, mit welchem Thema Sie sich etablieren wollen, sehen dafür aber noch nicht die richtige Form.

Von einer schwachen These zu einem starken Thema

Jede Themen-Idee ist daher zunächst eine These. Sie wissen noch nicht, ob Ihre Person damit im Markt erfolgreich sein kann (das hängt sowohl von Ihrer Person, wie vom Markt ab). Sie werden Ihr Thema testen (dazu mehr in Kapitel 7, 8, 9), dabei merken Sie, ob es für Ihren Ansatz Abnehmer gibt. Doch es kann sein, dass Ihr erstes Thema zu schmal oder zu schwach ist. Wenn Ihr ***Einstiegs-Thema*** nicht trägt, fragen Sie sich, was das Thema „darüber" ist. Sie gehen quasi eine Etage nach oben. Aus *„Zähneputzen"* wird dann z.B. *„Gesundheits-Routinen in chaotischen Familien"*. Haben Sie das ***Meta-Thema*** identifiziert, wird daraus ein ***Kunden-Titel***:

Die Schlacht im Badezimmer
Wie Sie in Ihrer chaotischen Familie gute Gesundheits-Routinen einführen

Sie klettern also von Ihrem Einstiegs-Gedanken (Zähneputzen) so lange „nach oben", bis Ihr Thema eine kritische Masse bekommt. Ist Ihr Thema zu schwammig und zu breit, gehen Sie „nach unten".

Haben Sie einen ersten Kundentitel, trägt auch das allein oft noch nicht. Sie können weiter fragen: Was sind die Themen daneben? Wenn sich dann als Kern z.B. „Gesundheits-Routinen in Familien“ etabliert, können Sie Ihre Produkt-Treppe® breiter aufstellen. *Routinen am Morgen, Routinen in der Küche, Routinen vor dem Schlafen.* Was kommt an? Stück für Stück entwickeln Sie ein Programm, das wirtschaftlich tragfähig ist.

Ihre Themensuche kann an verschiedenen Stellen starten

Ihr Thema zu finden, kann einige Zeit brauchen. Wir raten, bei dem zu beginnen, was Sie bereits sicher sagen können, ab dann tasten Sie sich weiter voran. Dabei gibt es verschiedene Wege nach Rom.

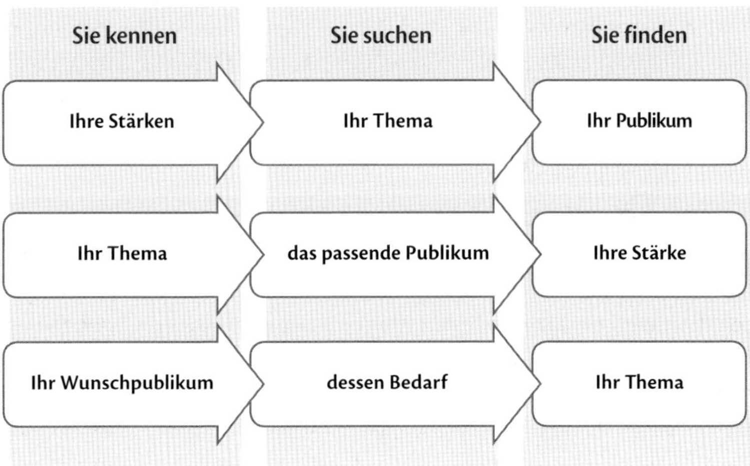

Sie müssen noch nicht fertig sein

Oft wird so getan, als wenn Sie nur starten dürfen, wenn Sie „fertig sind“. Das ist nicht unsere Haltung. Sie können wachsen. Gerade Frauen lassen sich immer wieder abhalten, weil sie glauben noch nicht genug zu wissen. Sobald Sie eine Richtung haben, wohin Sie gehen wollen, starten Sie. Lassen Sie sich nicht davon abhalten, wenn Ihnen zu Beginn z.B. noch Stärken oder das Publikum fehlt.

Ihr Themen-Fenster

Menschen sind Viel-Kompetenz-Wesen. In der klassischen Bildung wird aber oft privat und Beruf getrennt. In der digitalen Welt wachsen privat und Beruf wieder mehr zusammen. Soziale Medien wie *Facebook* sind zum Beispiel eigentlich privat und auf der anderen Seite hochgradig öffentlich. Kompetenz quer durch alle Felder wird immer wichtiger. Daher ist es sinnvoll, unterschiedliche Lebensbereiche zusammen zu sehen.

Persönliche Themen	Öffentliche Themen
Selbstentfaltung • Sinn, Werte, Glück, Ziele, Glaube, Ethik • Zugehörigkeit, Anerkennung, Wirksamkeit • Hobbies, Interessen, Sport, Musik, Kultur	**Meta-Kompetenzen** • Strategisches Denken, analytisches Denken • Fachübergreifende Methoden, Frameworks • Beherrschung von (digitalen) Meta-Techniken
Grundfertigkeiten • Zähne putzen, Haushalt führen, kochen • Suchtvermeidung, Resilienz, Ordnung halten • Reise buchen, Finanzen regeln, Auto fahren	**Fach-Kompetenzen** • Ausbildungswissen, Fach-Trends • Branchenspezifisches Know How / Technik • Branchenrelevante Methoden, Frameworks
Grundbedürfnisse • Gesundheit, Schlaf, Zeit haben • Wohnung, Sicherheit, Finanzen • Lebenspartner finden, Attraktivität	**Sozial-Kompetenzen** • Allgemeinbildung, Demokratie, Überblick • Soziale Kompetenz, Auftreten, Rollensicherheit • Team-Kompetenz, Kommunikation

Die Liste ist nicht vollständig

In welchem Themen-Fenster bewegen Sie sich?

Die sechs Felder helfen bei der Überlegung, welche Wünsche und Ziele Ihre Kunden haben. Schreiben Sie ein Buch über „Agile Methoden", ist dies eher ein öffentliches Thema, erarbeiten Sie einen Kurs über „Rosen im eigenen Garten" eher ein persönliches, privates Thema. Es lohnt sich darüber nachzudenken, welche Kompetenz-Felder, Bedürfnisse etc. durch Ihr Thema angesprochen werden.

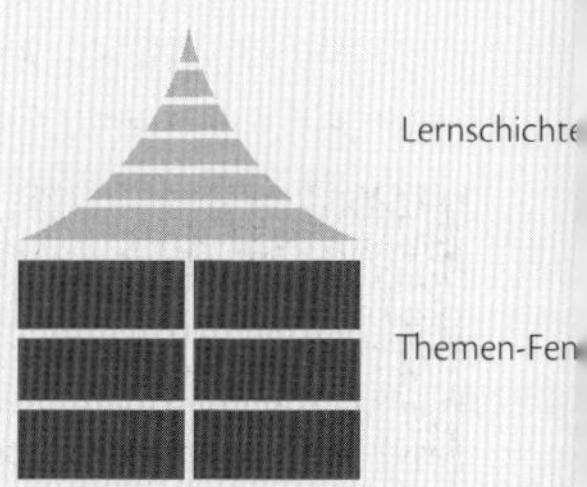

Die Themen-Fenster sind das Fundament der *Lernschicht-Pyramide.*

Konzentration auf ein enges Themen-Fenster

Viele Experten arbeiten mit sehr zugespitzten Themen.

- Sie bewegen sich in einem fachlich begrenzten Themen-Fenster
- In der Bearbeitung schauen Sie weder nach rechts noch nach links
- Sie steigern konzentriert die Kompetenz in dem gewählten Feld

Selbstentfaltung	Meta-Kompetenz
Grundfertigkeiten	Fach-Kompetenz
Grundbedürfnisse	Sozial-Kompetenz

- Beispiel: *Learning Scrivener Fast (Joseph Michael)* = Fachwissen zu einer speziellen Software
- Viele *How to Do*-Themen funktionieren so

Selbstentfaltung	Meta-Kompetenz
Grundfertigkeiten	Fach-Kompetenz
Grundbedürfnisse	Sozial-Kompetenz

- Beispiel: *The Big five for Live® (John Strelecky)* = Programm, seine Lebensziele zu ordnen
- Beantwortet die *Warum*-Frage aber auch *Fun*

Selbstentfaltung	Meta-Kompetenz
Grundfertigkeiten	Fach-Kompetenz
Grundbedürfnisse	Sozial-Kompetenz

- Beispiel: *Toastmasters (toastmasters.org)* = Community, in der die freie Rede geübt wird
- Eine Fähigkeit, die soziale Kompetenz steigert

Wissen für eine Anwendergruppe quer vernetzen

Ein anderes Vorgehen ist es, alle Kompetenz-Felder für eine Gruppe aufzuarbeiten. Das geschieht oft in einer Community. Das ist anspruchsvoll, führt aber auch zu einer höheren Identifikation.

DNX – Leben als Digitaler Nomade
- Inhalte aus allen Wissensfeldern
- Auf Relevanz für die Gruppe gefiltert

Nachteil: Community-Wissen ist nur für die spezielle Gruppe interessant. Ein Heavy-Metall-Fan wird kaum in eine Jazz-Community einsteigen.

Themen-Wanderungen

Beobachtet man Smarte Experten, so sieht man hin und wieder, wie sich deren Themen-Fenster ändert. Hier zwei Wander-Muster als Beispiel.

Vom Mono-Fachthema zum Meta-Wissen

Gary Vaynerchuk startete als Weinvlogger mit seiner *Wine Library* (er stellte pro Video einen Wein vor) und wechselte dann eine Etage nach oben ins Thema „*Entrepreneurship*". Er gibt also in der zweiten Phase das Wissen weiter, was er u.a. in seinem ersten Business gelernt hat.

Selbstentfaltung Sinn, Werte, Spaß	**Meta-Kompetenz** Fachübergreifend
Grundfertigkeiten Alltag meistern	**Fach-Kompetenz** Fachwissen
Grundbedürfnisse Lebensrahmen	**Sozial-Kompetenz** Mitmachen können

↑

Business-Meta-Wissen
Wie werde ich Entrepreneur?

Wein-Fachwissen
Welcher Wein ist wann gut?

Vom Meta-Wissen zum Mono-Fachthema

Bei einem Experten, den wir kennen, gab es die gegensätzliche Bewegung. Er startete mit dem Meta-Thema „*wie bauen Sie ein Online-Business auf*" und spitzte dann auf das Fach-Thema „*Online Marketing*" zu.

Selbstentfaltung Sinn, Werte, Spaß	**Meta-Kompetenz** Fachübergreifend
Grundfertigkeiten Alltag meistern	**Fach-Kompetenz** Fachwissen
Grundbedürfnisse Lebensrahmen	**Sozial-Kompetenz** Mitmachen können

↓

Business-Meta-Wissen
Wie werde ich Entrepreneur?

Mailing-Fachwissen
Wie funktioniert Online-Marketing?

Es gibt auch Wechsel quer oder diagonal. Wichtig ist, dass Ihre Veränderung authentisch bleibt und nicht willkürlich geschieht. Je größer Ihr Sprung, um so eher verlieren Sie Ihr altes Publikum.

Der Mythos von der Nische

Wir fuhren durch Nordfriesland. In dem Dorf Garding fiel unser Blick auf das Tor einer Werkstatt. *Rinderhorn* stand dort in großen Lettern. *Peter Nielsen* fertigt dort seit Jahren Trinkhörner, Rufhörner und Blumenhörner. Das ist eine Nische. Es gibt nicht viele Menschen, die von der Bearbeitung von Rinderhörnern leben können (*rinderhorn.de*).

Nun hält sich hartnäckig der Mythos, smarte Geschäftskonzepte seien Nischenkonzepte. Es ist eine Versuchung, *Solopreneurship* über den Begriff „Nische" einfach zu erklären: *Ein Solopreneur ist ein Solounternehmer mit einem digitalen Nischenkonzept.* Ergo müssten Sie als Smarter Experte auch ein Nischenthema belegen, bildlich gesprochen: ein digitales Rinderhorn. Das stimmt so aber nicht ganz. Eine Nische ist nicht per se stark.

Randschärfer ist: Nische ist möglich, aber nicht Pflicht.

Richtig ist

- Jedes gute Expertenkonzept ist begrenzt (niemand kann alles)
- Jedes gute Expertenkonzept spricht gezielt einen Bedarf an
- Jedes gute Expertenkonzept hat eine markante Kontur

Das sagt aber nichts darüber aus, ob Sie in einem Breitenbedarf arbeiten oder in einer Nische. Sie müssen sich nicht auf Rinderhörner spezialisieren, nur um noch einen Winkel zu finden, in dem noch kein anderer unterwegs ist. Im Gegenteil: ***Oft sind breite Themen der bessere Weg zum Ziel!***

Natürlich können Sie einen speziellen Bedarf belegen. Digitale Konzepte sind oft *Long-Tail-Konzepte*[1]. Warum gehen Sie aber nicht einfach in einen Bedarf, den viele haben? Oder beantworten eine Frage, die viele bewegt? Tun es aber so, dass Sie es anders, besser, gesünder, direkter vermitteln. Beispiel für ein solches Vorgehen ist *Shayna Oliveira* von *espressoenglish*. Sie bietet Englischkurse für die breite Masse, ohne Prüfung und Klimbim.

Faustformel
Gehen Sie lieber in ein Feld, in dem Sie ein Publikum haben, als in ein Feld, in dem noch niemand ist. Bedarf geht vor Nische.

1 – Siehe dazu Buch ***The Long Tail*** von *Chris Anderson*

Nischen-Strategien

Wir haben auf der Vorseite argumentiert, dass es besser sein kann, in einen starken Bedarf zu gehen, als in eine entlegene, einsame Nische. Trotzdem: Gut gebaute Nischenkonzepte sind stark und attraktiv!

Das Wachstum der Nischenkonzepte

Unter einer *Marktnische* versteht man einen Bedarf, der von Massenfirmen nicht ausreichend abgedeckt wird. Der Nischenanbieter bedient genau diese Lücke und ist darin besonders gut. Beispiel ist die Firma ***Lefty`s*** *– the left hand store*. Während in normalen Geschäften alle Produkte (wie z.B. eine Schere) für Rechtshänder sind, hat *Lefty's* ein komplettes Sortiment NUR für Linkshänder. In einer Nische gelingt es dem First Mover häufig, ein stabiles Geschäftskonzept aufzustellen.

- Amerikanischer Linkshänder-Shop *leftyslefthanded.com*
- Deutscher Linkshänder-Shop *linkshaender.de*

Die Leitfrage für Nischenkonzepte lautet: *Um welchen Bedarf kümmert sich noch niemand oder niemand gut genug?* Eine Nische entdeckt zu haben, bedeutet noch nicht, dass Kunden auch für das Nischenprodukt Geld ausgeben und es genug Kunden in der Nische gibt.

Smart Business Concepts sind oft *Long-Tail-Konzepte*. Es lohnt sich nicht, für jeden Bedarf alles im Einzelhandel im Regal stehen zu haben. Der Normalkunde ist dort das Maß aller Dinge. Mit dem Internet wandelt sich das. Seinem Herzen zu folgen und einen speziellen Bedarf online gut zu bedienen, ist heute eine Alternative zum Konzept „Mittelmaß".

Der Wunsch vom unentdeckten Raum

Eine Nische ist in der Theorie ein „geschützter Raum", in den andere nicht hineinkönnen oder hineinwollen. Als Experte online eine Nische allein zu belegen, ist aber oft Wunschtraum. Gerade First-Mover werden im Netz oft schamlos kopiert. Nischen verlieren auch die Exklusivität, wenn sie zum Trend werden. Veganer-Lebensstil war z.B. über 100 Jahre eine Nische und ist heute Trend (siehe *Franziska Schmid* von *Veggie Love*).

Was bedeutet eine Nische im Experten-Marketing?

Sie konzentrieren sich auf ein Thema, in dem bisher ***wenige unterwegs sind*** (Unterversorgung) oder ***kein anderer unterwegs sein kann*** (Exklusivität). Eine „angeborene" Nische ist ein Thema, das durch Ihre Biografie bedingt ist und daher schlecht kopiert werden kann. Ziel ist, der bekannteste / beste Anbieter in der Nische zu sein.[1]

Personenmarke	Jede Personenmarke ist in sich eine Nische. Denn nur Sie als Ihre Persönlichkeit können den Bedarf an Ihrer Person decken. Wer den Marken-Typ „Personenmarke" wählt, definiert sich selbst als Nische.
Stilistische Nische	Sie gehen in einen Stil, den andere nicht bedienen wollen. Beispiel: *Mathematik-Kurs für Punks*. Oder Sie geben sich selbst ein Auftreten, das eigen ist. Beispiel: *The Middle Finger Project – Ash Ambirge* zeigt dort in einer *kick-ass-attitude* Frauen, wie sie ihr eigenes Business aufbauen. Nicht jederManns Geschmack.
Biografische Nische	In Kanada lernten wir das Projekt *Elder in the Making* kennen. Es ist ein Film über den Blackfoot *Cowboy Smithx*, der seine Stammes-Tradition wiederentdeckt. Schlecht von einem Non-First-Nation kopierbar. Interessant ist die Frage: Was hat mein Schicksal mit dem Schicksal der ganzen Nation (Kanada) zu tun? *„We are all Treaty People"* ist eine Antwort in diesem Kontext. Frei übersetzt: *Wir leben alle im gleichen Reservat* (und müssen lernen, miteinander zu leben).
Lokale Nische	Um eine lokale Nische zu errichten, haben Sie zwei Möglichkeiten: A – Sie lehren ein Thema an einem Ort, an dem es andere nicht tun. Die *Mystery-Tour* von *Eugen Simon* führte in das Outback von Australien. Für einen Deutschen mit australischer Staatsbürgerschaft gut zu organisieren. Für andere nicht so einfach. B – Sie behandeln ein Thema aus einer Region.
Passungs-Nische	Sie bieten eine thematische Passung, die andere nicht bieten. Beispiel: In der Zeit der digitalen Transformation passen nicht alle agilen Techniken gleichförmig auf alle Branchen. Was würde AGIL für Bäcker bedeuten? Was würde AGIL für Vereine bedeuten?
Kompetenz-Kombi	Kompetenz-Kombinationen können zum Alleinstellungsmerkmal werden und eine Nische erzeugen. Beispiel: *Mathematik im Sport.*
Der Spezialist	Eine Spezialisierung kann eine fachliche Nische sein. Ein Spezialist ist aber nicht automatisch ein Nischenmodell. Es kann sein, dass Sie sich als Spezialist um eine gut bezahlte Position prügeln, die alle belegen wollen (Chef-Coaching ist z.B. keine Nische).

1 – Marktführer in einer Nische zu sein wird u.a. von der EKS (Engpasskonzentrierten Strategie) als ein Erfolgsfaktor für Firmen genannt. Marktführerschaft ist bei einem Nischenkonzept aber nicht zwingend.

Passung geht vor Seltenheit

Eine Nische ist dann eine Flucht, wenn Sie versäumen zu fragen, was Ihre Kunden eigentlich wünschen. Bevor Sie irgendetwas Seltenes wählen, fragen Sie zunächst, wann Ihr Wissen einem anderen passt. Das ist das Ziel.

Passung ist die Abstimmung zwischen zwei Teilen. In unserem Falle:

A – einem Anwender (er hat einen Bedarf)
B – den möglichen Lösungen (das von Ihnen angebotene Wissen)

Ein Experten-Produkt versucht den Bedarf einer bestimmten Gruppe so passgenau wie möglich zu treffen. Dafür braucht es Vorbereitung:

- Wem passt das Wissen, das Sie anbieten?
- Was ist der gemeinsame Nenner der Anwender?
- Ist Ihr Wissen eher wie eine Faustformel – also locker?
- Oder sehr passgenau – Sie geben exakte, enge Vorgaben? *(z.B. Rezepte)*

Dabei funktioniert es nicht, allen den gleichen Rat (*one fits all*) zu geben. Kein Anwender (*Person, Gruppe, Firma, Organisation*) ist gleich. Oft geht es deshalb darum, eine Flut von Möglichkeiten sinnvoll für Ihre Anwender einzuschränken (*Kategorien, Reduktion, Gegenüberstellungen etc.*).

Achten Sie auf den inneren Dialog, den Suchpfad Ihrer Kunden

Wer den Bedarf nicht beachtet und sein Wissen in epischer Breite auswalzt, verpasst regelmäßig das Publikum. Die oberste Regel, lautet: *Es geht nicht um Ihr Wissen, es geht um den Suchpfad Ihrer Kunden!* Gute Experten folgen dem inneren Dialog ihrer Kunden. Was suchen die Kunden? Was wollen sie wissen, um sich entscheiden zu können? Ein Schuhverkäufer grenzt zum Beispiel die Möglichkeiten ein. Er fängt dort an, wo die Eingrenzung eindeutig (exakt) ist: „*Welche Größe haben Sie?*" und tastet sich dann weiter vor: „*Suchen Sie einen Halbschuh oder einen Stiefel?*" Am Ende wird es intuitive Entscheidungen geben: „*Gefällt Ihnen diese Farbe?*" Nur wer den Suchpfad kennt, wird eine Struktur schaffen, die anderen hilft. Ein guter Experte hat dabei ein Fingespitzengefühl, an welchen Stellen er stärker vorgeben muss (passgenau) und an welchen Stellen er locker bleiben kann (der Kunde füllt die Details selbst aus).

Passung – Haben Frauen beim Schuhkauf noch eine Chance?

Was ist die Aufgabe eines Experten? Sehen wir uns das *Paradox of Choice* noch einmal konkreter an. Viel hilft nicht viel. Auf der anderen Seite wollen wir heute aber mehr. Individualität = Wunsch nach höherer Passung.

EINFACH	One fits all – der Holzschuh

Historisch ging es um puristische Funktion, nicht um Individualität

Reisen wir in der Zeit zurück auf einen Bauernhof an der holländischen Grenze. Dort hatte frau vor dem zweiten Weltkrieg genau 2 Paar Schuhe:

- 1 Paar Botten für draußen + 1 Paar Botten für drinnen

Diese Holzschuhe (*Botten*) mussten nicht „genau passen". Sie saßen locker und wurden mit dicken Strümpfen getragen. Eine Kauf-Entscheidung war daher einfach: man wählte vom einzig vorhandenen Typ (Holz natur) die für einen selbst passende Größe. Fertig.

Wahlmöglichkeiten	Nur die Größe = 1 Parameter
Ergebnis	Auswahl in 2 Minuten abgeschlossen

KOMPLEX	Moderne Sortimentsvielfalt

Wo ein Wille ist, da ist ein Schuhgeschäft

Wenn frau heute Schuhe einkauft, sieht das anders aus. Nehmen wir an, es gäbe 100 Schuhmarken, jede hätte 30 verschiedene Frauenschuhmodelle. Jedes Modell gäbe es in Echtleder oder in Kunstleder und in 5 verschiedenen Farben. Dazu gäbe es 5 Schuhläden, die jeweils einen Teil der 100 Marken vorrätig haben, aber zu verschiedenen Preisen. Das alles in den 18 internationalen Frauenschuhgrößen.

Wahlmöglichkeiten	6 Parameter. In diesem Fall mindestens:
	100 x 30 x 2 x 5 x 5 x 18 = 2,7 Millionen Kombinationen
Ergebnis	Die Frau kehrt aus der Stadt nicht mehr zurück

Arbeiten mit der Lernschicht-Pyramide

Ein weiteres Missverständnis lautet: Experten sind Spezialisten. Auch das stimmt so nicht. Vor kurzem saßen wir mit einem hochkompetenten Experten zusammen. Er ist in Deutschland in einem Thema führend. Als wir ihm sagten, er müsse sein „Experten-Modell" weiter anschärfen, wehrte er ab – er wäre kein Experte, sondern eher Generalist. Richtig. Aber wo ist das Problem? Viele erfolgreiche Experten sind Generalisten und schaffen für andere den Überblick in einem ansonsten verwirrenden Gelände. Die Spezialisten (sie lösen einen Spezialfall) sind viel seltener.

Rechts sehen Sie unsere *Lernschicht-Pyramide*. Sie zeigt Ihnen, dass oben in der Spitze irgendwann die Nachfrage abreißt. Anders formuliert: Je spezieller Ihr Wissen, um so weniger Menschen brauchen dies. Von daher ist eine durchaus starke alternative Strategie, sich auf die Normalanwender zu konzentrieren und die Spezialfälle außen vor zu lassen.

Drei grundlegende Ansprache-Strategien

Breitenanwender-Strategie

Sie wenden sich an die breite Schicht der Normalanwender. Beispiel: *Einarbeitskurse für Büromitarbeiter in Microsoft-Office.*

Profi-Strategie

Sie wenden sich an eine besonders kompetente Gruppe von Anwendern. Häufig sind dies Profis oder solche, die es werden wollen. Z.B. *Übersicht und Umgang mit Profi-Kameras.*

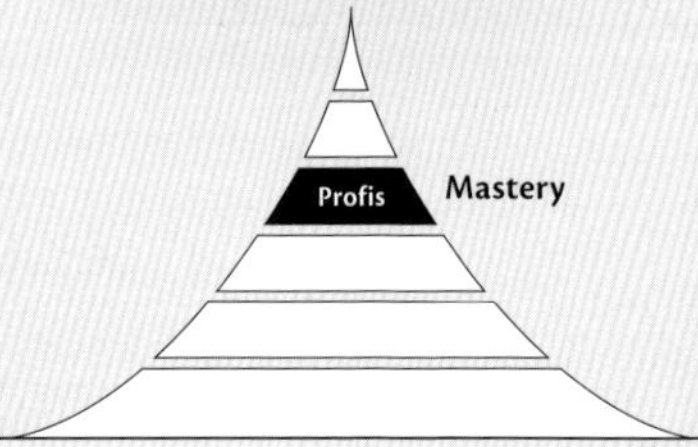

Spezialisten-Strategie

Wissen zu einem besonders wichtigen Einzel-Fall. Rechnet sich nur, wenn dieser Fall weit verbreitet und gut bezahlt ist.

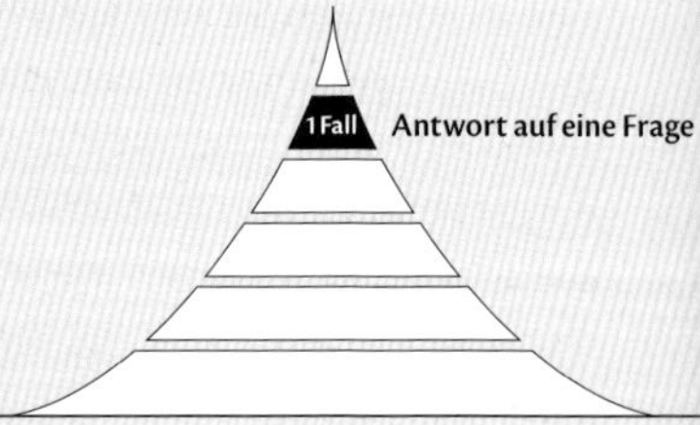

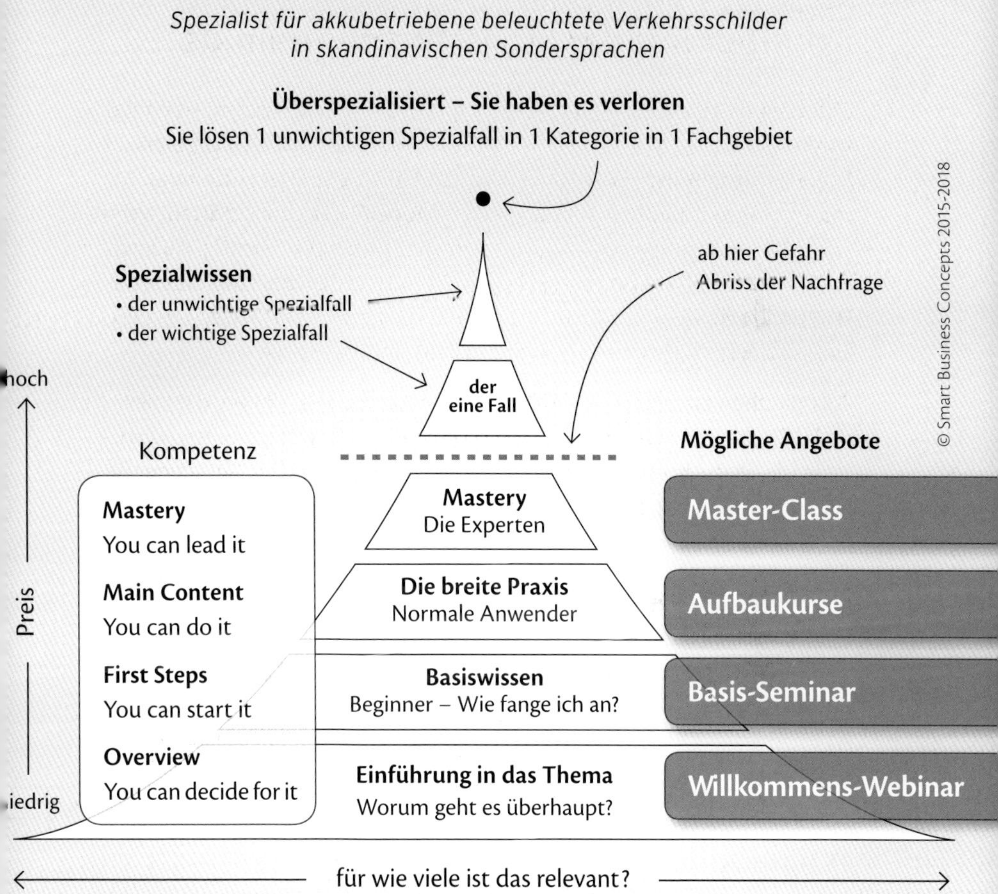

Lernschicht-Pyramide

Jedes Thema hat verschiedene Lernschichten. Welche behandeln Sie? Wenn Sie aus einem Thema ALLES darstellen, dann gehen Sie von der Einführung bis zum entlegendsten Spezialfall an der Spitze. Sie können aber auch (wie links gezeigt) gezielt einzelne Schichten ansprechen. In der Regel interessieren sich die meisten Personen für die Einführung und das Basiswissen. Sie halten nicht bis zur Meisterschaft durch. Dafür wird weiter oben mehr gezahlt. ***WICHTIG:*** Was Sie hier sehen, sagt noch nichts über die Popularität oder den Anspruch des vermittelten Wissens aus. Sie können so z.B. ein hochwissenschaftliches oder auch ein triviales Thema gliedern.

Checkliste – Arbeiten mit der Lernschicht-Pyramide

A Wer sind Ihre Kunden? – Welche Themen haben diese?

Legen Sie zunächst Ihr Wunschpublikum fest (Sie können diesen Vorgang mit verschiedenen möglichen Kundengruppen später wiederholen).

- Was für ein konkretes Publikum haben Sie vor Augen?
- Sammeln Sie Unterthemen, die für Ihr Publikum interessant sind.
- Grenzen Sie Ihr mögliches Publikum ein.

Was ist Ihr Meta-Thema?

- Was ist das ***Meta-Thema,*** unter dem Sie Ihren Stoff sammeln?
- Meta-Themen wie *„Physik"* oder *„Gesundheit"* sind meist zu groß.
- Besser sind mittelgroße Meta-Themen wie *„Schiffbau"* oder *„Kochen"*
- Häufig ist das Meta-Thema eine Kombination aus ***„wie"*** und ***„was"***.
  Beispiele: *veganes Kochen / brainfriendly lernen / agile Projekte*

Nische / Breitenbedarf / Spezialist / Generalist

- Gehen Sie in einen bestehenden, ***breiten Bedarf***
  oder öffnen Sie eher eine bisher wenig bespielte ***Nische***?
- Sind Sie eher ***Spezialist*** (Einzelfall) oder ***Generalist*** (das ganze Thema)?

B Themen-Fenster – Stichworte verteilen

- Sammeln Sie Stichworte zu Ihrem Thema.
- Ordnen Sie diese mit Karten nach den Kompetenz-Feldern
- Clustern Sie Stichpunkte, welche Dinge gehören zusammen?
- Welches Stichwort-Cluster hat starke Bedeutung für Sie?

C Lernschichten – Was für Produkte oder Programm sehen Sie?

Nehmen Sie Ihre Stichworte (Inhalte) und verteilen Sie diese auf die Lernschichten. Wann und wo würden Sie welche Inhalte vermitteln?

- Welche Produkte fallen Ihnen sofort ein?
- Was wäre ein Hauptprodukt oder Hauptprodukte?
- Was für ein ***Angebotsprofil*** ergibt sich?

Vom Publikum über die Kompetenzen zu den Formaten

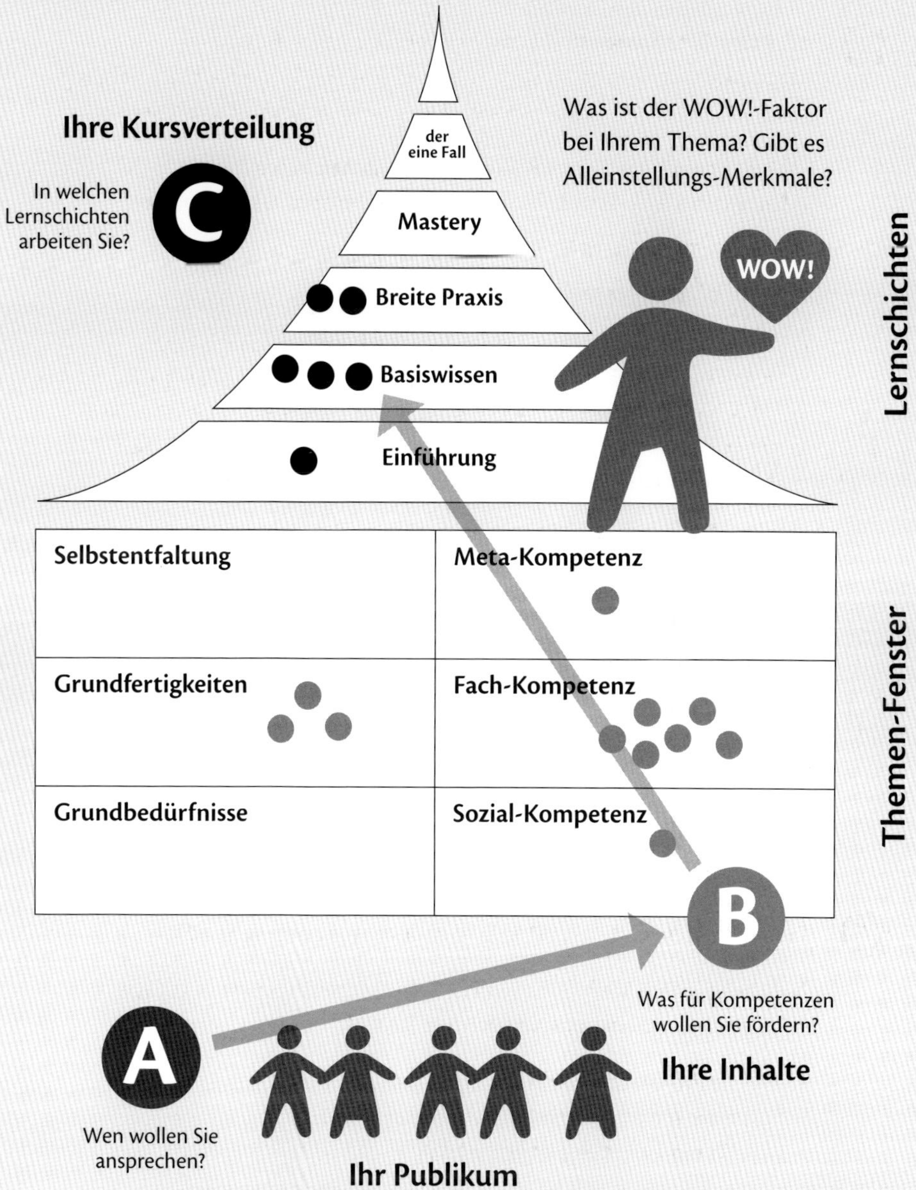

In diesem Buch zeigen wir Konzepte für die Altersgruppe 20+.
Jugendliche und Kinder brauchen pädagogisch andere Konzepte.

FALLBEISPIEL Wie sortieren Sie Ihre Inhalte?

Internetsicherheit – dargestellt anhand der Lernschicht-Pyramide

Dies ist die Vorarbeit für ein Programm „Sicherheit im Internet“, das nicht nur Technik, sondern vor allem auch Verhaltensänderung lehrt.

Die Ausgangs-Situation

Michael ist bei einer großen Behörde angestellt und dort für Informationssicherheit zuständig. Er achtet darauf, dass andere sich nicht in die Server hacken, Daten nicht gestohlen werden, Mitarbeitende nicht mit Passwörtern schludern etc. Er kennt sich also mit vielen Themen aus, von denen Normalanwender nichts wissen möchten – und denken, dass sie es auch nicht zu wissen brauchen. Dem ist leider nicht so, und Michael möchte anderen helfen, sich sicherer im Netz zu bewegen.

Ein Thema mit zwei Spitzen: Technik & Verhalten

- Sicherheit beim Umgang mit digitalen Medien
- *außen* = Angriff & Manipulation / *innen* = Sucht & Überforderung

Welche Kompetenz- und Wissensfelder werden berührt?

- Technik, Recht, Hirnforschung, Gesundheit, Zeitmanagement etc.

Die Inhalte gehen über die reine Technik hinaus *(welche Programme nutze ich wie?)* und beziehen auch das Verhalten mit ein *(warum kümmere ich mich nicht um bestimmte Dinge?)*.

Welche Fachthemen werden berührt?

- Grundfertigkeiten und technisches Grundwissen

Welche WARUM-Fragen werden berührt?

- Was motiviert TeilnehmerInnen, sich mit *Sicherheit im digitalen Umfeld* zu beschäftigen (Bedürfnisse)?
  Belohnung: Sicherheit und neue Meta- und Sozialkompetenz.

Aus guter inhaltlicher Ordnung werden später klare Produkte

Der Anfangs-Kurs

Schutz vor Abzocke, Stalking, Datenklau

Wie Du Dich kompetenter und sicherer im Netz bewegst

Der Privatanwender-Kurs würde die Einführung bis hin zur breiten Praxis abdecken.

Spezialangebote. Beispiel: *Internet-Stalking, was nun?* Ist später denkbar als E-Book oder ähnlich.

Später kann ein ***Master-Kurs*** entwickelt werden. Z.B. für ViPs, Politiker etc.: *Wie Sie sich als Person des öffentlichen Interesses im Netz bewegen.*

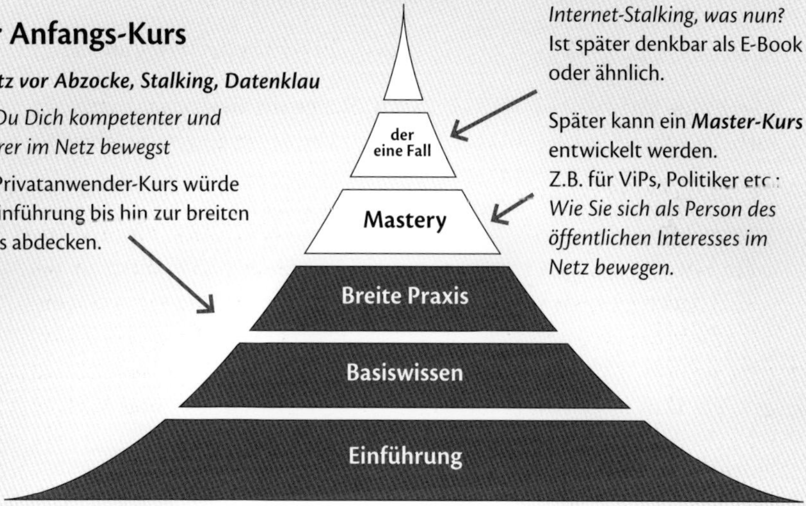

Lernschichten

Selbstentfaltung Sich im Netz ohne Angst bewegen, Einzigartigkeit, Kreativität, Lebensqualität bis hin zum umweltfreundlichen Surfen.	**Meta-Kompetenz** Strategisches Sicherheitsdenken: Vorbeugen, Probleme wahrnehmen, Handlungsfähigkeit erhalten.
Grundfertigkeiten Selbstdisziplin, Konzentration, Gedächtnis (Passwörter), Umgang mit Browser / E-Mail & Co, Bezahlung im Internet, Verbraucherschutz	**Fach-Kompetenz** Shitstorms, Überwachung, Tracking, Lauschangriffe, Stalking, Hate Speech, Fake News, Dateneinbruch, Datenschutz, Preisdiskriminierung, Gesetze in anderen Ländern, Rechtssicherheit, Schadensrisiko
Grundbedürfnisse Unbesorgt (digital) leben können. Souveränität, Unabhängigkeit, Mobilität, Privatsphäre, Sicherheit, Gesundheit.	**Sozial-Kompetenz** Umgang m. Manipulation, Suchtgefahr, eigener Zeit, Entfremdung, Reizüberflutung, Online-Prozesse, Nettiquette.

Themen-Fenster

Haben Sie Ihren Stoff so sortiert, wird es Ihnen leichter fallen, Ihr Programm gezielt aufzustellen.

Vom Thema zum Framework

Eine häufig gestellte Frage ist:
Ab wann akzeptieren andere Sie als Expertin / Experten?

Antwort: Wenn Sie beginnen, in einem Thema die ***Führung*** zu übernehmen. Damit meinen wir nicht „Führung" im Sinne des Siegers. Sie müssen nicht die/der Beste im Feld sein. Sie müssen noch nicht einmal mit allem fertig sein. Es geht mehr um die Bewegung, die Führung in einem Prozess.

- *Wo trauen Sie sich zu, etwas zu sagen, das andere führt?*
- *Wo können Sie anderen etwas zeigen, was für diese hohen Nutzen hat?*

Neben dem nötigen Selbstbewusstsein geht es auch darum, inhaltlich in Führung zu gehen. Reproduktion ist die Wiederholung des Wissens von anderen, eigenes Wissen ist dagegen geprägt durch eigene Erfahrungen und Erkenntnisse. Sie gehen noch einen Schritt weiter, wenn Sie ein neues, eigenes Regelwerk schaffen. Dann wird daraus Ihr eigenes Framework.

Frameworks helfen zu führen

Analysiert man erfolgreiche smarte ExpertInnen, nutzen viele bei der Vermittlung ihrer Inhalte ein eigenes *Framework*. Ein Framework ist mehr als ein Lehrplan *(Curriculum)* oder eine Agenda (*Top1, Top2, Top3*). Es ist ein (neuer) Lösungs- oder Vermittlungsansatz mit einem stark reduzierten Regelwerk *(Framework)*, das bei der Aufnahme der Inhalte hilft. Wenn Sie so wollen: eine neuronale Mind-Map, ein Gitter aus Eselsbrücken, eine bestimmte Didaktik, oft kombiniert mit Infografiken und Typologien.

So schaffen Sie ein eigenes Framework

• Sammeln Sie Ihre Inhalte	Lernschicht-Pyramide
• Entscheiden Sie, was die Kerninhalte sind	Core Elements
• Gibt es wiederkehrende Muster?	Verdichtung
• Stellen Sie ein Framework auf	Regelwerk

Merksatz Ein Regelwerk hilft. Ihnen und Ihren Kunden!

Framework des erfolgreichsten Selfpublishing-Kochbuchs der Welt

In einer komplexen Welt muss viel in kurzer Zeit verarbeitet werden. Hin und wieder ist radikale Reduktion die Antwort auf dieses Problem. In einer Zeit, in der Kochbücher immer opulenter werden, tat *Kim McCosker* genau das Gegenteil. Das erfolgreichste Selfpublishing-Kochprogramm der Welt *4 ingredients* zielt darauf, alle Formen des Kochens zu VEREINFACHEN. *Kim McCosker* sammelt darin die ***simpelsten*** gut schmeckenden Rezepte.

Alle ihre Rezepte haben ein radikal reduziertes Framework:

- Mit nur 4 oder weniger Zutaten
- Möglichst in nur 4 Sätzen erklärt (ohne Fotos)
- Zur Umsetzung wird nur 1 Tasse, 1 Esslöffel und 1 Teelöffel benötigt
- Alle Zutaten sind im normalen Supermarkt zu bekommen

Kein Wunder, dass sich ihre Kochbücher über 8 Millionen Mal verkauften. Denn diese selbstgesteckten Regeln führten zu einem sehr praktischen und konsistenten Ergebnis. Das Framework schafft Sicherheit.

4ingredients.com.au

Zwei Themen mit je drei dazugehörigen erfolgreichen Frameworks

Ordnung im Leben		
simplify your Life	Im Leben aufräumen + System schaffen	*Werner Küstenmacher*
Getting Things Done	Die Kunst der stressfreien Produktivität	*David Allen*
KonMari-Methode	Decluttering mit japanischer Strenge	*Marie Kondo*

Business Modelling		
Lean Startup	Sich an gute Ergebnisse herantesten	*Eric Ries*
Business Canvas	Visualisierung von komplexen Modellen	*Alexander Osterwalder*
Smart Business Concepts	Smarte Konzepte mit System planen	*B.+E. Conta Gromberg*

Aber Vorsicht
Gute Frameworks entstehen nicht allein durch simple Blog-Headlines wie *„5 Schritte zum erfolgreichen* __________“. Ebensowenig durch Vereinfachung mit Gewalt. Populisten sind Vereinfacher der schlechten Art.

Motivation / Information / Aktion

Stehen Ihre Inhalte, können Sie Ihre Produkt-Treppe® strategisch planen. Dies zeigen wir in Kapitel 6. An dieser Stelle noch eine Methode, die Ihnen hilft, didaktisch einzelne Content-Bausteine (wie einen Kurs) zu gliedern.

Ordnen Sie die Inhalte (z.B. einer Lektion) in drei Kategorien:

Motivation
Warum lernen Sie, was Sie lernen? Warum lohnt sich das? Was ist das Ziel des Ganzen? Die Antwort gehört in die Einführung. Merksatz: *Start with why!* Hier geht es um Werte und Ziele. Ohne Motivation gibt es kein Lernen. Die beste Voraussetzung, um etwas aufzunehmen, ist Begeisterung. Die Frage nach dem Warum hört nicht nach der Einführung auf. Es ist das Fundament, auf dem alles steht. Wir empfehlen, das Ziel immer wieder anzusprechen. Motivieren Sie.

Information
Das sind die Fakten. Worum geht es? Die einzelnen Bestandteile des Wissens: Fakten, Methoden, Querverweise etc. Hier geht es oft um eine Menge von Details. Deswegen ist es wichtig, einzelne Teile gut zu gliedern. *Brainfriendly* heißt: Inhalte so aufzubereiten, dass sie gut aufgenommen werden können (z.B. *chunken*). Bereiten Sie die Inhalte gut auf.

Aktion
Was muss der Lernende tun, damit der Erfolg eintritt? Tennis lernt man nicht allein durch Bücher. Irgendwann muss man auf den Court und einen Schläger in die Hand nehmen. Nun helfen praktische Handlungsanweisungen (*How to Do*). In klassischen Schulen fängt hier der Trainer an, mit den Auszubildenden zu üben und zu wiederholen. Dies kann oft auch über Medien vermittelt werden. Sie müssen dazu nicht immer anwesend sein. Aber ohne Tun kein Ruhm. Wie können Sie Handlung auslösen?

Faustformel
Information ohne Motivation und ohne Aktion kommt nicht an.

Ihr smartes Experten-Thema – Zusammenfassung

Das Thema ist zentral

- Ihr Thema ist zentrale Grundlage Ihrer Experten-Biografie
- Sie können ein altes Thema neu nutzen oder ganz neu starten
- Investieren Sie in die Findung Ihres Themas, es lohnt sich

Ohne Thema kein Geschäftsmodell

- Ihr Thema ist Grundlage Ihres Geschäftsmodells
- Daher brauchen Sie ein Thema mit einem (großen) Publikum
- Achten Sie daher auf die richtige Mischung von Taxi und Herz

Denken Sie nicht nur in einem Titel, sondern in einem Programm

- Identifizieren Sie Ihr ***Meta-Thema*** (*Oberthema über den Fachthemen*)
- Leiten Sie davon Ihre ***Unterthemen*** ab (*Themen-Fenster*)
- Strukturieren Sie Ihr Wissen in einem (ersten) ***Curriculum*** (*Lernschichten*)

Sie sind mit diesem Schritt fertig, wenn Sie dies beantworten können:

Was werden Sie tun, damit Wer / Welches Publikum?

mit Womit / Welchem Engpass? *besser umgehen können?*

03 FERTIG

Geburtsstunde eines Senders

Freddy came up with the idea to get more clients by starting a chess blog as well as a YouTube chess channel.

about iChess

Deswegen bin ich auch keiner der Ratgeber-Autoren und Motivationstrainer, die dir versprechen, dass du mit nur 3 Tricks all deine Lebensprobleme in 5 Sekunden lösen kannst. Die Jungs kannst du alle knicken! Das Leben funktioniert nicht nach einer „How to do X in 5 Schritten" Liste.

Dr. Martin Krengel
auf seiner Website

Schritt 4 – Seinen Experten-Typ festlegen

4

© Smart Business Concepts

Was für ein Experte sind Sie?

Das ist eine strategische Entscheidung und zugleich eine Frage, was Sie sein wollen. Die gute Nachricht: Sie können sich heute Ihren smarten Typ selbst zusammenstellen. Lernen Sie also die 5 *Experten-Typen* kennen und mischen Sie dann Ihren ganz eigenen smarten Experten-Cocktail.

Muster sehen und modellieren

Die 5 Experten-Typen als einfaches Raster zur Orientierung

Sie haben Ihr Thema gefunden oder neu festgelegt. Was machen Sie nun damit? Ihr Thema ist noch kein Geschäftskonzept. Wer ein professionelles Experten-Geschäftsmodell aufbauen will, braucht zwei Dinge dazu:

A – Bekanntheit
B – Angebote, für die andere bereit sind, zu bezahlen

Hier unterscheiden sich die Smarten Experten voneinander: Sie bauen mit unterschiedlichen Angeboten Bekanntheit auf! Während die einen als Reichweiten-Teppich auf Bücher setzen, sind die anderen nur noch mit Videos unterwegs. Die einen füllen noch echte Säle in Eigenvermarktung, die anderen gestalten Kurse in virtuellen Akademien. Häufig wird dies in Programmen miteinander kombiniert. Wir haben die scheinbar unendlich vielen Möglichkeiten nach zwei Schlüssel-Kriterien für Sie strukturiert.

5 unterschiedliche Dynamiken

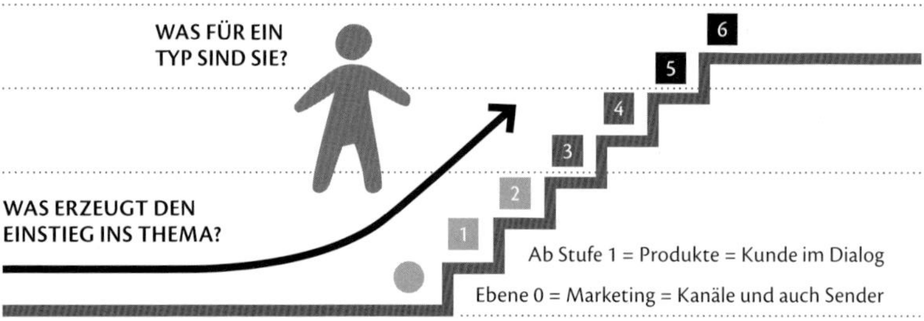

Wie bringen Sie Ihr Publikum in die Lernerfahrung?

Autoren machen dies anders als Public-Speaker etc. Fünf verschiedene Haupt-Kräfte haben wir auf der Treppe identifiziert. Dabei geht es nicht um das einzelne Angebot, sondern darum, wie Sie generell die Anziehung für Ihr Thema aufbauen.

- Wie bauen Sie als Expertin / Experte ***Reichweite* + *Spannung*** auf?
- Welche ***Produkte*** (Angebote) tragen Ihre Einstiegs-Lernerfahrung?

5 die EXPERTEN TYPEN

Experten-Typ	Zentrale Tätigkeit	Erfolgs-Faktor + Rolle
A **Serien-Autor**	Publiziert kontinuierlich zu einem Thema	**Publikationen** Geschriebenes Wort + Grafik ***Autor / Erzähler***
S **Media-Sender**	Sendet kontinuierlich stark auf einem Kanal	**1 starker Kanal** Blog, Vlog, Podcast, TV... ***Moderator / Redakteur***
R **Themen-Redner**	Arbeitet über Keynotes und eigene Rede-Events	**Live-Präsenz** meist auf der Bühne ***Redner / Präsentator***
P **Programm-Anbieter**	Baut ein schlüssiges Lern-Programm auf	**Framework** Akademie, Kurs, Programm ***Didakt / Lehrer***
C **Community-Builder**	Sammelt eine Community um ein Thema	**Community** *Memberships & Events* ***Leader / Gastgeber***

Sich klar werden, was Ihr Kern ist

Die 5 *Experten-Typen* helfen, die eigene Aufstellung besser abzustimmen. Sie lösen sich von einseitigen Sichtweisen und gehen auf eine strategische Ebene: Wie Sie im Kern Wirkung erzielen und was Sie sein wollen.

Mit einem Experten-Typ zu arbeiten, bewahrt Sie davor, wahllos Medien und Materialien zu erzeugen. Durch eine strenge Struktur fällt es Ihnen einfacher, Ihr Marketing (*Ihre Reichweite*) und Ihre Produkte (*Ihr Thema*) in ein gutes Verhältnis zu setzen. Es gibt reinrassige Vertreter, häufig aber auch Mischtypen. ***Der Trick:*** Die Typen kennen, sie gezielt nach eigenem Bedarf mischen, *aber niemals wahllos alles auf einmal wollen!*

A Die Serien-Autoren

Fangen wir beim klassischsten Typ der Smarten Experten an, den Autoren. Sie nutzen das bekannteste Wissensprodukt der Welt: das Buch. In der Zeit der Smarten Experten haben sich die Möglichkeiten zu Gunsten der Autoren verschoben: Sie können mit oder ohne Verlag, sie können auf Papier oder digital publizieren. Technisch geht viel. Entscheidend ist: Smarte Experten setzen nicht auf ein Buch, sondern auf eine ***Buch-Reihe***!

Förster & Kreuz	Bücher als Breitenmedium + Keynotes	*foerster-kreuz.com*
Werner Küstenmacher	Über 40 Sachbücher, 1 Welterfolg	*kuestenmacher.com*
Dr. Martin Krengel	Weltenbummler und Lernpsychologe	*martinkrengel.com*
Kim McCosker	Selfpublishing Kochbuchserie 8 Mio Aufl.	*4ingredients.com*

Mögliche Autoren-Treppe

Bücher setzen Impulse und führen durch ein starkes Thema

Was sind Ihre Buchformate? Fachbücher, Rezeptbücher, Bildungsromane? Welche Bücher sind Print / E-Books? Wie viele Seiten + Preis hat welche Buchklasse?

Erfolgsfaktoren

- Regelmäßig gute Bücher
- Klare Marke, wofür der Autor steht
- Schlank gute Qualität produzieren

Vorsicht Falle

Ein Buch hat eine Halbwertszeit. Ruhen Sie sich nicht auf einem Erfolg aus. Schreiben Sie bereits am nächsten Buch.

Nur amazon oder Multi-Channel?

- *amazon* ist die wichtigste Plattform
- Konzentrieren Sie sich nur darauf oder bestücken Sie weitere Kanäle?

Eigenverlag rechnet sich

Dann aber nur mit eigenen Büchern. Verlegen Sie nicht die Bücher anderer, das bringt mehr Aufwand als Ertrag.

Was ist eine Buch-Reihe? Das ist nicht definiert. Hier drei verschiedene denkbare Muster:

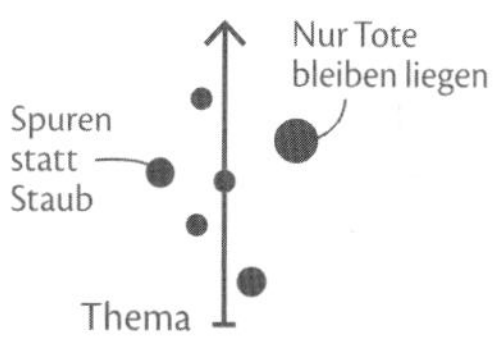

Impuls-Bücher:
Folgen lose einem Interessensgebiet

Buch-Serie:
Ein Buch folgt dem anderen.

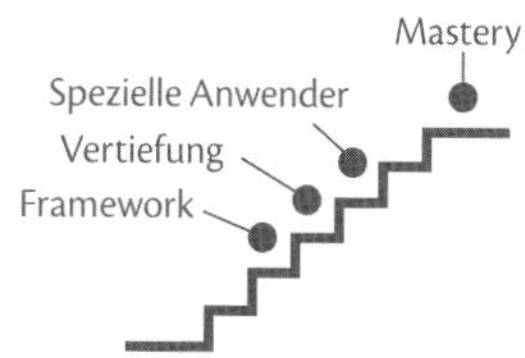

Programm-Bücher:
Erfüllen in der Treppe eine Aufgabe.

Framework-Bücher

Lean Startup von *Eric Ries* und *simplify your Life* von *Werner Küstenmacher* gaben nicht nur Informationen, sondern legten ein Framework, an dem sich viele orientierten. *Framework* = Regelwerk mit Lösungsmethodik.

A – Framework-Bücher sind Longseller
B – Sie eröffnen eine neue Denkart / Praxis (neues Framework)
C – Sie geben oft dem nachfolgenden Programm den Namen

Print oder E-Book?

Digital überholt beim Volumen an vielen Stellen Print. Papierbücher sind aber in puncto Vertrauen und Haptik quicklebendig und bringen in Deutschland z.T. bessere Margen im Selfpublishing. Es ist mehr eine Frage, was Sie gut und zügig in den Markt bekommen. Print ist in Produktion & Logistik aufwendiger.

Power Writing

In den USA etabliert sich ein Stil, bei dem viele Titel sehr schnell produziert werden. Es geht dabei u.a. darum, auf *amazon* ganze E-Book Reihen schnell zu etablieren. Schreib-Kurse wie das 30-Tage-Buchcamp von *Joseph Michael* zielen darauf, in einem Monat ein komplettes Buch vom ersten Aufriss bis zur Veröffentlichung zu bringen. Das geht bei leichten Themen und *How-to-Do-E-Books*. Publikationen mit Tiefe und Grafik, schaffen Sie nicht in einer solchen Geschwindigkeit.

Föster & Kreuz – Superfokussiert, nur Bücher & Keynotes

Anja Förster war Managerin bei *Accenture* und *Dr. Peter Kreuz* Marketingprofessor an der *Wirtschaftsuniversität in Wien.* 2002 stiegen beide aus ihren Jobs aus, gründeten eine eigene Firma und begannen, die Führungsetagen von Unternehmen mit ihren Keynotes aufzumischen. 2005 erschien ihr erstes Buch, 2007 dann *„Alles außer gewöhnlich"*, der Titel, der sie weit bekannt machte. Seitdem schreiben sie zusammen fast jedes Jahr ein Buch. Sind sie nun ***Redner oder Autoren?*** Sie sind beides und beides baut aufeinander auf. Ihre Bücher sind in über 20 Sprachen übersetzt, auf den Bestsellerlisten von *Spiegel, Handelsblatt* und *Managermagazin.* Das legte die Basis ihrer Bekanntheit. *„Impulsgeber, Managementvordenker, Mutmacher"* ist ihre Positionierung.

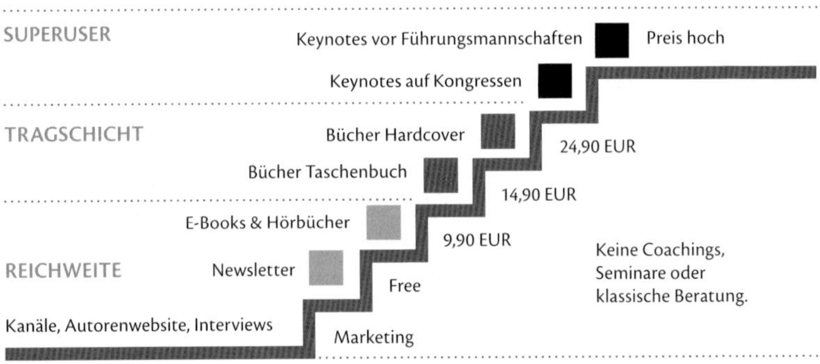

Hauptkanäle Bücher

- Diverse Verlage national / international
- amazon und andere Onlinehändler
- Stationärer Buchhandel

Wen sprechen sie an?

Führungskräfte und ihre Teams im Umfeld des digitalen Umbruchs. Entscheider von Mittelständlern, DAX-Unternehmen und globale Player.

foerster-kreuz.com

Vermarktung der Keynotes

Überwiegend kommen die Anfragen direkt von Führungskräften, die entweder die Bücher oder den Newsletter lesen. Ein weiterer wichtiger Faktor ist Weiterempfehlung. Ein kleinerer Teil läuft über Redneragenturen.

Hauptkanäle Eigen-Marketing

- Newsletter 32 TSD+
- Facebook 214 TSD+

Rechtsform

- Förster & Kreuz GmbH

Informationen Stand Juni 2018. Die Preise sind gerundet und vereinfacht.

„Die Frage, die wir immer wieder hören: *„Euch bekommt man als Buchautoren immer im Doppelpack, warum eigentlich?"* Oft wird das noch mit dem Zusatz angereichert: *„Wie um Himmels willen haltet ihr das denn aus, nicht nur privat, sondern auch beruflich ein Paar zu sein?"* Das scheint für viele weniger Wunschtraum und mehr Alptraum zu sein. Wir sehen das anders. Wir arbeiten seit siebzehn Jahren zusammen und in dieser Zeit sind neun gemeinsame Bücher entstanden. Wir lieben das, was wir tun und wir lieben uns. Etwas Besseres kann uns gar nicht passieren."

A

SERIENAUTOR | Dr. Martin Krengel – der Strukturierer

Dr. Martin Krengel – Selfpublisher und Weltenbummler

Martin Krengel lebt als Autor von seinem Know How, wie man einen chaotischen, lebenshungrigen Perfektionisten strukturiert. Er absolvierte gleich zwei verschiedene Studiengänge (Wirtschaft & Psychologie jeweils mit Auszeichnung), dann Doktorarbeit in der Kognitionspsychologie. Seine Autorenfreiheit nutzt er, um zu reisen, ist gewohnt, an den entlegensten Orten der Welt provisorische Büros aufzubauen und ist ein routinierter Smart Worker. Struktur in der Freiheit ist eine seiner Kernkompetenzen.

Reisebuch: „Stoppt die Welt" _ Motivierender Reisebericht

Golden Rules: Motivations- & Zeitmanagement-Besteller

Stress im Job bewältigen: 13 Expertentipps gegen Stress

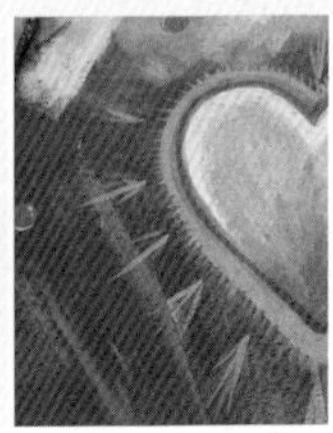

Welcher Beruf passt zu mir? Gibt es den Traumberuf?

Hauptprodukte

- Bücher, meist Paperback
- Alle im Selfpublishing
- 80 % selbst layoutet + freies Team
- und Videokurse

Wen spricht Martin Krengel an?

Alle, die neue Denk-, Lern- und Produktivitätstrategien suchen. Umgang mit Stress, Motivations- und Lernproblemen.
Ein Schwerpunkt sind Studenten.

martinkrengel.com

Hauptkomponenten

- amazon Bücher
- elopage Kurse

Hauptkanäle Marketing

- 2 Webseiten ca. 40 TSD Besucher
- Newsletter ca. 15 TSD Leser
- Presse + Social Media

Rechtsform

- Eigenverlag = Eazybookz UG

Informationen Stand Juni 2018

Ich muss auf Reisen meine Arbeitsbedingungen oft an neue Gegebenheiten anpassen. Aber das geht: In China besorgte ich einen Bürostuhl und einen Drucker und funktionierte ein Apartment zum Büro um. Nur zwei Dinge sind nötig: ein paar Minuten Nachdenken über bessere „Produktionsbedingungen“ und der Gang in einen Bürobedarfsladen. Nicht fehlen darf: Laptop, Maus, ein Spiralblock fürs Strukturieren meiner Themen und ein Zeichenheft für die Buchillustrationen, um kreativ-visuell zu denken.

Hin und wieder suche ich mir einen Coworking-Space. Ansonsten ziehe ich es vor, beim Hotel lieber 10 Euro mehr pro Tag auszugeben und dort dafür einen Schreibtisch, einen schönen Ausblick oder ein schönes Restaurant mit funktionierender Espresso-Maschine zu haben.“

passt

Fremdverlag oder Eigenverlag?

Die Fallbeispiele auf der Vorseite sind beides Sachbuch-Serienautoren. Sie unterscheiden sich aber: *Förster & Kreuz* publizieren über diverse Verlage, *Dr. Martin Krengel* über seinen eigenen Verlag *Eazybookz*.

Wann lohnt sich was?

Selfpublishing im Wandel

Unter dem Stichwort *Selfpublishing* sammeln sich im Internet an vielen Stellen Roman- und Fantasy-Autoren. Verlagsleute haben oft Angst vor schlecht lektorierten „Groschenromanen" und rümpfen bis heute bei „Selfpublishern" die Nase. Dieses negative Image ist im Wandel. Zum einen liefern Verlage bei weitem nicht immer die Begleitung, die sie suggerieren, zum anderen wächst die Independent-Szene und wird immer besser. Wichtig ist bei der Diskussion: *„Selfpublishing"* ist nur die Bezeichnung der Produktionsart und damit themenneutral. Wenn wir von „Eigenverlag" sprechen, meinen wir Experten, die Fachbücher schreiben. Das ist ein komplett anderer Bereich als Romane. Während die Belletristik auf hohe Auflagen hofft (*Gesetz der großen Zahl*), haben Fachbücher meist eine geringe Auflage (*Gesetz der kleinen Zahl*). Erstauflagen liegen hier häufig zwischen 1.000 bis 3.000 Exemplaren.

Wann Selfpublishing?

Auf jeden Fall Eigenverlag, wenn Sie die Abfolge Ihrer Publikationen selbst bestimmen wollen (*wie Ihre Treppe läuft und wann die Updates kommen*). Sie haben alles in der Hand. Müssen aber auch alles selbst organisieren. Nachteil: Sie kommen so gut wie nie in die Regale des Buchhandels.

Wann Fremdverlage?

Wenn Sie keine Arbeit mit der Distribution der Bücher wünschen und in die Buchhandlungen möchten. Außerdem bei hohen Auflagen in mehreren Sprachen. Das geht aber nur mit populären Titeln. Nischen-Fachauflagen gehen in großen Verlagen fast immer unter und kommen auch nicht in den normalen Buchladen. Grund: Die meisten Buchhändler stellen nur Bücher mit einem Breitenanspruch in das Regal.

FREMDVERLAG
Sie geben Ihre Rechte ab

Verlage helfen Ihnen, aber Sie können den Prozess nicht mehr bestimmen.

Sie verdienen pro Buch deutlich weniger, als wenn Sie selbst verkaufen.

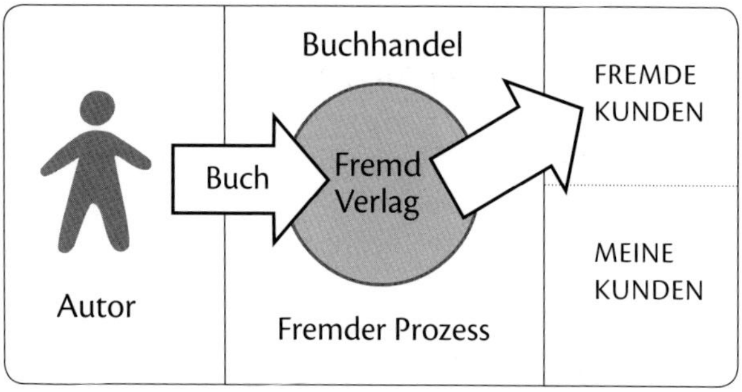

Vorteile

- Der Verlag nimmt Ihnen Arbeit ab
- Sie konzentrieren sich aufs Schreiben
- Der Verlag gestaltet das Buch
- Der Verlag finanziert die Produktion
- Der Verlag erreicht die Buchhändler
- Der Verlag bewirbt und vertreibt

Nachteile

- Sie treten alle Rechte ab
- Sie können das Buch nicht gestalten
- Ihre Autorentantieme ist gering
- Der Verlag verdient mehr Geld als Sie
- Der Verlag bestimmt, ob Sie bleiben
- Von daher selten Kontinuität

EIGENVERLAG
Sie tun es selbst und bleiben unabhängig

Im smarten Modell sind Sie unabhängig. Sie verdienen pro Buch ca. 4 x so viel. Das spielt bei kleinen Auflagen eine große Rolle. Sie können sich halten, auch wenn Sie kein Bestseller sind.

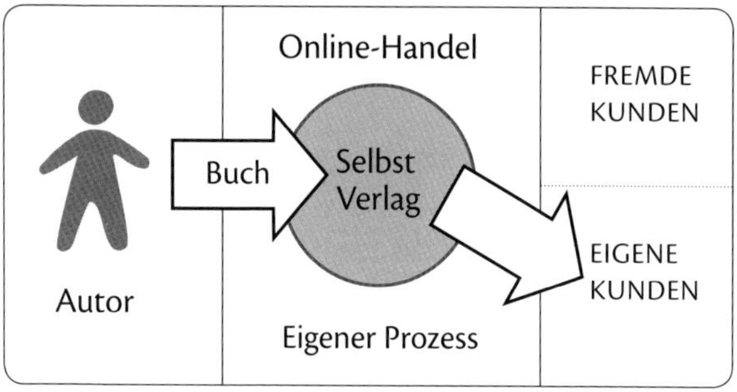

Vorteile

- Sie bestimmen alles selbst
- Sie können eine Serie aufbauen
- Sie haben höhere Margen
- Sie bauen eine eigene Marke auf

Nachteile

- Sie müssen vorfinanzieren
- Sie müssen selbst produzieren
- Sie müssen selbst vermarkten
- Sie haben keine klassische Reputation

S

Die Media-Sender

Diese ExpertInnen senden über einen Kanal. Dazu gehören die *Podcaster* (Hören), *Blogger* (Lesen), *Vlogger* (Sehen). Aber es kann auch jeder andere Medien-Kanal sein (*Instagram, Twitter, Radio...*). Smart ist, wer „Owner" seines Kanales ist. Eine Sendung (oder Show) in einem starken Fremdkanal (z.B. TV) bringt zwar hohe Reichweite, Sie bestimmen aber nicht, wie lange Sie dort im Programm bleiben. Oft ist der Kanal eine Sendermarke.

Sascha Lobo	Digitalphilosoph, Hauptkanal Twitter	*@saschalobo*
Maik Pfingsten	Podcast über Systems Engineering	*zukunftsarchitekten-podcast.de*
Franziska Schmid	Erster dt. Blog über veganen Lifestyle	*Veggie-Love.de*
Sebastian Canaves	Reiseblogger	*off-the-path.com*

Mögliche Sender-Treppe

Der Sender steht unten als Magnet und eröffnet die nachfolgende Treppe.

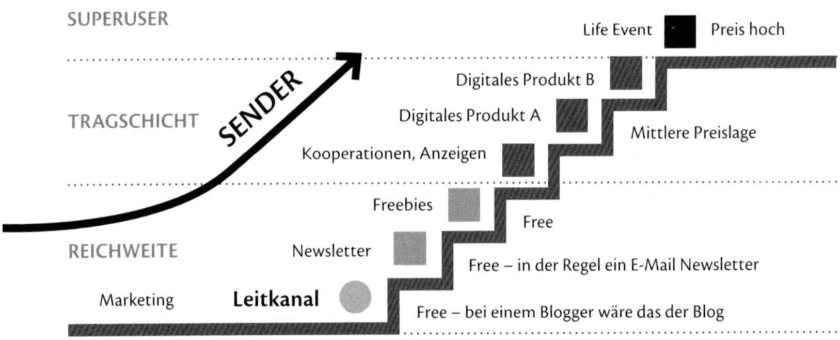

Was ist der Kanal, in dem Sie eine hohe Reichweite aufbauen können?
Wo wollen Sie über Jahre hinweg senden? Was ist Ihr Medium (Audio, Text, Video)?

Erfolgsfaktoren

- Kontinuität in einem Kanal
- Regelmäßig gute Postings

Vorsicht Falle

Die Dauer macht die Power, viele Podcasts kommen z.B. über die ersten 10 Folgen nicht weg. Am Anfang macht es Spaß, hinterher ist es harte Arbeit.

Finden Sie Ihren Lieblings-Sender

- Twitter? – Sachen auf den Punkt bringen
- Blog? – Artikel mit Leidenschaft
- Vlog? – Filme, die andere begeistern

Smarte Redaktionsabläufe

Als Sender-Experte agieren Sie wie ein kleiner Sender mit Redaktionsplan und Produktions-Logik.

Veteranen oder neues Glück?

Gary Vaynerchuk, *Sascha Lobo* und *Franziska Schmid* haben eines gemeinsam: Sie stiegen früh in *Social Media* ein und belegen seitdem dort Spitzenplätze. Wer heute einen eigenen Kanal etablieren möchte, hat es schwerer. Es gibt bereits viele Sender mit hohen Follower-Zahlen. Dafür hat sich die Akzeptanz verändert. Wer heute ein Projekt gut aufsetzt, wird schneller verstanden und hat Netzwerke.

Der Sender ist meist nicht der Einnahmestrang

Viele Blogger, Podcaster und Vlogger konzentrieren sich darauf, ihren Kanal nach oben zu bringen. Sie vergessen darüber ihr Geschäftskonzept. Nur die absoluten Spitzenpositionen können alleine von Werbeeinnahmen leben. Diese „Kanal-Stars“ haben meist populäre Inhalte. Bei „normalen“ Experten verdient der Sende-Kanal alleine kein Geld. Dann steht der Sender unten auf der Treppe und führt das Publikum an die eigentlichen Angebote heran. Denken Sie also an Ihre Produkt-Treppe® – Ihr Gesamtgeschäftskonzept bringt den Erfolg!

Welche Produkte / Einnahmestränge haben Sender-Experten?

Zum einen alle genannten Experten-Produkte: *Bücher, Kurse, Camps etc.* Zum anderen Kooperationen oder Aufträge. Meist entsteht um einen starken Sender ein Biotop aus Möglichkeiten. Oft ein Gemisch aus klassisch und smart.

Was ist eine hohe Reichweite?

Wenn *Sascha Lobo* fast 600.000 Twitter-Follower hat, dann ist das eine hohe Reichweite. Wenn *Maik Pfingsten* mit seinem Podcast etwas mehr als 1.000 Hörer erreicht, auch. Denn seine Zuhörer sind alles Mechatronik-Systemingenieure.

Warum senden Sie?

2005 startete *Larissa Vassilian* ihren Podcast *Schlaflos in München*, erhielt 2010 dafür eine Auszeichnung und stellte ihn 2014 nach 10 Jahren und über 600 Folgen ein. Es gab weitere Projekte und Auszeichnungen. Heute ist sie als Dozentin tätig. In der Laufbahn von Larissa Vassilian sind ihre Podcasts (wertvolle) Zwischenschritte in einer Medien-Biografie, nicht aber Teil eines smarten Geschäftskonzeptes.

Bernd Geropp – vom Unternehmer zum Podcast-Coach

Bernd Geropp hat als Unternehmer Teams geführt und zeigt seit 2009 anderen, was „Leadership" in diesem Kontext bedeutet. Bekannt wurde er über die 190 Folgen seines Podcasts *Führung auf den Punkt gebracht*. Der Podcast startete 2013 auf *iTunes* und seiner Seite *mehr-fuehren.de*. Bis 2018 entwickelte sich das Programm so erfolgreich, dass er Ende 2018 in den USA eine englischsprachige Leadership-Plattform startet. Was wird dort sein Zugpferd sein? Ein englischsprachiger Podcast – kein Wunder.

Produkt-Treppe® von Bernd Geropp

Online Leadership Platform – 1 Prozent reicht, um gut voranzukommen

Viele hören seinen Podcast und einige Tausend lesen seinen Newsletter. Wie viele buchen nun pro Jahr die 1.166 € teure Leadership-Mitgliedschaft? Ungefähr 1 Prozent. Das klingt wenig, ist es aber nicht. Im Jahr 2017 kamen 90 % des Umsatzes (!) über die Mitgliedschaften oder durch Projekte, die mittelbar durch die *Online-Leadership-Platform* entstanden. Ein Beleg, wie wichtig Superuser-Angebote sind.

Online Leadership Mitgliedschaft

- Jahresmitgliedschaft 12 Monate. Im Kern Online-Kurs mit 7 Modulen. Mitglieder können jederzeit Fragen per Mail stellen + 1 Webinar pro Monat und Präsenztreffen in diversen Städten.
- 1:1-Coaching (Telefon oder Skype) kann aufgebucht werden.

Hauptkomponenten

- Website – *WordPress*
- Membership – *Optimize Press*
- Newsletter – *ActiveCampaign*

Rechtsform

- Einzelunternehmer
- bis 2018 Solopreneur, mit Expansion in die USA ist erster Angestellter geplant

Informationen Stand Mai 2018. Dort waren es genau 192 Folgen.

iChess – vom Coach zum führenden YouTube-Schach-Channel

2011 hatten zwei junge US-amerikanische Weltenbummler in Buenos Aires die Nase voll davon, für andere Internet-Entrepreneure zu jobben. *William Stewart* liebte Schach, hatte es zum FIDE-Schachmeister gebracht und coachte gelegentlich andere Spieler. *Freddy Lansky* war technik-versiert und wollte auf jeden Fall ortsunabhängig arbeiten. Wie könnte William mehr Kunden bekommen? Sie beschlossen, einen Schachblog in Kombination mit einem YouTube-Kanal aufzusetzen.

Start als *onlinechesslessons.net* – heute *iChess.net*

- 2011 zunächst das Ziel, einzelne Schüler zu coachen. Bald überlaufen
- Ende 2012 begannen sie „Premium Chess Videos" zu verkaufen. Zunächst bereits bestehende Kurse bekannter Großmeister
- 2013 folgte die Entscheidung, eigene Videos zu produzieren
- Sie gewannen dafür den argentinischen Großmeister *Damian Lemos*
- Er wurde ab dann das Hauptgesicht des YouTube-Kanals
- Inzwischen hatte die Firma 8 Angestellte
- 2013 erweiterten sie den Verkauf auf *amazon* und *eBay*
- 2014 hatten sie 750 Free-Videos auf ihrem *YouTube*-Kanal
- Heute bieten sie auch Schachsoftware und andere Produkte

WOW!-Faktor des YouTube-Channels

Gezeigt werden ausschließlich Videos von *FIDE-Schachmeistern* (FM), *Internationalen Meistern* (IM) und *Großmeistern* (GM). Ab 2014 stammen 75% der Inhalte von Großmeistern. Das erzeugt Reputation.

Positionierung des YouTube-Channels

The World's No.1 Source for FREE Videos by Grandmasters = der führende Kanal mit freien Videos von Schachgroßmeistern.

Hauptprodukte

- Schachkurs-Videos
- Als Download oder DVD
- 2/3 englisch 1/3 spanisch

Hauptkanäle Social Media

- *youtube.com/c/iChess* 86 TSD+
- *facebook.com/iChessnet* 65 TSD+
- *twitter.com/onlinechessless* 10 TSD+

Hauptkomponenten

- Website – *WordPress*
- Shop – *WooCommerce*
- CRM + Mail – *Infusionsoft*

FIDE = Federation Internationale des Echecs = World Chess Federation

Informationen Stand August 2017

R

Die Themen-Redner

Experten, deren Bekanntheit auf ihren öffentlichen Auftritten (Reden) beruht, nennt man auch „Public Speaker". Dabei gibt es zwei Varianten:

A – ***Keynote-Speaker,*** die von anderen gebucht werden. Sie sprechen z.B. auf Veranstaltungen von Firmen oder Kongressen gegen Honorar.

B – ***Eigenveranstalter.*** Sie verkaufen Tickets für eigene Events (oder über eine vorgelagerte Agentur) und touren häufig durch ein Land.

Norman Bücher	Extremsportler, Redner, Autor	*norman-buecher.de*
Jörg Löhr	Redner, Persönlichkeitsentwicklung	*joerg-loehr.com*
(Anthony) Tony Robbins	Vorbild für viele Motivations-Redner	*tonyrobbins.com*

Mögliche Redner-Treppe

Verschiedene Rede-Formate und Materialien führen ins Thema. In der Tragschicht stehen bei US-Eigenveranstaltern möglichst große Events mit diversen Tickets (von *Early Bird* bis *VIP-Ticket*).

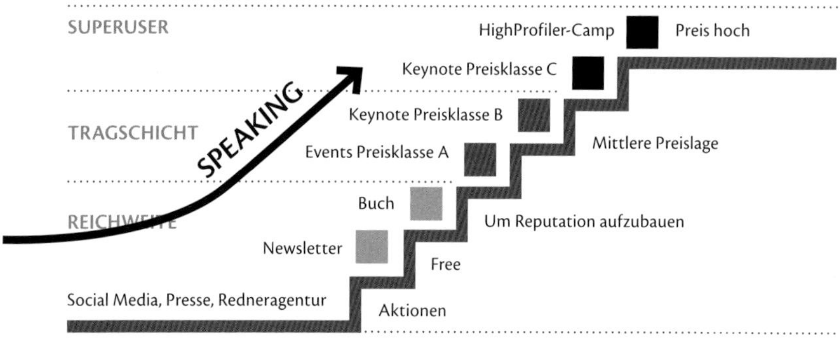

Was ist Ihr Hauptformat? Keynotes, Referate oder eine Themen-Show mit diversen Elementen? Die gezeigte Treppe wäre eine Mischung aus eigenen Produkten (Buch, Event und Camps) und Honorar-Keynotes.

Erfolgsfaktoren

- Starke Präsenz auf der Bühne
- Aktuelles Thema mit Breitenwirkung
- Gute Veranstaltungsorganisation

Vorsicht Falle

Wer zu hohe Einkommen erzielen will, gerät in einen hohen Verkaufsdruck. Siehe rechts Kasten „Sales Pitch".

Mögen Sie Hotels?

- Öffentlich sprechen zieht zwei Dinge nach sich: Termine und fremde Orte.
- Sie werden viel unterwegs sein, daher schnell grenzwertig und unsmart

Speaker haben meist Produkte

Die meisten Speaker bieten auch Bücher, CDs etc. an. Bis hin zum Programm.

Kombination Public Speaker und Programm-Anbieter

Reine Keynote-Speaker haben kein nachfolgendes Programm. Beispiel dafür sind *Förster & Kreuz*, die ausdrücklich darauf hinweisen, dass sie nicht begleiten. Das muss aber nicht so sein. US-Experten unterscheiden zwischen dem *FrontEnd* = den öffentlichkeitswirksamen Maßnahmen und dem *BackEnd* = dem nachfolgenden Programm. Die links dargestellte Treppe ist für einen Keynote-Speaker ohne Programm, aber mit zwei Camps pro Jahr. Sie können aber auch mit Seminaren oder Online-Kursen kombinieren. Die Möglichkeiten sind fast endlos.

Unterschiede – Seminar / Camp / Vortrag / Bühne

Seminare oder Camps haben eine andere Dynamik als eine Bühnen-Show oder eine Keynote. Bei einem Seminar leitet der Experte eine Gruppe durch einen Arbeits- oder Lernprozess. Er ist auf Augenhöhe mit den Teilnehmenden, die Gruppengröße so, dass Rückfragen gestellt werden können. Das ist in großen Auditorien nicht möglich. Große Gruppen erzeugen dagegen höhere Energien im Raum. Faustformel: Wollen Sie individuell passende Antworten geben = Seminar. Wollen Sie Erlebnis + Beziehung mit Lernen verbinden = Camp. Wollen Sie viele Menschen erreichen und eine hohe Energie erzeugen = Bühne. Auf der Bühne hat der Redner die höchste Verantwortung, da er hier am stärksten steuert.

Sales Pitch am Ende eines Vortrags – wie viel Sales muss sein?

Wer ein Auditorium hat, kann weiterführende Angebote machen. Der Vortrag ist dann Auftakt zum Einstieg in ein Programm. In der US-Szene haben viele Public-Speaker ein Sales-Team, das an Tischen hinten im Saal sitzt, und es gibt einen langen Sales-Pitch des Redners. Bühnenshows mit mehreren Rednern verkommen dann schnell zu einer reinen Sales-Veranstaltung, weil jeder auf seinen Pitch hinarbeitet. Oft wird dabei manipuliert und mit Neurotechnik Druck aufgebaut.

In Deutschland gibt es ebenfalls Redner, die in ihren Events verkaufen. Dagegen aber auch viele öffentliche Foren mit ganz anderen Gepflogenheiten. Werden Sie hier sensibel. Wer sich auf einen guten Vortrag freut und am Ende in einer reinen Sales-Veranstaltung sitzt, ärgert sich. Lernen Sie in einem guten Stil, Ihre Angebote zu präsentieren. Hardcore-Sale lehnen wir ab. Aber Sie müssen sich über Ihren Sale Gedanken machen – ohne geht es nicht. Dieser Frage gehen wir intensiv im Marketing-Generator nach: *Giermarketing contra Vertrauensmarketing.*

Norman Bücher – läuft durch Wüsten und hält Reden

„Abenteurer, Extremläufer und Vortragsredner" steht auf seiner Visitenkarte. Als er 2010 als erster Mensch die Atacama-Wüste durchlief, bewältigte er 14 Tage hintereinander jeden Tag eine Marathondistanz in der trockensten und höchstgelegenen Wüste der Welt. Ultramarathons und Abenteuerläufe mit Expeditionscharakter sind seine Spezialität, sein Geld verdient er an anderer Stelle: Auf der Bühne als Motivations-Redner.

Norman Bücher auf einem Lauf durch das Himalaya-Gebirge in Indien

Ein Business-Redner auf dem Weg zu seinem Herzensprojekt

Wenn er auf die Bühne tritt, muss er nicht lange erzählen. Oft reichen einige Fotos seiner Läufe, damit die Zuhörer begreifen: Hier ist der Scheck gedeckt, dieser Mann spricht nicht über Theorie.

Seine Vortragsthemen lauten zum Beispiel:

- *break your limits* - Was das Business vom Extremsport lernen kann
- *Mit aller Willenskraft* - Motivation stärken - Höchstleistungen erzielen
- *Extrem:* Die Macht des Willens
- Abenteuer! Motivation
- Abenteuer! Unternehmen
- Abenteuer! Change

Nach zehn Jahren mit klassischen Business-Vorträgen und einer Reihe von Büchern geht Norman Bücher nun einen Schritt weiter. Ab 2018 startet er ein eigenes Projekt, bei dem er nicht mehr auf Anfragen wartet, sondern seinem Herzen folgt und weltweit Impulse setzen will.

7 CONTINENTS – die längste Laufexpedition der Welt

7 Jahre lang wird er durch alle 7 Kontinente laufen, 70 Länder kreuzen und dabei 700 Vorträge vor Jugendlichen halten. Wenn er am Ende 20.000 km gelaufen sein wird, hat er 1 Millionen Stimmen von Jugendlichen eingesammelt und bringt diese zur UN-Generalversammlung nach New York. Sein Ziel: Den Jugendlichen dieser Welt eine Stimme geben.

7-continents.com
norman-buecher.de

Hauptprodukte bisher

- Vorträge, Seminare
- Bücher, Materialien

7 CONTINENTS

Finanziert sich über Sponsoren, Keynotes und eigene 7 CONTINENTS-Produkte über Onlineshop. Parallel entsteht eine Stiftung, um Jugendprojekte zu fördern.

Hauptkanäle Distribution bisher

- Redneragentur

Hauptkanäle Marketing in Zukunft

- Medien über weltweites Projekt

Rechtsform

- Bisher Einzelunternehmer
- In Zukunft GmbH
- Für gemeinnützige Jugendprojekte 7 CONTINENTS Stiftung e.V.

Informationen Stand Juni 2018

EXKURS

Der US-Success-Expertenmarkt

Ein Buch über Smarte Experten kommt an der amerikanischen Szene nicht vorbei. Im Bereich der Online-Experten oder Public Speaker ist die Szene dort viel größer als in Europa. Größer und anders.

Versprechen Sie Erfolg und Sie werden Erfolg haben

Wer sich mit der amerikanischen Experten-Szene beschäftigt, kommt aus dem Staunen nicht heraus. Dimensionen und Inhalte erzeugen bei einem Deutschen häufig gleichzeitig Faszination und Irritation. Ein Wort, das in den USA immer wieder eine Rolle spielt, ist „Success". Altmeister des Faches sind Motivations-Trainer wie *Anthony Robbins* oder *Brian Tracy*.

Erfolg hat in den USA vor allem eine Währung: Geld. Einer der US-Stars, *Brendon Burchard* verschob dabei den Begriff des „Experten" weiter in die Richtung, dass jeder als Redner und Experte finanziell erfolgreich sein kann. Dass dabei an große Dimensionen gedacht wird, zeigte ein Slogan seiner *Expert Academy*: „*Build an expert empire and career by monetizing what you know.*" Ein Empire – das wird groß gedacht.

Bühnenshows und Säle mit mehreren tausend Plätzen

Proof of Concept ist das eigene Vermögen. Sein Geld in den USA als Speaker zu verdienen, baut häufig auf der Logik auf: Schreibe ein Buch, das zeigt, wie Du selbst erfolgreich wurdest, biete dann ein dazu passendes Programm und lehre Dein Wissen von der Bühne. *Brandon Burchard* tat dies mit seinem Buch *The Millionaire Messenger, Harv Eker* mit *Secrets of the Millionaire Mind* oder *Speedwealth*. Auch amerikanische Speakerinnen neigen zu steilen Ansagen. *Melissa Galts* Slogan ist zum Beispiel: „*Exclusive Clients, Extreme Income, Extraordinary Life*".

Viele Trends im Online-Marketing und der Expertenvermarktung schwappen direkt aus den USA in andere Länder. Immer wieder sieht man Clones von dort praktizierten Methoden im Netz wie auch auf der Bühne. Wir machen Ihnen Mut zur eigenen Meinung und zum eigenen Stil – und auch dazu, sich die Amis anzusehen, ohne ihnen zu verfallen. Wir gönnen uns hin und wieder ein teures Seminar bei US-Stars, um zu lernen. Aber: Stil ist Geschmackssache – Werte sind es nicht!

Good old America

Kritische Reflektion in zwei Richtungen

Wer sich den US-Markt ansieht, muss in zwei Richtungen kritisch sein:
A) Was machen die Amerikaner richtig? – B) Was machen wir in Europa richtig?

- Pro US-Experten-Markt – wir sollten lockerer werden

Wir haben Respekt vor der Professionalität und Lockerheit der US-Experten. Sie verstehen es, bei Menschen hohe Energie zu erzeugen. Das ist erfrischend anders als der bisher oft langweilige euroakademische Stil. Hier können sich viele „Lehrer" eine Scheibe abschneiden. Begeisterung als Grundhaltung beim Lernen, persönliche Erfahrungen, die unter die Haut gehen, das wäre doch mal etwas.

- Contra US-Experten-Markt – wir sollten nach den Werten fragen

Ein Problem, das wir bei US-Stars sehen, ist die Richtung, für die die Bühnen-Energie genutzt wird. Nicht jeder, der auf US-Bühnen spricht, hat Werte, die wir unterschreiben. So redete auch Donald Trump auf Success-Bühnen und versuchte u.a. mit seiner *„Trump University"* Millionen zu machen. Die Qualität der Kurse, für die Studenten bis zu 35.000 $ bezahlten, war so schlecht, dass ab 2013 die New Yorker Generalstaatsanwaltschaft wegen Betrugs ermittelte und Trump, um Anklage zu vermeiden, 25 Mio $ Vergleich (*Settlement Agreement*) bezahlte.

Neurolinguistisches Programmieren (NLP)

Viele US-Stars nutzen *Neurolinguistisches Programmieren.* NLP ist eine Sammlung von Methoden, die Verhaltensänderungen auslösen sollen. Es gibt darunter Ansätze, die wir als praktisch empfinden, wir sehen NLP aber nicht als eindeutige Wissensquelle. Ähnlich wie bei der Psychoanalyse kommt es sehr stark darauf an, wer es mit welchem fachlichen Unterbau (und welcher Motivation) praktiziert. *„Neuro"* ist bestimmt wichtig, Wirklichkeit ist aber mehr als *„Gehirntechnik"*.

Gibt es in den USA nur Motivations-Trainer?

Natürlich nicht. Es gibt eine breite Szene von Experten aller Art. Bereits erwähnt haben wir TED. Getragen von der Stiftung von Chris Anderson (*The Sapling Foundation*). Die *TED Conference* ist weltweit eines der erfolgreichsten Wissens-Vermittlungs-Bühnenformate und setzt auf die Faszination von gut vorgetragenem Wissen (das *E* bei *TED* steht für *Entertainement*). Ursprünglich ging es um Technik rund um Start-ups, heute ist es eine breite Wissensbewegung. *ted.com*

R P

Eugen Simon – von einem Storyteller, der am Ende fast zu viel gab

Eugen Simon begann 2005 mit *Gedankendoping*, einem Programm für Persönlichkeitsentwicklung, das von seiner Stärke als Redner lebte, brachte es zum Erfolg und stellte dieses 2017 wieder ein.

Was ist die Geschichte dahinter?

Von Haus aus Sportkorrespondent, nutzte er 2000 die Olympiade, um als Auslandskorrespondent mit seiner Familie nach Australien auszuwandern. Als ein Sender seine Zusage nicht einhielt, orientierte er sich neu, las viel, ließ sich coachen und lernte in dieser Zeit auch *Chris Howard*, einen erfolgreichen NLP-Trainer, kennen. Aus einem Change wurde Passion. Chris Howard wurde sein Mentor und Eugen Simon entdeckte für sich ab 2003 die Welt des *Self-Developments*. Als Korrespondent hatte er keine Scheu vor Publikum und arbeitete zunächst für Chris Howard in Australien. Die kantige, humorvolle Art von Eugen Simon kam gut an.

Dann der Gedanke: Warum nicht ein eigenes Programm in Deutschland aufbauen? 2005 schrieb er zum Test das E-Book *Gedankendoping* und stellte es kostenlos ins Netz. Das Buch kam viral gut an und er begann mit eigenen Motivations-CDs, von denen er im Laufe der nächsten Jahre 29 Titel produzierte. All das steuerte er über das Internet aus Australien für deutsches Publikum. Seine Bekanntheit wuchs, so dass er 2008 zum ersten Mal mit einer eigenen Seminar-Tour nach Deutschland kam. Eugen Simon über diese Zeit:

„Mit der Seminarserie sind wir schnell groß geworden. Ab dann war das Programm mein Lebensinhalt. Gedankendoping war wie ein eigenes Kind, das ich sehr intensiv gelebt habe. 7 Tagen in der Woche, 5 Jahre lief es quasi Non-Stop. 2012 war das letzte große Jahr und der Höhepunkt. Ab 2013 habe ich es zurückgefahren."

... eine Stärke von Eugen Simon.

Das Sprungbrett-Seminar

Sein Buch und seine CDs hätten alleine für den Erfolg nicht gereicht. Der Durchbruch gelang ihm mit seinem *Sprungbrett-Seminar*, einer Idee, die er von Chris Howard übernommen hatte: ein ganzes Wochenende zum symbolischen Preis von einem Euro. Über 40.000 Teilnehmer besuchten das Seminar und viele buchten im Anschluss die Folgeseminare. Am Ende reichte die Produkt-Treppe® von *Gedankendoping* von der einfachen CD bis zum Komplett-Programm für über 20.000 Euro:

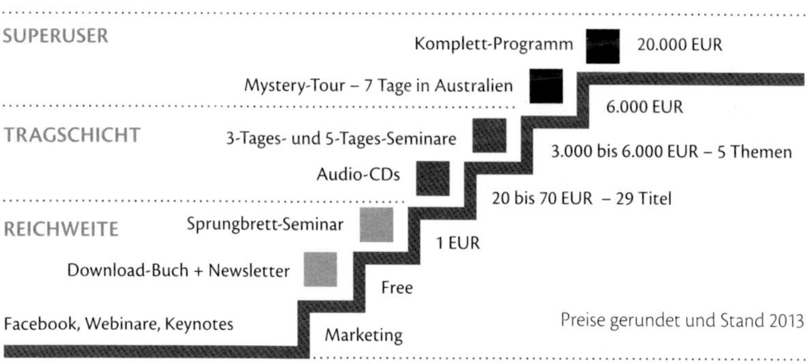

Warum hörte Eugen Simon Gedankendoping auf?

2012 übernahm sich Eugen Simon auf seiner Deutschland-Tour. 29 Tage war er ohne Pausen in Ganztagesseminaren. Zum Teil fuhr er noch am Abend in die nächste Stadt, um dort am Folgetag morgens das nächste Wochenseminar zu starten. Das brachte ihn an den Rand eines Burnout. Dazu kam eine zunehmende Distanz zu dem Gebaren anderer Public Speaker. Ab 2013 ließ er das Programm langsam auslaufen und führte 2017 seine siebte und letzte *Mystery-Tour* in Australien durch. Damit ging er mit 60 Jahren in seine Ruhephase und lebt heute in Sydney und Berlin.

P

Die Programm-Anbieter

Ein ***Programm*** ist eine Abfolge von Lerninhalten, die andere befähigen, ein Ziel zu erreichen. Das ist mehr als ein einzelner Impuls, eine Keynote oder ein Video. Ein Programm ist strukturiert und hat einen Lehrplan. Minimalistisch wäre es ein einzelner Kurs, meist hat ein Programm aber eine Reihe von Büchern, Kursen oder Materialien. Oft erfolgt die Auslieferung des Programms unten auf der Treppe rein medial, weiter oben steigt der Präsenzanteil (*blended learning* bis *reines Seminar*).

Wir unterscheiden:

- *Plattformexperten* liefern Lektionen via Online-Zugang
- *Materialexperten* liefern Material einzeln als Print oder Download

Beispieltreppe eines Plattform-Experten

Das Marketing führt direkt in einen ersten Online-Kurs mit Login.

Was wäre ein starker, erster Online-Kurs für Sie? Haben Sie Inhalte, die über Videos vermittelt werden können? Kann man Ihr Thema in drei oder vier Kurse aufteilen?

Erfolgsfaktoren

- Gute Lehrvideos
- Schneller Einstieg
- Gutes Preismodell

Vorsicht Falle

Zu viel Zeit in einzelne Filme zu investieren, die nach kurzer Zeit nicht mehr aktuell sind.

Klein, mittel, groß

- HowToDo-Kurs 1 Task 50 bis 150 €
- Anspruchsvolle Anwendung 150 bis 350 €
- Blended Learning mit Tiefgang ab 1.000 €

Kurs / Membership

Ein Kurs wird einmal bezahlt und dann durchlaufen. Häufig danach Life Time Access. Ein Membership-Abo gewährt Zugang zu einer Intrazone mit diversen Videos und Materialien.

Programm-Experten

Shayna Oliveira	Englisch lernen für Normalmenschen	*espressoenglish*	Plattform
Anna & Eddy	How to make Altersvorsorge suck less	*Lazy Investors*	Plattform
Sylvia Zenz	Spektakuläre Motivtorten gestalten	*Motivtorten-schule*	Plattform
David Allen	Stressfrei produktiv sein	*Getting Things Done*	Material

Kursexperten starten häufig mit einem zentralen, starken Kurs. Beispiele dafür in diesem Buch sind *Joseph Michael* mit *Learning Scrivener Fast* und *Anna & Eddy* mit *Lazy Investors*. Ein komplettes, entfaltetes Programm ist mehr. Aber wie präsentieren Sie dies? Nur via Login über eine Plattform? Oder zeigen Sie alle Materialien einzeln, offen in einem Shop. So macht dies *David Allen*. Für beide Vorgehensweisen gibt es Argumente.

Beispieltreppe eines Material-Experten

Zunächst wird der Ansatz des Programms vermittelt (Framework). Dann mehr.

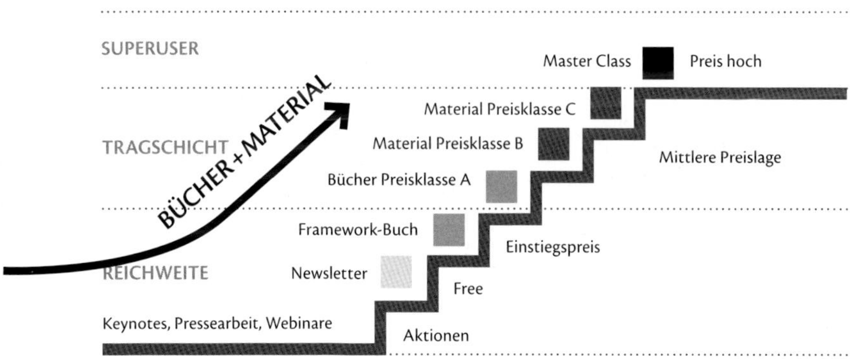

Können Ihre Materialien aufeinander aufbauen, so dass ein Interessent sich in Ihrem Thema von Stufe nach Stufe vorarbeiten kann? Welche Material-Levels gibt es?

Erfolgsfaktoren

- Gutes Material
- Papier zur Arbeit am Lieblingsort
- Qualität des Materials (Tiefgang)

Vorsicht Falle

Aktualisierungen sind schwerer als auf Online-Plattformen. Frühere Kunden haben das alte Material in der Hand.

Materialen

- Sind nicht nur Bücher
- Alles, was Download / Print funktioniert
- Checklisten, Arbeitsbücher, Anleitungen

Wann Print, wann Video?

Print-Materialien eignen sich besser zur ruhigen Arbeit an einem ruhigen Ort. Videos sind „fauler“, sie ziehen einen durch.

David Allen – der US-Altmeister für Ordnung im Kopf

2001 erscheint sein Buch *Getting Things Done: Five simple steps that apply order to chaos*. In diesem stellt *David Allen* ein System vor, wie man ein Problem löst, das jeden produktiven Menschen quält: Wie kann man entscheiden, was gerade relevant ist und was nicht? Es wird ein Bestseller. 17 Jahre später ist aus dem gtd®-***Framework*** eine internationale Trainings-Organisation mit Partnern in über 60 Ländern und vielen Materialien geworden. Hier ist die Produkt-Treppe® in der vollen Entfaltung zu sehen. Die letzte Stufe der Expansion gab David Allen aus der Hand. Er selbst lebt seit 2014 mit seiner Frau in Amsterdam. Warum, dazu mehr in Kapitel 9.

Produkt-Treppe® von *Getting Things Done*®

Bis 2017 gab es noch physikalische gtd-Produkte, wie Wallets, Mappen etc. Heute sind im Shop nur rein digitale Produkte zu finden. Die Bücher sind an Verlage ausgelagert.

Biografie + 3 Phasen der Entwicklung

- Patchwork-Biografie, Selbstlerner
- gtd® entsteht in Firmen-Seminaren
- 1996 Start der eigenen Trainings-Firma als Solopreneur-Paar im eigenen Home-Office in Ojai, Kalifornien, dann Buch geschrieben.
- Wachstum bis ca. 2007 auf über 30 Mitarbeiter im Team + externes Büro.
- Dann Übergabe der Organisation an andere. Ausbau zur weltweiten Franchise-Firma.

Reichweite David Allen

- 1. Buch 1,6 Mio verkauft
- Twitter 1,1 Mio+
- Facebook 80 TSD+

Hauptkomponenten

- Website – *WordPress*
- Shop – *volusion*
- Membership – *unbekannt*
- Mail – *MailChimp*

* Update des ersten Buches ***Getting Things Done*** erfolge 2015. Informationen Stand Mai 2018

PROGRAMM Warum kompliziert, wenn es einfach geht?

Shayna Oliveira – aus Brasilien einfaches Englisch unterrichten

Shayna Oliveira, ursprünglich aus den USA, heiratete einen Brasilianer und lebt seitdem in Brasilien. Sie unterrichtete dort Englisch, lernte selbst Portugiesisch und empfand es sehr schwer, die letzten Feinheiten der portugiesischen Sprache zu meistern. *„Ich liebe es, Englisch zu unterrichten, weil ich weiß, dass es das eigene Leben verändert, wenn man in einer anderen Sprache wirklich fließend sprechen kann."* Daher entwickelte sie ein Online-Programm, das sich darauf konzentriert, einfach und schnell fließend „normales Englisch" zu lernen. Dieses niedrigschwellige Programm traf den Bedarf all derer, die keine *„Cambridge-Kurse"* belegen wollten.

Produkt-Treppe® von *espresso english*

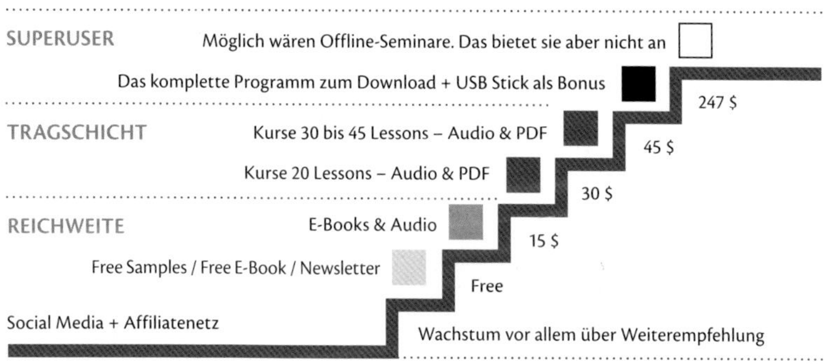

espressoenglish.net

Chronik eines Bilderbuch-Starts

- *espressoenglish.net* ging am 1. Januar 2012 online
- Dez 2012 hatten bereits 150.000 Besucher aus 200 Ländern ihre Seite besucht
- 2013 entwickelte sie mehr Struktur
- 2014 zog die Seite weiter an und die Umsätze wuchsen stark
- 2014 kündigte sie ihren klassischen Job und ist seitdem local independent
- 2015 stand ihr Expert-Business und sie wusste, dass sie davon leben kann

Als wir 2015 mit Shayna Oliveira sprachen, hatte sie einen Online-Verteiler mit 50.000 Empfängern. Eine Zahl, von der viele Experten nur träumen. 2018 beim Erscheinen dieses Buches waren es bereits 80.000. Das spricht für sich.

Informationen Stand Juni 2018

EXKURS

Welches Kursdesign ist für Sie richtig?

Einzügiger stehender Onlinekurs – für eine Person

Weit verbreitet sind stehende einzelne Onlinekurse. Vorteil: Sie brauchen keine Gruppe, müssen keine Termine koordinieren, können gut automatisieren *(Evergreen)* und über eine Plattform wie *teachable* starten.

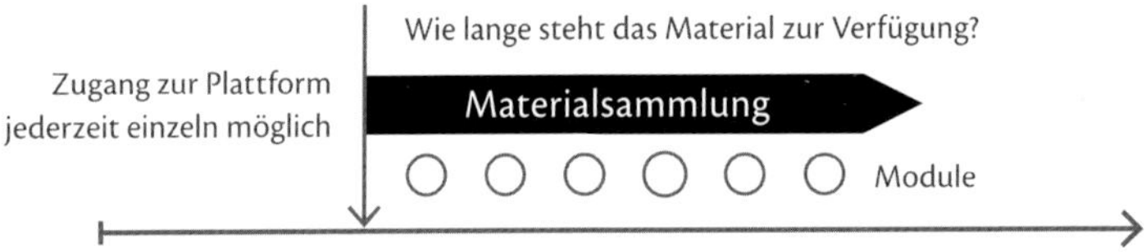

Der Kurs kann jederzeit begonnen werden. Keine Interaktion mit dem Experten.

Blended Learning Kurs – für eine Gruppe

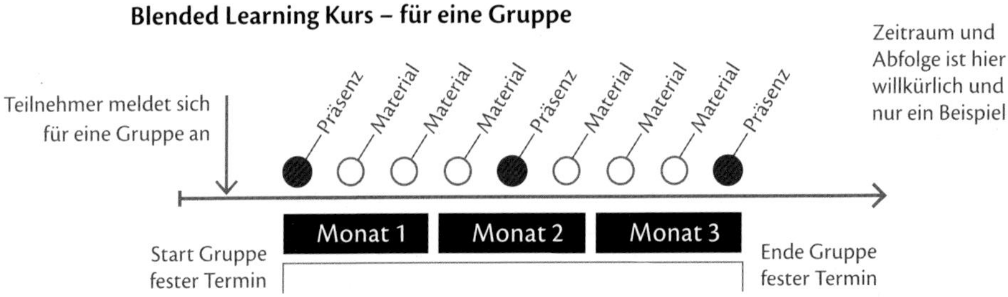

Die Gruppe startet zusammen. Es gibt eine feste Laufzeit. Es wechseln Eigenarbeits-Einheiten mit Präsenz-Impulsen, wie zum Beispiel: *Telefonkonferenz, Skype Call, Webinar mit Fragen, Live-Chat, Präsenz-Seminar.* Um es sportlicher zu gestalten, kann der Kurs als Challenge angelegt werden: Sie geben ein zu erreichendes Ziel vor.

Blended Learning

Blend = Mischung. Wechsel aus E-Learning und Präsenzphase.

Welche Rolle spielen Sie als Lehrer im Kurs? In reinen Online-Kursen erhält der Schüler seinen Kurs, hat aber keine Interaktion mit dem Lehrer. Hin und wieder gibt es die Möglichkeit Rückfragen per Mail zu stellen, das ist aber eher Support. Halten Online-Lernende aber durch? Sind sie so diszipliniert, den Stoff wirklich durchzuarbeiten? Erfahrungen zeigen, dass die Erfolgsquote stark ansteigt, wenn der Experte an einigen Stellen persönlich interveniert und begleitet.

Die Quadratur des Kreises

Je mehr Sinne angesprochen werden, um so hochwertiger ist eine Lernumgebung. Allerdings wächst auch der Aufwand. Versuchen Sie einen eigenen Kursaufbau, der möglichst viel selbstgesteuerte Eigenarbeit ermöglicht, trotzdem aber ein Geländer gibt, das motiviert und idealerweise ein Gruppenerlebnis enthält. Bei Feedback müssen Sie aufpassen: Je mehr Sie als Experte Feedback geben, um so eher rutschen Sie in die klassische Rolle des Coaches. Fragen Sie sich: Wie können Sie hochwertiges Feedback mit geringem Zeiteinsatz geben, ohne feste Termine machen zu müssen?

Grundarten des Lernens

	Teilnehmende	Rolle Experte	Modus	Formate
			online gut darstellbar	
A	Aufnehmen *Infos*	Autor Redner Lehrer	Einführen, erklären, demonstrieren, zeigen, vermitteln, inspirieren	Text, Vortrag, Bilder, Video, Audio, Slideshow, Infografiken
B	Erarbeiten *Ergebnisse*	Aufgabensteller Moderator	Aufgaben stellen, in den Prozess bringen, Ergebnisse sammeln	Arbeitsblatt, Notizbuch, Workbook, Formulare, Software, Baukästen
			online mit höherem Aufwand darstellbar	
C	Üben *Anwendung*	Trainer Prüfer	Anleiten, herausfordern, korrigieren	Checklisten, Lernkarten, Demo-Videos, Abfragen Training, Quiz, Test
			online schwer darstellbar	
D	Selbst entdecken *Erlebnis*	Leader, Spielleiter Camp- / Reiseleiter Gastgeber	Umgebung stellen, in Erfahrung führen, Beispiel geben	Spiel, Suchfeld, Exkursion, Reise, Gruppenarbeit, Adventure, Challenge

Von A nach D wächst die Eigenaktivität des Lernenden, aber auch der Zeitaufwand. B, C, D ohne A ist oft verlorene Zeit, da die Teilnehmer noch nicht fit genug sind. Von daher ist guter Frontalunterricht nach wie vor aktuell und wichtig.

Audio, Papier oder Bildschirm?

Je mehr Medien Sie mischen, um so mehr Technik braucht der Anwender. Wie viel oder wie wenig ist für das Lernziel Ihrer Kunden optimal? Wie lernen Ihre Teilnehmenden? Als Hörkurs, vor dem Bildschirm oder am Tisch mit Papier? Ein reiner Hörkurs ist z.B. optimal, um ihn unterwegs zu hören, Arbeitsblätter würden hier stören. Wenn Sie zeigen wollen, wie eine Excel-Tabelle funktioniert, ist ein Audio dagegen zu wenig. Die Quadratur des Kreises bedeutet hier: Nicht die Menge des Materials erzeugt den Erfolg, sondern das richtige Material.

C

Die Community-Builder

Die bisher genannten Experten sprechen vor allem einzelne Personen an. Community-Builder arbeiten anders. Sie bringen eine Gruppe zusammen und in den Austausch. Internet-Communities ermöglichen Lifestyle- und Fachgruppen unabhängig vom Wohnort. Hier z.B. vier junge Communities mit der Kombi *Lifestyle + Selbstständigkeit* (es gehen natürlich auch viele andere Themen. Vom Hobby bis zum „harten Fachthema"):

Feli & Marcus	DNX – Digitale Nomaden Community	*dnxfestival.de*
Christian Häfner	Community für Entrepreneure	*letsseewhatworks.com*
Esther Eisenhardt	Community für Mütter & Selbstständigkeit	*mompreneurs.de*
Bernadotte Noll	Kleine entschleunigte *families* (tribes) bauen	*slowfamilyliving.com*

Mögliche Produkt-Treppe® einer Themen-Community

Offener – geschlossener – bezahlter Austausch

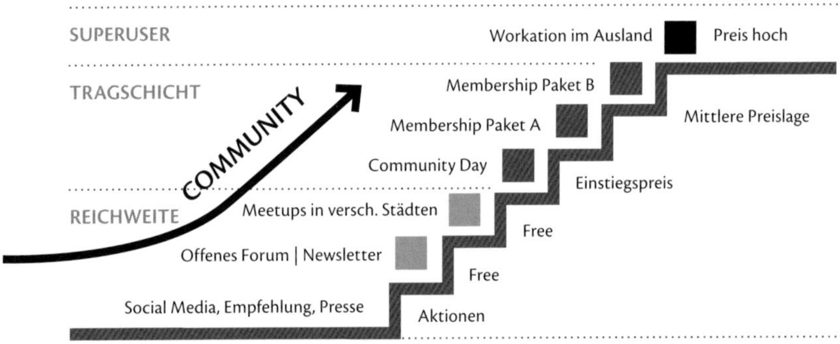

Wo sammelt sich die Community? Wie tauscht sie aus? Ist der Zutritt zur Gruppe kostenlos oder bereits mit einem Abo-Modell verbunden?

Erfolgsfaktoren

- Starke gemeinsame Werte
- Austauschfreudige Mitglieder
- Gute Moderation + Impulse

Vorsicht Falle

Wollen Sie eine Gruppe zu stark über Werte aufladen (*Veganer contra Vegetarier*) geraten Sie in Glaubenskriege. Was kann verbinden ohne diese Schlachten?

Worauf basiert die Community?

- ein gleiches Fachwissen
- eine gleiche Weltanschauung
- ein gleicher Lifestyle
- ein gleicher Geschmack
- ein gleiches Schicksal
- ein gleiches Ziel

Meist gibt es einen zentralen Verbindungspunkt (*fahre eine Harley Davidson*), darum herum aber ein Feld mit weiteren Attributen.

Community und Geschäftsmodell

Wie bei den *Media-Sendern* stellt sich bei den *Community-Buildern* die Frage nach dem Geschäftsmodell. Eine Community allein verdient kein Geld. *Craftster* (*siehe nächste Seite*) hatte kein wirkliches Geschäftsmodell. Auch heute sammeln „Influencer" (*wie Christian Häfner*) oft erst einmal eine Gruppe und sehen dann, was passiert. Die DNX dagegen hatte von Anfang an eine starke Konferenz mit Ticketverkauf als zentralen Einkommens-Motor. Bei einer Community ist es also oft wie mit dem Huhn und dem Ei. Was muss zuerst da sein, damit es rundläuft?

Eine Internetgruppe ist nicht sofort eine Community

Es gibt auf *XING, LinkedIn, Facebook* etc. Tausende offene und geschlossene Gruppen. Viele dieser Foren und Fachgruppen sind gefüllt mit Posts zu allen möglichen Themen. Viele lesen mit, wenige posten. Warum sollte Ihre Gruppe etwas anderes sein? Größe ist nicht immer die Antwort (siehe unten). Was begründet Ihre Community? Warum sollte man sich einbringen? Beispiel: Fitness-Community, bei der man über eine App an Challenges teilnehmen kann.

Create your own Tribe

„Create your own Tribe" ist ein Schlagwort für alle, die mehr als eine Fachgruppe schaffen wollen. Wie wäre es, wenn man *„seinen Stamm"* selbst definiert? Dann definieren Sie die Kriterien. Hier zwei gegensätzliche Arten eines *Tribe-Denkens*:

- Think Big – Beschleunigung

Die Online-Marketer denken einen Tribe groß: Designen Sie eine ideale Gruppe, mit der Sie zusammenarbeiten wollen. Suchen Sie nach den verbindenden Werten oder Elementen. Schreiben Sie ein Manifest oder schaffen Sie ein identitätsstiftendes Event – ab dann bauen Sie Ihren Tribe groß auf und nähren ihn.

- Think Small – Entschleunigung

Bernadotte Noll von *slowfamilyliving.com* rät zu einem anderen Tribe-Muster. Ihr Ansatz: Jede kleine Gruppe kann „Familie" sein. Ihr Rat: *„Start small and stay small"*. Sie begründet dies damit, dass die Gruppe sonst keine echte Familie wird. Hier wird Tribe eher wie der Boden gedacht, auf dem man selbst steht. Dies ist weniger ein Geschäftsmodell, bringt aber Kraft und eine geistige Heimat. *Slow Family (Slow Tribe)* entschleunigt und steht in der Nähe von *Slow Food®*.

DNX – die Geburt einer internationalen Community

Das war so viel krasse Energie, dass wir das Funkhaus am Samstag und das betahaus am Sonntag so richtig abgerissen haben inklusive Stromausfall :)

Aus dem Newsletter über die DNX 2017

dnx.net

C Als wir 2013 zum ersten Mal über *Felicitas (kurz Feli) Hargarten* und *Marcus Meurer* schrieben, wussten die beiden noch nicht, dass sie die Gallionsfiguren einer internationalen Community werden würden. Sie reisten als Solopreneur-Paar um die Welt, der Reiseblog *Travelicia* und Freelance-Jobs sorgten für erste Einnahmen. Noch hatten die beiden ihren Wohnsitz in Berlin und so beschlossen sie, dort 2014 eine Konferenz über *„Digitales Nomadentum"* anzubieten. Über das, was dann passierte, staunen die beide bis heute: Die Tickets wurden ihnen aus der Hand gerissen, in nur fünf Jahren wurden sie zu Katalysatoren einer Bewegung. 2018 erreichte die quicklebendige *DNX-Community* ungefähr 10.000 Personen in drei Sprachen (*deutsch, englisch, spanisch*). Ende nicht abzusehen.

Jahr	Deutsche Events		International		Camps	Weitere Services
2014	DNX Berlin 2014	250				
2014	DNX Berlin 2014	350				
2015	DNX Berlin 2015	450	DNX Global Berlin	500	1	Toolbox
2016	DNX Berlin 2016	550	DNX Bankog	350	2	Jobbörse
2017	DNX Berlin 2017	700	DNX Lissabon	450	3	
2018	DNX Festival Berlin	1.100	DNX Festival Lissabon	*	*	Academy

Spalte 3 + 5 = Teilnehmer. Spalte 6 = Anzahl der Camps. * = zur Drucklegung noch nicht bekannt.

DNX-COMMUNITY | Tragschicht mit Erlebnis-Formaten

Zunächst war die *DNX-Berlin* ein Event. Mit dem Erfolg und den Reisen von Feli & Marcus wuchs ihr Netzwerk und die Anzahl der Events. 2018 wurden die Konferenz-Formate in *„Festivals“* umgetauft. Die *DNX-Island* oben auf der Produkt-Treppe® ist ein Traum der beiden. Aber nicht nur: Ein Grundstück in Brasilien ist schon in Sicht ...

Als wir im Mai 2018 mit beiden sprachen, waren sie von der Menge der Websites genervt. Weil es beim Start keine freie 3-Letter-Domain mit „DNX“ gab, waren sie ausgewichen. So wuchs zunächst ein ganzer Wald von Landing-Pages. Kurz darauf kauften sie die *dnx.net* und werden unter dieser Domain alles auf einer zentralen Seite zusammenführen. Ihre Produkt-Treppe® bleibt davon aber unberührt.

Informationen Stand Juni 2018.

Kurs / Membership / Community

Wann wird aus Einzelnen eine Gruppe?

Kurs für Einzelne oder Gruppe

Einzel-Kurs	Einmalzahlung	Kurseinheiten	Interaktion nur im Kurs

Einen „normalen" Kurs durchläuft man (meist in Eigenregie) allein und geht dann wieder „raus". Gezahlt wird einmalig. Es kann Interaktion mit dem Experten und untereinander geben (*blended learning*), deswegen begründet dies aber noch keine Community. Im Fokus steht der Einzelne, der für seinen Bedarf lernt. Ist der Kurs ein Gruppenerlebnis (*Challenge* o.ä.) kann das die Keimzelle für weitere Beziehung sein.

Membership als Vorstufe für einen Erfahrungsclub

Intrazone	Subscription	Materialien	Interaktion als Member

Auch ein Membership-Modell kann schlicht Einzel-Lernbedarf decken. Bezahlt wird eine Monats- oder Jahresgebühr (oft auch *Abomodell* oder *Subscription* genannt). Während der Mitgliedschaft kann auf die Inhalte zugegriffen werden. Systeme wie *Optimize Press* ermöglichen, Inhalte zeitgeschaltet freizugeben. Eine Mitgliedschaft hat per se einen „Clubcharakter" und kann in eine Community übergehen, wenn die Mitglieder als Gruppe angesprochen werden. Das beginnt spätestens, wenn die Mitglieder ermutigt werden, sich zu treffen und auszutauschen.

Community als Gruppe mit verbindenden Werten oder Zielen

Netzwerk	Frei verbunden	Vielfältige Angebote	Austausch & Eigendynamik

Eine Community entsteht, wenn eine Gruppe ein gemeinsames Ziel und eine gemeinsame Identität hat (oft auch *Tribe* genannt). Dies kann ein Lernziel sein (ein Campus ist eine zeitlich begrenzte Studiengemeinschaft) oder ein gemeinsamer Lifestyle (Veganes Essen). Hochwertige Communities bilden gemeinsame Werte ab und führen in Werte ein. *Online-Communities* tauschen rein virtuell aus. Wir sehen aber die Tendenz, dass Smarte Experten andere auch real zusammenbringen und zur Aktivität ermutigen. Oft gibt es daher eine Reihe von Events.

Craftster.org – Online Crafting Community

No Tea Cozies without irony

Als sich in den USA das Phänomen der DIY-Bewegung ausbreitete, war eine dieser Crafter-Frauen *Leah Kramer*. Früh von Handarbeit fasziniert, entwickelte sie einen sehr eigenwilligen Geschmack: Es zog sie hin zu irrelevanten, ironischen, kitschigen und clever gemachten Eco-Stücken. Sie baute sich einen eigenen Laden in Boston auf (*Magpie*), gefüllt mit Indie Crafts und organisierte in der Stadt den *Bazaar Bizarre*. Dabei fiel ihr auf, dass es zwischen den einzelnen Indie-Craft-Fairs keinen großen Austausch gab. Da sie selbst auch etwas programmierte, überlegte sie, wie sie das ändern könnte und stellte August 2003 die Seite *Craftster* ins Netz.

Die Vorliebe fürs Schräge blieb, wie der Slogan *„Kein Teekannenwärmer ohne Ironie"* oder die Kategorie *„Anti-Valentine's Day Handarbeiten"* zeigten. Viele der gezeigten Stücke kombinierten alte Techniken (*Nähen, Stricken, Häckeln*) mit modernen Motiven (*Logo einer Rockband etc.*). Alle gezeigten Stücke wurden von Membern eingestellt und konnten von anderen kommentiert und mit neuen Anregungen versehen werden.

- 2003 startete sie
- 2006 hatte sie bereits 60.000 registrierte Member
- 2009 wird *Craftster* von *Internet Brands* aufgekauft
- Heute hat die Community über 190.000 Mitglieder

Craftster.org

Hauptfunktion

- Präsentation von eigenen Arbeiten
- Austausch zwischen Membern
- Tutorials, Boards, Foren

Stolz auf das eigene Werk

Menschen wollen zeigen, was sie tun. Sie freuen sich, wenn etwas gelungen ist. Neue Tipps und Anregungen – all das führt zu hohen Zugriffszahlen.

Ohne Geschäftskonzept erfolgreich

Craftsters hatte kein ausgefeiltes Geschäftskonzept. Aber die eigenen Produkte von Leah Kramer verkauften sich plötzlich um ein Vielfaches, weil sie bekannt wurde. Leah Kramer ist nach dem Exit 2009 nicht mehr für *Craftster* aktiv und hat auch ihren Laden in neue Hände gegeben. Heute verdient die Seite über Werbung, und vermutlich wird der Investor irgendwann relaunchen. Trotz alter Technik hat die Seite 1 Mio Unique Visitors und über 7 Mio Pageviews (pro Monat).

Informationen Stand August 2017. DIY = Do it Yourself = Handarbeit / Selbst machen.

Was für ein Experte sind Sie?

Sie kennen nun die 5 *Experten-Typen*. Die 5 Typen helfen, das eigene Modell gezielter aufzubauen. Viele Anfänger starten einfach einen Podcast oder schreiben ein E-Book. Eine einzelne Maßnahme OHNE eine Idee, wie die gesamte Produkt-Treppe® aussieht, steht aber meist auf schwachen Füßen. Wir raten dazu, bei jedem neuen Kanal oder Produkt vorher zu fragen, wohin die Reise geht.

Wie entscheiden Sie aber nun, was für ein Smarter Experte Sie sind?

Das hängt von drei wesentlichen Faktoren ab:

- Was Sie bereits sind — *Wo haben Sie Erfahrung + Netzwerk?*
- Was Sie sein wollen — *Was wünschen Sie sich?*
- Was Sie sein können — *Ihre Möglichkeiten (Potenzial)*

Wenn Sie Ihre Erfahrungen, Wünsche und Potenziale smart zusammenbringen, sind Sie ein glücklicher Smarter Experte ☺. Treffen Sie daher Ihre Wahl strategisch, nicht allein aus dem Bauch – und nicht sofort.

- Lesen Sie noch Schritt 5 = *Ihr Marken-Typ*
- Lesen Sie noch Schritt 6 = *Die Experten-Produkt-Treppe®*

Bis dahin gilt:

Gehen Sie mit offenen Augen durch Ihr Leben

- Was tun Sie bereits? – Was tun andere um Sie herum?
- Worauf hätten Sie Lust? Welcher Typ passt zu Ihrem Wunschleben?
- In welchem Typ trauen Sie sich Kontinuität zu?
- Zu welchem Experten-Typ passt Ihr Thema?
- Welche Technik würden Sie gerne neu lernen, kennen Sie bereits?

Oder stellen Sie sich die Frage direkt: Was sind Sie eigentlich?

Ein Autor? Ein Sender? Ein Redner? Ein guter Didakt (*Programm*)? Ein Leader (*Community*)? – Trauen Sie sich, Ihre Rolle zu finden!

Seinen Typ zu kennen, macht Sie sicherer

Lernen Sie, Muster zu sehen

- Schauen Sie durch plakative Begriffe wie „Blogger" hindurch
- Was steckt wirklich für ein Geschäftskonzept dahinter?
- Die 5 Experten-Typen zeigen Ihnen 5 grundlegende Systeme

Können Sie Typen mischen?

- Ja. Jeder Experte hat seinen eigenen individuellen Angebots-Mix
- Häufig wächst später ein Gesamt-Programm um einen Kern
- Auch *Maker-*, *Händler-*, *Service-* und *Erblebnis*-Angebote können dazu
- ABER: Überschätzen Sie sich nicht. Zu viele Typen = Bauchladen

Unser Rat, wie Sie vorgehen

- Was ist Ihre zentrale Stärke (*Buch, Sender, Rede, Kurse, Community*)?
- Was werden die Produkte in der Tragschicht, was darüber sein?
- Haben Sie den Mut, Ihren Experten-Typ festzulegen
- Ab dann nicht wild umherschwanken, sondern sich konzentrieren

Sie sind mit diesem Schritt fertig, wenn Sie dies beantworten können:

Ich sehe mich vor allem als Ihr Haupt-Experten-Typ

vielleicht mit einem Einschlag zur/m Ihr zweiter Typ

04 FERTIG

Zeit für Pause und Notizen

do care!®

Mein Logo „do care!“ ist inzwischen über meine mehr als 100 Materialien weit verbreitet und es hat einen perfekten Wiedererkennungswert, eben weil es in die Business-Welt nicht passt. Die Botschaft „Hey, das ist simpel, das können Sie auch sofort verstehen“ wirkt attraktiv. Andere Fehlzeiten-Management- und Führungskräfte-Schulungen haben klassischerweise ein anderes Aussehen und kommen weniger charmant rüber.

Erklärung von Anne Katrin Matyssek
zu ihrem Marken-Logo

Schritt 5 – sich richtig positionieren

5 Die 5 Marken-Typen

Experten sind nicht automatisch Personenmarken

Irgendwie hält sich das Gerücht, dass alle Experten Personenmarken sind.
Richtig: Die Personenmarke ist stark und oft eine gute Wahl.
Falsch: Bei weitem nicht alle Smarten Experten sind das!
Wir zeigen, wie Sie die passende Marken-Strategie für sich wählen.

Wie werden Sie eine Marke?

Smarte Experten leben von ihrem Ruf. Denn was nützt ihnen alles Wissen, wenn niemand daran interessiert ist? Doch wie bekommen Sie den Ruf, für etwas die oder der „Richtige" zu sein? Antwort: Durch harte Arbeit und eine konsequente Positionierung. Aber als was positionieren Sie sich? Das ist die Frage nach dem Marken-Typ.

Bei weitem nicht jeder Experte ist eine Marke. Vor allem klassischen Experten fehlt das. Nehmen wir eine klassische Fahrschule, die ***Fahrschule Brandt***. Wenn Sie keine Marke sind, dann sagen die Schüler: *Ich war in der Fahrschule*. Es ist ihnen gleich, wer der Lehrer war, es geht um die Funktion. Würde der Inhaber wechseln und die Fahrschule am nächsten Tag ***Fahrschule Müller*** heißen, macht das für alle keinen Unterschied. Gleiche Autos, gleicher Service, gleiche (normale) Funktion.

Wie werden Sie eine Marke?

Standard-Antwort: *Indem Sie eine Personenmarke werden.* Viele PR-Leitfäden würden jetzt vorschlagen, dass Sie Ihre Person als Marke aufbauen. Es folgen dann häufig interessante Tipps wie: „*Setzen Sie sich einen roten Hut auf*" oder ähnliche Spielereien. In diesem Kapitel werden wir die Frage nach der Marke strategischer betrachten. Eine Marke sattelt nicht auf einem kleinen Effekt auf, sie zieht Ihr gesamtes Marketing.

Zwei wichtige Grundsätze voraus:

- Für eine Marke brauchen Sie Qualität, PR-Spielereien reichen nicht aus.
- Es muss nicht immer eine Personenmarke sein.

Viele Experten sind als Personen bekannt. Im US-Markt promoten viele Bühnenstars wie *Anthony Robbins* bewusst ihren eigenen Namen. Dafür gibt es gute Gründe. Es gibt aber viele andere Smarte Experten, die bewusst nicht ihren eigenen Namen nach vorne stellen. Damit Sie Ihren eigenen Weg finden, zeigen wir Ihnen die grundlegenden fünf ***Marken-Typen***. Welche für Sie richtig ist, entscheidet Ihre Kombination aus:

Ihrer Person – Ihrer Produkt-Treppe® – Ihrem Publikum – Ihren Wünschen

5 die MARKEN TYPEN

Es gibt viele Bücher über Marken-Theorie. Was uns ärgerte: In keinem wurden die zentralen Markenarten sinnvoll gegenübergestellt. Also haben wir dies getan. Daraus entstanden die 5 *Marken-Typen*. Sie sind Grundlage auch in unserem *Marketing-Generator*, gelten also für alle *Solopreneur-Typen*. In dieser Darstellung speziell zugespitzt für Smarte Experten.

Neutrale Marke *Umbrella Brand*[1]	Marke ist bewusst neutral gehalten, um viel darunter packen zu können.	*ffluid* *acrasio* Kunstnamen
Personenmarke *Personal Brand*	• Solomarke = Name des Experten • Teammarke = Name des Teams	*Jörg Löhr* *Lechner und Kollegen*
Produktmarke *Product Brand (Label)*	• Zielt auf das Kernprodukt • Zielt auf Programm / Schule / Akademie	*Learn Scrivener Fast* *Moderatorenwerk*
Themenmarke *Topic Brand*	• Benennt Thema *Keyword* • Benennt Lösungsansatz *Framework*	*Veggie Love* *Lean Startup*
Storymarke *Story Brand*	• Baut eine Geschichte auf • Führt in eine (Sinnes)-Welt ein	*Middle Finger Project* *Off the Path*

Zusammenhang Marke und Name

Eine Marke ist mehr als ein Name.
Im Namen steckt aber fast immer die Genetik Ihres Marken-Typs.

Faustformel: *Name zielt auf Marken-Typ.*

- Eine *Personenmarke* trägt z.B. den Namen der Person.
- Eine *Produktmarke* trägt den Namen des Produktes etc.

1 – Häufig auch Dachmarke genannt, wenn darunter mehrere (Produkt-)Marken versammelt sind.

Was benennen Sie eigentlich?

Viele machen den Denkfehler, dass der Name ihrer ***Firma*** schon der Markenname sei. Entkoppeln Sie Firma und Ihre Marken! Jedes Ihrer Konzepte kann ein eigenständiges *Branding* haben. Das ist übrigens auch ein Grund, warum unser Programm *Smart Business Concepts* (plural) heißt. Viele Smarte Experten arbeiten mit mehr als einer Marke (auch wir).

Rechtsform Siehe auch Kapitel 2

Wir nennen Ihre juristische Firma einmal *exvewa (= Experten-Verwaltung, kein wirklich guter Name...)*. Ob dies eine *GmbH*, eine *GmbH&CoKG* oder ein *Einzelunternehmen* o.ä. ist, spielt keine Rolle. All das nehmen Ihre Kunden nur wahr, wenn diese Ihr Impressum lesen. Es gibt keinen zwingenden Grund, auch Ihre Expertenmarken so zu nennen.

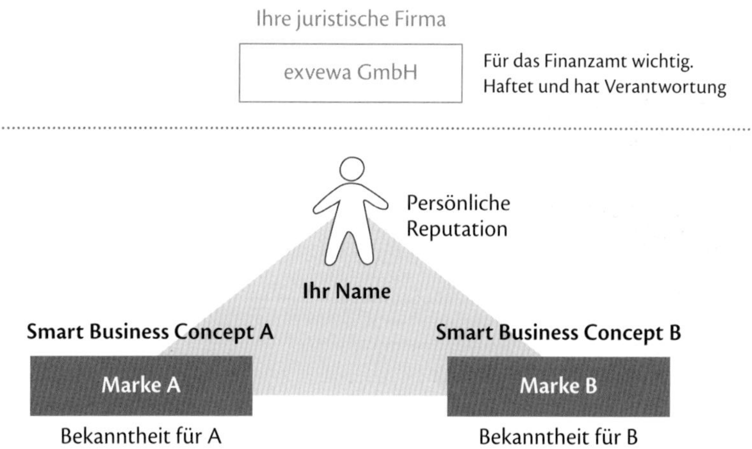

In der Regel werden Sie zu Beginn eine Expertenmarke etablieren. Oft reicht das auch schon. Bei anderen entwickelt sich über die Jahre eine differenzierte Aufstellung. Wenn Sie sich ganz sicher sind, es bleibt bei der einen Marke, können Sie die juristische Firma identisch mit Ihrer Wunschmarke benennen. Ansonsten nehmen Sie eine neutrale oder Ihre Personenmarke und sammeln darunter Ihre gesamten Projekte.

FALLBEISPIEL Joseph Michael – Wachstum eines Solopreneurs

In vier Jahren von der Produkt- zur Personenmarke

Joseph Michael gehört zu den erfolgreichen US-amerikanischen Online-Experten. Sein erstes E-Book war ein totaler Flop. Dann startete er 2013 mit einem Kurs, der in die Autoren-Software *Scrivener* einführt. Vier Jahre später hatte er damit mehr als 1 Mio $ Umsatz gemacht und lag bei einem Monatsumsatz von 40.000 $. Sein Publikum sind Autoren und Publisher.

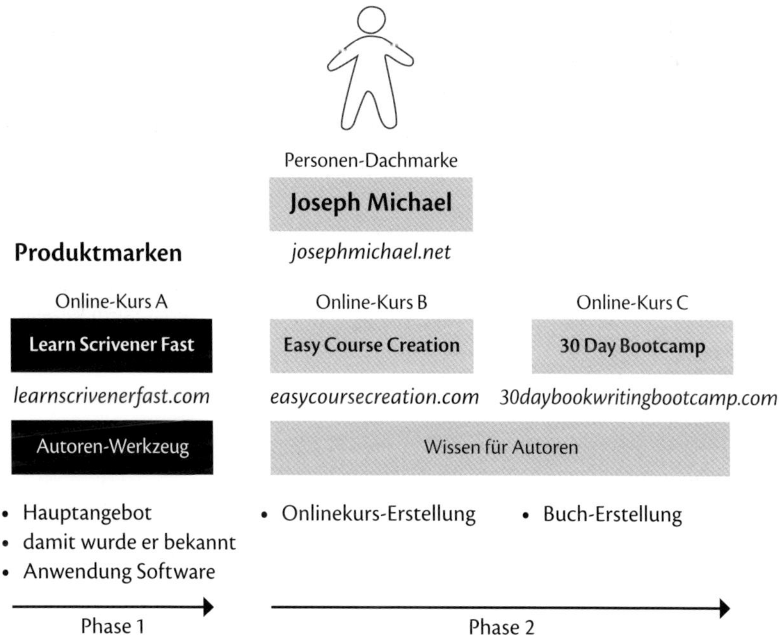

Seine Personenmarke baute sich über das erste Produkt auf

Drei eigenständige Kursangebote haben jeweils eine eigene Landing Page. Diese Seiten funktionieren in sich autark. Gebündelt wird das Angebot durch die Personenseite, auf der Joseph Michael seine Geschichte erzählt. Er ist somit eine Personenmarke mit drei starken Produktmarken, die alle das gleiche Thema haben: *Autoren schnell produktiv zu bekommen (mit dem Ziel erfolgreich zu publizieren).*

Informationen Stand August 2017

1. Neutrale Marken – Dachmarken / Umbrella Brands

Neutrale Marken haben in der Regel Kunstnamen. Viele Start-ups haben künstlich generierte Markennamen wie *asana, Jimdo, zanox*. Sie wollen groß werden und sich alle Optionen offen halten. Kunstnamen sind mit keiner speziellen Deutung hinterlegt. Es ist so auch einfacher, beim Patentamt eine „Wortmarke" einzutragen. Funktioniert dies aber auch bei einem Smarten Experten? Nicht immer. Vorsicht ist angesagt. Fragen Sie sich, warum Sie sich nicht trauen, unter dem eigenen Namen tätig zu sein? Was steckt dahinter? Hier zwei neutrale Experten-Marken als Beispiel:

acrasio	Neutrale Beratungsmarke	*Johannes Deltl*
ffluid	Versuch Beratungsmarke, heute Blogname	*Jörn-Hendrik Ast*

Neutral ist zum Start schwerer

Als *Jörn-Hendrik Ast* sich nach einer Karriere im Bereich IT-Headhunting und Sales selbstständig machte, war sein Thema: *New Work – flexible Formen von kollaborativer Arbeit*. Teams werden in Zukunft flexibler sein, „fluider". Er wollte eine klare starke Marke und entschied sich für *ffluid*. Ein schön gebauter neutraler, kurzer Marken-Name. Heute sagt er:

„Ich wäre besser mit meinem eigenen Namen gestartet. Die Leute kannten mich als Jörn-Hendrik Ast und sie wollten mich persönlich. Ich habe unterschätzt, wie schwer es ist, einen neutralen Namen bekannt zu machen."

Aus diesem Grund stufte er den Namen „ffluid" runter (er blieb als Name des Blogs erhalten = Produktmarke). Er selbst baut in Zukunft auf zwei Haupt-Marken: *joern-hendrik-ast.de* (Personenmarke) und *superhelden-training.de* (Produktmarke, benennt ein Programm).

Wann macht eine neutrale Marke Sinn?

Angenommen Sie verfügen über Kapital und Volumen und sind sich nicht sicher, ob Sie allein bei Expertenangeboten bleiben. Vielleicht später doch noch ein Service oder Lebensmittelprodukte? Sie wollen die ganze Firma mit Wortmarkenrechten verkaufen? Überlegen Sie aber auch dann, ob nicht einer der anderen Markentypen „sprechender" ist.

Johannes Deltl | Welche Spur eine Positionierung im Web hinterlässt

Neutral, Person, Thema – Google weiß das

Johannes Deltl ist anerkannter Experte für Wettbewerbsbeobachtung. Er schrieb u.a. das führende Buch zum Thema bei *Springer Gabler.* Seit Jahren trägt seine Beratungsfirma den Namen *acrasio.* Viele sprechen aber über ihn nur als Person: *Herr Deltl.* 2015 erstellte er deswegen neben seiner Firmenseite eine zusätzliche Landingpage, die ihn als Autor und Redner zeigt und gleichzeitig auf *acrasio* weiterverlinkt: *deltl.de*

Anfang 2018 waren die Treffer für „*Deltl*“ auf Google diese:

Johannes Deltl - ACRASIO Change Management
www.acrasio.com › About us ▾ Diese Seite übersetzen
Johannes **Deltl** is managing director of the consulting firm ACRASIO and a well-known expert on market and competitive intelligence.

Bisherige Seite mit Marke acrasio + Change Management.

Markt + Wettbewerb
www.strategische-wettbewerbsbeobachtung.com/ ▾
Wir unterstützen Sie dabei. Jetzt Neu! Für Markt- und Wettbewerbsexperten. intelligence-trends-2017-**deltl**-acrasio. ACRASIO Intelligence betreut Mittel- und ...

Landing Page zum Keyword Wettbewerbsbeobachtung + Competitive Intelligence

Strategische Wettbewerbsbeobachtung (Competitive Intelligence ...
https://www.amazon.de/Strategische-Wettbewerbsbeobachtung.../dp/3409125736 ▾
Johannes **Deltl** - Strategische Wettbewerbsbeobachtung (Competitive Intelligence) jetzt kaufen. 7 Kundrezensionen und 4.9 Sterne. Betriebswirtschaft ...

Das Buch auf amazon

Home - DELTL
deltl.de/ ▾
Ich bin Geschäftsführer der Unternehmensberatung Acrasio. Wir unterstützen Unternehmen im Besonderen in den Bereichen Change Management und ...

Neue Personenseite als Autor und Redner 2015

Johannes DELTL - Experte für Wachstum (Markt + Wettbewerb) - Xing
https://www.xing.com/profile/Johannes_DELTL ▾
Experte für Wachstum (Markt + Wettbewerb) - Beratung und Consulting
Berufserfahrung, Kontaktdaten, Portfolio und weitere Infos: Erfahren Sie mehr – oder kontaktieren Sie Johannes **DELTL** direkt bei XING.

Seine Person auf XING

Strategische Wettbewerbsbeobachtung - So sind Sie Ihren - Springer
www.springer.com/de/book/9783834927460 ▾
Strategische Wettbewerbsbeobachtung. So sind Sie Ihren Konkurrenten laufend einen Schritt voraus. Mit Fallstudien und Checklisten. Autoren: **Deltl**, Johannes.

Das Buch bei Springer

Beobachtung

Google bildet hier sehr genau die Positionierung rund um *Johannes Deltl* ab: Seine thematisch breiter aufgestellte Beratungsfirma, die *Change Management* und auch *Wettbewerbsbeobachtung* anbietet, die zusätzliche Fokussierung auf das Thema „Strategische Wettbewerbsbeobachtung“ und die Person als Autor und Redner.

2. Personenmarken – Personal Brands

Der einfachste Weg ist es, Ihre Person ernstzunehmen und Ihren eigenen Namen als Marke zu etablieren. Beispiele dafür sind:

Förster & Kreuz	Wirtschaftsthemen, Solopreneurpaar	*foerster-kreuz.com*
Norman Bücher	Extremläufer + Redner	*norman-buecher.de*
Sascha Lobo	Experte für Digitale Zeiten	*saschalobo.com*
Gary Vaynerchuk	Serienentrepreneur + Weinkenner	*garyvaynerchuk.com*
Marit Alke	Online-Kurs-Expertin	*marit-alke.de*

Vorteile: Hier sind Sie die unverwechselbare Persönlichkeit. Ihr Name ist authentisch und stellt Sie als Mensch nach vorne. Viele Menschen trauen einem persönlichen Experten mehr als einer anonymen Marke. Auch können Sie sich weiterentwickeln. Sie sind nicht auf ein Thema fixiert.

Nachteile: Ihre Person ist die Grenze. Sie können Ihr Programm schwer an einen anderen übergeben. Auch Kooperationen fallen oft unter einem neutralen Dach leichter. Sie sammeln zum Beispiel keine Community um eine Personenmarke (es sei denn, Sie wollen einen Guru-Status).

Sie und der Kult der Superstars

Viele Experten, die wir kennen, scheuen die Personenmarke. Sie sind oft gründlich und einen Tick introvertiert. In den Medien dagegen beherrschen extrovertierte Superstars die Bildschirme. Unter Schauspielern, Sportlern und Musikern erreicht der Personenkult Exzesse, die dann dazu führen, dass man sich als „seriöser" Berater lieber einen „soliden" Firmennamen zulegt (*acrasio, ffluid*, wie Seite zuvor). Ist das aber die richtige Reaktion? Wegen der Exzesse anderer den Platz zu räumen?

Gesundes Selbstbewusstsein

Wir ermutigen Sie, Ihre „eigene Mitte" zu finden. Also die Position, in der Sie in Ihrer Kraft sind. Smarte Experten steigen nicht in die Auswüchse der modernen Medien- und Sportindustrie ein – bleiben aber auch nicht verhalten in der Ecke. Stecken Sie Ihren Raum ab und füllen Sie diesen positiv mit Ihrer Persönlichkeit und Ihrem eigenen Stil.

FALLBEISPIEL Ein Meister weigert sich, Marke zu sein

Von einem, der seinen Namen hätte ändern sollen

Sie haben bestimmt schon einmal gesagt: *„Ich bin im Flow"*. Sie wissen aber nicht, wer das Phänomen des „Flows" als Erster beschrieb und erforschte. Zumindest können Sie seinen Namen nicht auf Anhieb aussprechen:

Mihály Csíkszentmihályi

Der ungarische Name dieses in die USA eingewanderten, sympathischen Denkmeisters war immer ein Problem. Zuhörer konnten sich erst auf seine Inhalte konzentrieren, wenn er die Aussprache seines Namens mit ihnen geübt hatte. Heute, rund 50 Jahre nach seiner Entdeckung, kennen nur Insider den Namen des ehemaligen Professors für Psychologie der *University of Chicago*. Für alle anderen war er nicht merkfähig.

Eine Lösung wäre gewesen, den Namen zu vereinfachen:

Michal Cschik

Aber so etwas tut man als Experte nicht.

Wirklich? Jeder Künstler hätte es getan. *Eithne Pádraigín Ní Bhraonáin* nannte sich *Enya*. In unseren Augen eine gute Entscheidung

Mihály Csíkszentmihályi dachte aber nicht wie ein Smarter Experte. Er war ein klassischer, sperriger akademischer Vielarbeiter. Er lehnte es z.B. auch ab, seine Erkenntnisse in ein einfaches Anleitungs-Framework zu gießen. Obwohl er eine Reihe von Büchern schrieb, fehlen populäre Flow-Bücher. Er bediente den Aspekt seiner Arbeit, an dem die breite Bevölkerung heute am stärksten interessiert ist, wenig. Das meiste, was weltweit über *Flow* geschrieben wurde, stammt von anderen.

Was passiert, wenn man zu sperrig ist?

Obwohl *„Flow"* als Konzept weltweit bekannt ist, gibt es hinter diesem Konzept eine Art Expertenlücke. Einige wie *Dr. Gerhard Huhn* arbeiten diese Lücke auf (*Flow-Akademie*). Andere, wie *Cal Newport*, füllen diese Lücke mit einem eigenen Framework (*Deep Work*). Fazit: Nicht nur der Inhalt allein überzeugt, ohne Eingängigkeit sperren Sie sich aus.

PS: Lange Namen müssen nicht immer verkehrt sein. Es kommt auf die Sprachmelodie und die Verständlichkeit an. Generell gilt aber: Einfacher und kürzer ist besser.

3. Produktmarken – Product Brands / Labels

Eine schöne, klare Form ist die Produktmarke. Sie erarbeiten ein starkes Angebot und dessen Name ist Ihre Einstiegs-Marke. Das kann ein einzelnes Material sein (*Buchtitel, Kursname, Game*), ein Event (*Konferenz, Camp*) eine, meist virtuelle, Institution (*Schule, Akademie, Werkstatt*) etc.

Darm mit Charme	Buchtitel, der Programm sein könnte	*Giulia Enders*
Der Duden[1]	Name des Lexikons, heute Verlag	*Konrad Duden*
Learn Scrivener Fast	Benennt einen einzelnen Kurs	*Joseph Michael*
Moderatorenwerk	Benennt eine virtuelle Institution	*Jan Doering*
DNX	Benannte zunächst das zentrale Event	*Feli & Marcus*

Was ist die Stärke einer Produktmarke?

Sie ist dinglich, sie ist anfassbar. Alle wissen sofort, worum es geht. Die „*Digitale Nomaden Konferenz*" – da will ich hin. Das ist konkreter als eine abstrakte „*Digi-Lifestyle-Bewegung*". Konkret verkauft sich einfacher.

Ein gutes Produkt als Gallionsfigur ist stark, um eine Marke am Anfang nach vorne zu bringen. Eine Produktmarke kommt aber regelmäßig an die Grenze, wenn das Produkt weitere Angebote nach sich zieht. Wie sollen diese dann heißen? Es gibt zwei Techniken, diesen Engpass zu vermeiden:

- Ihr erstes Produkt eröffnet die Themen-Serie (*siehe Kasten rechts*)
- Ihr Produktname ist ein „Dach", wie zum Beispiel eine Akademie

Die *DNX* hatte Glück. Ursprünglich war *DNX-Berlin* der Name für eine Konferenz. Als die Bewegung international wuchs, konnte das Kürzel *DNX* überall eingesetzt werden. Die Produktmarke wurde Dachmarke.

Tipp – Starten ist manchmal besser als warten

Wenn Sie ein starkes Produkt haben, aber noch keinen Plan wie Ihr Gesamtkonstrukt aussieht, gehen Sie einfach mit diesem Produkt auf den Markt. Sehen Sie, wie es läuft. Sobald Sie sich sicherer werden, was das Thema „über" Ihrem Produkt ist, setzen Sie eine zweite Marke als Dach darüber (z.B. Personenmarke oder Themenmarke).

1 – Der Duden ist ein Beispiel, wie ein Personen-Name zu einer Produktmarke wird.
Wer heute sagt: „Gib mir den Duden", denkt dabei nicht an die Person Konrad Duden.

TIPP Produktname, der eine Serie eröffnet

Sie haben zu Beginn nur 1 Angebot, wollen später aber weitere Produkte entwickeln. Mit welchem Produkt-Titel starten Sie auf der Treppe? Hier zwei Methoden, wie Sie Serien schlüssig strukturieren:

Marke nach vorne	**Gattung nach hinten**
• ***Easy Learning Factory*** blau	• Das blaue ***Factory-Lexikon***
• ***Easy Learning Factory*** grün	• Das grüne ***Factory-Lexikon***
• ***Easy Learning Factory*** gelb	• Das gelbe ***Factory-Lexikon***

Beide Methoden ermöglichen Ihnen, mit einem Produkt zu starten (*z.B. das blaue Lexikon*) und später weitere Titel (*grün, gelb*) aufzulegen. Bei diesem Vorgehen entstehen strenge Produkt-Serien. Sie können bei der Benennung dabei auch Produkte mischen: *Serientitel, Event, Kurse etc.*

VORSICHT Akademische Namen nur bei akademischem Anspruch

Vermeiden Sie offizielle Bezeichnungen wie Universität

Wer seinen Kurs *„Motivtorten-Schule"* nennt wie *Sylvia Zenz*, hat einen Treffer gelandet. Jeder versteht das sofort und niemand unterstellt, dass Sie mehr sein wollen, als Sie sind. Etwas anderes ist es, wenn Sie sich *„Institut für Quantenforschung"* nennen, aber nicht mehr als einen windigen Coaching-Ansatz haben und zum ersten Mal überhaupt praktizieren.

Kritisch sind *Universität* und *Institut*. Beides bezeichnet eine Organisation mit wissenschaftlicher Forschungstradition. Für beide Begriffe erhalten Sie keinen Eintrag in das Handelsregister. Sie können eine Onlineakademie zwar *„Institut"* nennen, aber wir raten dazu nur, wenn sie auch einen passenden Anspruch haben. Vermeiden Sie auch Verwechslungsnamen wie *„Grundschule Harburg"*. Die Grundschule in Harburg freut sich darüber nicht. Möglich sind Namen wie: *Akademie, Camp, Center, Class, Conference, Dock, Schule, School, Werkstatt* – alles, bei dem andere verstehen, welche Größe und Reputation Sie real haben.

4. Themenmarken – Topic Brands

Ihr Experten-Thema ist der Schlüssel zu Ihrer smarten Neuausrichtung. Wenn das Thema die rote Linie in Ihrem Programm ist, warum dann Ihre Produkt-Treppe® nicht nach Ihrem Thema benennen?

So sind in der Tat viele smarte Expertenmarken aufgebaut.

Lean Start-up	Schlagwort für das Framework	*Eric Ries*
Smart Business Concepts	Die neu beschriebene Kategorie	*B.+E. Conta Gromberg*
Getting Things Done	Name der 5-Schritte-Methode	*David Allen*
Motivtorten-Schule	„Motivtorte" ist das Keyword	*Sylvia Zenz*

Eine Themenmarke gut zu setzen, ist anspruchsvoll. Fassen Sie das Thema zu eng, wachsen Sie unter Umständen schnell aus dem gesteckten Bereich heraus. Halten Sie es abstrakt, interessiert sich niemand mehr dafür.

Wir unterscheiden zwei Arten, die Marke über ein Thema zu stecken:

Keyword-Marken

Sie tragen im Namen einen wichtigen Schlüsselbegriff Ihres Themas. In unserem Programm ist es die neue Business-Klasse, die wir ständig beschreiben, die *„Smart Business Concepts"*. Viele Onliner wählen das Keyword rein nach dem Suchvolumen bei *Google*. Das kann ein Aspekt sein, ist aber nicht immer der entscheidende Punkt (siehe K*asten rechts*). Wählen Sie Ihren Schlüsselbegriff mit Bedacht. Er ist der Magnet.

Framework-Marken

Diese Marken nennen im Namen den Begriff, unter dem die Lösungs-Methode bekannt ist. Hier einige Frameworks aus dem Management: *360-Grad-Feedback, BCG-Matrix, CPM (Critical Path Method)* etc. Aus Japan kamen viele Methoden wie: *Kaizen, Just-In-Time, Kanban, TQM* ... zusammen auch *Lean Management* oder *Lean Production* genannt. Die spannende Frage: Ist die Methode ein allgemeiner Fachbegriff oder Ihr alleiniges Framework? *Lean Startup* ist eindeutig ein Expertenframe, denn die Rechte gehören *Eric Ries*. Er schuf das Framework und dokumentierte dies durch sein Frameworkbuch *Lean Startup* (2011).

TIPP Suchmaschinen sind nicht doof

Keyword-Brand

Im *Inbound-Marketing* spielt die Auffindbarkeit des eigenen Angebots eine große Rolle. Wonach suchen Ihre Kunden? Häufig wird das an den am meisten gebrauchten Suchwörtern festgemacht, den *„Keywords"*.

- Das verführt viele, ihr wichtigstes Suchwort als Marke zu nehmen
- Sagen wir: „Autoreifen" hat das größte Suchvolumen
- Sie arbeiten mit dem Domain-Namen „Autoreifen-Experte.de"
- Diese Domain brachte früher Punkte im Suchmaschinen-Ranking

Google wertet das Keyword in der URL nur noch gering

- *Google* bewertet in Zukunft immer mehr die Qualität des Contents
- Ein Keyword in der Domain hat damit immer weniger Gewicht
- Besser ist es, dort seinen Markennamen stehen zu haben und zu zeigen, dass dies die wichtigste Seite zu dieser Marke ist

Es ist heute also kein Vorteil, ein Haupt-Keyword im Domainnamen zu führen. Wenn Sie einen besseren Namen für Ihr Experten-Business kennen, nehmen Sie diesen. Denken Sie also nicht ausschließlich an *Google*.

Ihr Schlüsselbegriff kann aber für Ihre Kunden hilfreich sein.

Lehrlingspower.at – Beispiel für eine Keyword-Brand

Robert Frasch betreibt seit 2012 mit *lehrlingspower.at* als Solopreneur das größte unabhängige Netzwerk rund um Ausbildung und Lehrzeit in Österreich. Geschäftsmodell ist eine Mitgliedschaft, mit der Betriebe verschiedene Services und Informationen buchen, die Ausbildern helfen, sich selbst fit zu halten und moderne Tools wie *watchado* oder andere Medien zu nutzen. Ein breites Netzwerk hilft, neue Lehrlinge zu gewinnen.

Das eigene Keyword setzen

Wir führten 2011 den Begriff *„Smart Business Concepts"* ganz neu ein und bündelten darunter unsere Beobachtungen von neuen Geschäftskonzepten. Diese Kategorie konnte damit gar kein Suchvolumen bei *Google* haben, da sie vorher ja nicht existierte. Setzen Sie den zentralen Schlüsselbegriff selbst, schaffen Sie ein eigenes Keyword.

5. Storymarken – Story Brand

Es wird an vielen Stellen über *Storytelling* für eine Marke geschrieben. Das ist für jede Marke wichtig. Aber es gibt einige Marken, die sind mehr Story als andere. Eine *Storymarke* ist für uns eine Marke, die in besonderer Weise die eigene Marke erzählt oder besonders auf Geschichten setzt. Gerade unter den Bloggern, Podcastern und Vloggern gibt es davon einige.

- Das macht sich am Namen fest
- Das macht sich am Storytelling im Content fest
- Die Marke baut also von Anfang an eine emotionalere Erwartung auf und bedient das später auch auf der Website oder in Materialien etc.

Was für eine Emotion, welche Vision, oder welche Geschichte steckt hinter Ihrem Thema? Storymarken wecken das Bild hinter einer Sache.

off the path	Abseits der ausgetrampelten Pfade	*Sebastian Canaves*
Kochtrotz	Trotz Allergie weiter kochen	*Steffi Grauer-Stojanovic*
Proud to be Sensibelchen	Ich bin hochsensibel	*Maria Anna Schwarzberg*
Kuhverstand	Wie sieht die Welt für eine Kuh aus?	*Christian Völkner*

Warum Geschichten?

Unser Gehirn kann besser mit Bildern und Geschichten umgehen als mit Zahlen und Fakten. Sie erreichen mehr Aufmerksamkeit, es bleibt mehr hängen und es fällt leichter, dem Stoff zu folgen. Und überhaupt: Begeisterung ist das Elixier des Lernens. Auch geht es oft um Perspektivwechsel, um etwas zu verstehen. So zeigt *Christian Völkner* mit *Kuhverstand*, wie Kühe in Stress-Situationen „denken" und sich verhalten.

Schöne Beispiele finden Sie bei Reisebloggern. Sie nehmen andere einfach auf ihre Abenteuer mit, filmen das und vermitteln nebenbei wichtige Infos darüber, was wo möglich ist. *Sebastian Canaves* von *off the path* schafft es, aus jeder Situation eine Geschichte zu machen: „*... das hier sind die Kameras, die einige von Euch gewonnen haben, hier der Film, wie ich sie zur Post bringe und dabei beinahe mein neues Handy liegengelassen habe...*"
Eine Geschichte kann auch konstituierend (begründend) sein. *Kochtrotz* ist ein Beispiel, wie die Geschichte der eigenen Betroffenheit in ein professionelles Kochprogramm für Multiallergiker „umschlägt".

FALLBEISPIEL Name + Story für ein Programm für Viehhalter

Kuhverstand

„Also zu der Kuh, die hab ich richtig liebgewonnen. Etwas mit der Kuh zu machen, da hab ich Bock drauf. Zum Beispiel, sie zu beobachten, wie sie miteinander umgehen. Oder abends den Stallrundgang machen, wenn schon Ruhe eingekehrt ist und sie gemütlich wiederkäuen. Diese Ruhe, die diese Tiere ausstrahlen. Ich mag das. Wunderbar."

Was passiert, wenn ein Landwirt sich auf den Weg macht, Smarter Experte zu werden? Er beginnt, wie seine Kühe zu „denken". Er heißt Christian Völkner und podcasted seit März 2017. Sein Ziel: Stück für Stück der Ansprechpartner zu sein für *„alle Milchviehhalter und Herdenmanager, die noch erfolgreicher mit ihren Kühen zusammenarbeiten wollen"*.

Tierisch gutes Storytelling

Von Folge 01 in seinem Podcast schafft er es, ein starkes Bild zu erzeugen: Ein Betriebswirt braucht Kuhverstand, wenn er in Frieden mit seiner Herde leben will. Er möchte Milchviehhalter dazu anhalten, in Kooperation mit ihren Kühen zu arbeiten. Der Markenname *„Kuhverstand"* bringt das mustergültig auf den Punkt. Es ist aber nicht nur der Name seines Podcasts, sondern auch seine Haltung und Sprache. Er spricht als Landwirt zu Landwirten und sein Storytelling geht bis ins kleinste Detail, wie das Muhen der Kühe zu Beginn jeder Folge und der Abschluss: *„Genießt das Leben und viel Spaß mit Euren Kühen."* Kuhverstand ist eine gelungene Story-Verpackung von modernem Spezial-Wissen in der Landwirtschaft.

kuhverstand.de

Seine Themen

- Fütterung
- Mindset
- Mitarbeiterführung
- Organisation
- Stressreduzierung
- Zucht

Seine Themen zielen zum einen auf die Kuh und die Herde, zum anderen auf alle Mitarbeitenden.

Warum ein Podcast?

Weil man die Folgen auf das Smartphone laden und dann auf dem Trecker oder bei anderen Tätigkeiten hören kann.

Ziel

Programm-Experte mit Kursen und Seminaren rund um alle Themen der Milchvieh-Haltung.

So finden Sie Ihren passenden Marken-Typ

Sie kennen nun die 5 Marken-Typen. Welcher ist für Sie richtig? Sie können rechts den Entscheidungspfad nutzen oder einfach Ihren *Experten-Typ* mit den 5 *Marken-Typen* kreuzen. Spielen Sie Ihre Möglichkeiten durch:

Experten-Typ		Marken-Typ		
Serien-Autor		*Neutrale Marke*		
Media-Sender		*Personenmarke*		
Themen-Redner	×	*Produktmarke*	=	MARKE
Programm-Anbieter		*Themenmarke*		
Community-Builder		*Storymarke*		

Beispiel: **Serien-Autor trifft auf Produktmarke**

Wie sieht es aus, wenn ein Serien-Autor eine Produktmarke aufbaut? Eine mögliche Antwort: Sie schreiben eine Buchserie und benennen Ihre Marke nach dieser Serie. Als Psychologin, die über Glück schreibt, könnte Ihre Marke lauten: „*Books of Joy*". Jeder Buchtitel hätte dazu einen Bezug:

- *Das Glück des Nachhausekommens*
- *Das Glück des Abschiednehmens*
- *Das Glück des Alleinseins*

Marken analysieren

Mit den 5 *Marken-Typen* sind Sie besser gerüstet als der eine oder andere Markenspezialist und Sie können damit auch andere Marken analysieren:

ÜBUNG Was für ein Marken-Typ ist das?

espressoenglish

Themenmarke mit einem Schuss Story: 60% Keyword / 40% Emotion. Zum Schlüsselwort „englisch" (das ist das Thema) wurde zusätzlich die Emotion „espresso" gestellt. Das ist ein Storybild. Englisch so leicht lernen, wie einen kleinen Espresso trinken. Dies drückt aus: Es geht hier um ein Easy-Learning-Programm und nicht um ein hartes *Cambridge Certificate*. Der Name steht für ein Programm (mit mehreren Kursen).

Entscheidungspfad

Haben Sie mehrere Optionen, hilft diese Reihenfolge:

Drei zentrale Entscheidungen treffen

Neutrale Marke ausschließen – Ja / Nein

Den seltenen Spezialfall ausschließen

Start-ups wählen neutrale Namen wie *jovoto*, weil sie hoffen, Konzern zu werden. Oft haben Solopreneure aber gar nicht die Kraft, ein neutrales Wort als Marke zu etablieren. Fragen Sie sich daher: Brauchen Sie wirklich eine neutrale Marke? Sinn macht dies, wenn Sie auf jeden Fall eine eingetragene Wortmarke wünschen.

Ansonsten gleich verwerfen und keine weitere Energie investieren.

Personenmarke – Ja / Nein

Den häufigsten Lösungsfall klären

Der direkteste und kürzeste Weg ist, unter eigenem Namen zu publizieren und zu arbeiten. Menschen vertrauen einem Experten, der ein Gesicht hat. Wenn das Ihr Wunsch ist und für Ihr Konzept passt: Tun Sie es. Die anderen Marken-Typen können dann bei Ihnen trotzdem noch eine Rolle spielen: als Produkt-Marken.

Internationaler Markt oder deutschsprachiger Markt?

Dann fragen Sie sich, in welcher Sprache Sie arbeiten. Die meisten internationalen Experten arbeiten in Englisch. Wollen Sie von Anfang an international auftreten, gehen Namen wie *„Motivtorten-Schule“* nicht.

Die anderen Marken-Typen abklopfen

Soll ein einzelnes Produkt nach vorne gestellt werden?

Wenn Sie ein starkes Produkt haben, gerne eine Produktmarke. ***Produktmarken*** verkaufen gut. Ein einzelner Kurs, ein einzelnes Lexikon, eine bestimmte Akademie, ein bestimmtes Camp, eine bestimmte Konferenz etc. Aber Vorsicht: Nennen Sie sich „Die Löffelspezialisten“ und stellen später auch Gabeln her, fühlen diese sich immer als Fremdkörper in Ihrem Sortiment.

Gibt es ein Schlüsselwort oder eine Story für Ihr Thema?

Gibt es bei Ihrem Thema einen Begriff *(Keyword)*, der von Ihren Kunden mit Ihrem Thema sofort verbunden wird *(oder Sie schaffen den Begriff neu = Agenda-Setting)*, dann nennt eine ***Themenmarke*** diesen zentralen Begriff. Gibt es eine Emotion oder Geschichte, baut eine ***Storymarke*** darauf auf.

MARKE

Ihr optimaler Marken-Typ

Hören Sie auf zu basteln

Kommen wir zur ***Markenverantwortung*** und zur Kreativität. Sie sind Kapitän Ihrer Markenführung. Sie stehen als Frau oder Mann am Steuerrad des Schicksals Ihrer Marke. Also treffen SIE die Entscheidung, was richtig ist, NICHT irgendein Agentur-Kreativer. Vieles können und sollten Sie selbst bestimmen. Das bedeutet aber nicht, dass Sie alles selbst machen.

Kein gutes Vorgehen – der Bastler

- Wie sieht Ihre bisherige Online-Biografie aus?
- Wie viele Ruinen im Netz haben Sie hinterlassen?

Im Bereich des Solopreneurships starten zwei Klassen von Personen: Die einen wissen sehr genau, was sie tun, die anderen nicht immer. Wenn *Steffi Grauer-Stojanovic* von *KochTrotz* ihre Markenführung und das Design komplett allein steuert, weiß sie, was sie tut. Sie war Kreativ-Direktorin. Wenn Sie aber unsicher sind, ob Ihr selbstgebautes Logo wirklich professionell ist, fragen Sie bitte jemanden, der davon etwas versteht.

Zwischen hemdsärmelig und professionell

Smarte Experten bauen digitale Kompetenzen neu auf. Sie publizieren ohne Verlage – schlanker und direkter. Wer heute ein Video wie eine Werbeagentur dreht, ist innerhalb kurzer Zeit pleite. An vielen Stellen reicht heute das Smartphone für Audio und Video. Die meisten Podcaster schneiden nicht mehr, Versprecher und Fehler bleiben in den Aufnahmen. Es gibt viele Cloud-Plattformen mit guten Design-Generatoren – selbstmachen ist angesagt. Trotzdem muss es gut sein. Ihre *Street-Credibility* (das für Smarte Experten zuständige Reputations-System) hängt an der Glaubwürdigkeit Ihrer Beiträge und Publikationen. Ihr Publikum hat ein sehr feines Gespür, ob Sie etwas zu sagen haben und Ihr Stil dazu passt. Denken Sie also über Ihre Wirkung nach! Hören Sie auf zu basteln.

Muss Ihre Experten-Marke besonders kreativ sein?

Marken sind originell, ein Original. Das bedeutet aber nicht, dass sie immer besonders bunt sind. Es gibt drei verschiedene Arten von Kreativität. In welcher dieser drei Kategorien werden Sie besonders WOW! sein?

Innovation – häufig Produktmarke oder neue Community

- Haben Sie eine starke Neuheit (Innovation)? Sie eröffnen z.B. ein neues Verfahren oder einen neuen Tribe und bauen darum eine Marke.
- Braucht viel Know-How oder Glaubwürdigkeit, da das neue Verfahren, die neue Gruppe funktionieren muss. Selten möglich, lohnt aber!

Eigenes Framework – meist Themenmarke

- Sie haben ein eigenes Framework
- Das ist ein selbstständig geordneter Lösungsweg mit Regelwerk
- Dieses Framework macht das Lernen im Thema leichter als sonst
- Dies ist fast immer schaffbar (Strukturen schaffen)

Eigener Stil (Art und Weise) – Potenzial zur Storymarke

- Sind Sie seriös, spannend, lustig, still, aufgedreht ... ?
- Ein eigener Stil ist didaktisch wichtig, damit Lernende nicht einschlafen, es formt aber auch die eigene Experten-Marke
- Übertreiben Sie nicht – aber bitte auch nicht deutsch langweilig

besonders stark: eine Kombination aus allen drei Punkten

Smarte Experten Marke – der Leader

Sie sind authentisch, haben das Herz an der richtigen Stelle und Ihre Produkte halten, was sie versprechen. Kunden kommen mit Ihren Lösungen schneller und direkter voran, haben beim Lernen Spaß und finden Ihren Stil klasse.

Führen Sie mit eigenem Stil

Marke ist mehr als der Name

Wir haben die Marke bisher stark vom Namen abgeleitet, wohl wissend, dass der Name nur ein Aspekt ist. Eine Marke lebt von der ihr innewohnenden Qualität. Wir gehen trotzdem so vor, da Sie in diesem Buch überlegen, welche neuen Inhalte Sie mit welcher Qualität erzeugen wollen. Und das spiegelt sich gut im Namen wider.

Nehmen wir *espressoenglish*. Der Name verspricht Spaß und kleine Portionen. Sie erwarten keine strenge Lehrerin mit Marathon-Sitzungen. Wenn *Shayna Oliveira* ihr Programm aber *The 5 Day Cambridge Certificate* nennen würde, wäre das eine härtere Nummer. In nur fünf Tagen ein Zertifikat mit Prüfung? Das geht nicht mehr easy (wenn überhaupt), und sie müsste dann als Expertin entsprechend auftreten. Hier könnte sie nicht mehr „nett" sein und müsste fordern und durchziehen.

Denken Sie Ihre Treppe voraus

Ihr Markenname sagt etwas über Ihre Angebote und Ihren Stil. Der Name ist aber nicht Ihr Angebot. Und damit sind wir bei Ihrer Produkt-Treppe®. Das nächste Kapitel zeigt Ihnen, wie Sie damit arbeiten. Häufig starten Sie mit einem Produkt – ergo ist das zunächst der Zenit Ihres Denkens.

Viele große Marken waren ursprünglich Einzel-Produkt-Marken. *Nutella* war eine einzige Nuss-Creme, *der Duden* ein einziges Lexikon, *Harley Davidson* ein Motorrad. Bei diesen Produktmarken entstand im Laufe der Jahre viel mehr. Wir sagen voraus, dass es auch bei Ihnen als Expertin oder Experte so sein wird. Wenn Sie erfolgreich sind, werden weitere Angebote dazukommen.

Fast alle Smarten Experten, die wir kennen, haben sich an ihre Kunden herangetastet. Sie hatten nicht sofort das 100%-richtige Sortiment. Produkte ändern sich also. Was ist aber mit Ihrer Produkt-Treppe?

Was ist der rote Faden Ihrer Treppe?

Zusammenfassung

Ihre Person ist wichtig, aber nicht immer eine Personenmarke

- Unterscheiden Sie zwischen Ihrer Person, Firma und Ihren Marken
- Entscheiden Sie sich, wer der Träger der Hauptmarke ist
- Nutzen Sie die 5 Marken-Typen, um Ihre Hauptmarke zu steuern

Hören Sie auf zu basteln

- Denken Sie Ihre Expertenmarke strategisch, nicht nur aus dem Bauch
- Setzen Sie auf Qualität im Produkt, wie in der Kommunikation
- Buch-Tipp: *Unverwechselbar*, Bernd M. Samland, Haufe 2006

Weiterarbeit im Marketing Generator

- Der *Marketing Generator* vertieft die Themen Marke und Namen
- Setzt dabei auf die in diesem Kapitel beschriebene Logik
- *smartbusinessconcepts.de/marketing-generator*

Sie sind mit diesem Schritt fertig, wenn Sie dies beantworten können:

Meine Hauptmarke ist eine Marken-Typ *-Marke.*

Mein Hauptprodukt hat den Namen: gleich Hauptmarke oder eine Untermarke?

☺

05 FERTIG

Zeit für Pause und Notizen

Für mich war die Arbeit mit der „Treppe" der Durchbruch!

Noch am Sonntag saß ich planlos da, mit 100 Gedanken im Kopf, die ich aber nicht auf's Papier bekam. Auf der 4-stündigen Zugfahrt nach Hause fielen dann die Groschen – es war die reinste Slot Machine. Things fell into place – wie die Briten so schön sagen und auf einmal machte alles einen Sinn.

Judith Imgrund
judithimgrund.de

Schritt 6 – Entwickeln Sie ein Produkt-System

6 Die Experten Produkt-Treppe®

Führen Sie andere eine Wissenstreppe hoch

Smarte Experten haben nicht nur Produkte. Sie haben ein Produkt-System. Visuelles Denken ist einer der ganz großen Schlüssel für erfolgreiche Geschäftsstrategien. Mit der Produkt-Treppe® gelingt Ihnen eine strategische Sicht auf Ihr Experten-Geschäftsmodell.

Arbeiten mit der Produkt-Treppe®

Sie kennen die Produkt-Treppe® im Prinzip schon. Wir haben sie bereits an verschiedenen Stellen im Buch gebraucht und damit die grundlegenden Geschäftskonzepte von Smarten Experten skizziert.

Dabei wurde die Produkt-Treppe® recht einfach genutzt:

- Wir haben mit einer sechsstufigen Treppe gearbeitet
- Wir haben auf jeder Stufe eine einzige Produkt-Gattung platziert

Die Produkt-Treppe® kann mehr, und Ihr Expertenkonzept kann durchaus anders aussehen. Wir zeigen Ihnen in diesem Kapitel, wie Sie die Produkt-Treppe® nutzen. Wir würden uns freuen, wenn die Treppe Ihr ständiger Begleiter wird und Sie damit in Zukunft die strategischen Entscheidungen für Ihr Experten-Geschäftsmodell vordenken.

Die Kraft des visuellen Denkens

In der Start-Up-Szene kam es 2010 zum großen Umbruch.[1] Man hörte auf, Strategie mit Tabellen zu rechnen und begann stattdessen, visuell zu arbeiten. Mit Notiz-Stickern und visuellen Gittern wie der *Canvas* wurden komplexe Strukturen handhabbar. Plötzlich konnte jeder mitdenken. Die Betriebswirte verloren die Oberherrschaft. Aber das gilt in der Start-Up-Szene. Was fehlte, war ein passgenaues visuelles Werkzeug für Experten-Modelle. ***Die Produkt-Treppe***® entstand in unseren Intensivgruppen und hat sich seitdem bewährt. Sie ist schnell zu lernen und ermöglicht es, Portfolio-Strategien strategisch zu ordnen.

Modellieren wie die großen Start-ups

Wir geben Ihnen mit der Treppe eine smarte Arbeitsweise an die Hand, die bisher nur bei „großen“ Start-ups angewandt wird. ExpertInnen entfalteten ihre Geschäftsmodelle bisher klassisch: Stück für Stück entstanden sie in der Praxis. Das braucht Zeit. Sie können Jahre der Entwicklungsarbeit abkürzen, wenn Sie aktiv mit der Treppe gedanklich und visuell an Ihrem eigenen Geschäftsmodell arbeiten. Sie werden schneller, behalten den Überblick und verzetteln sich nicht.

1 – 1991 gilt als Startpunkt von *Design Thinking*, 2010 dann die Veröffentlichung des Buchs *Business Model Generation* von A. Osterwalder, Yves Pigneur und Alan Smith.

Sehen ist gleich verstehen

- Warum ist ein visuelles Werkzeug für Experten wichtig?
- Antwort: Weil Sie bessere Ergebnisse erzielen.

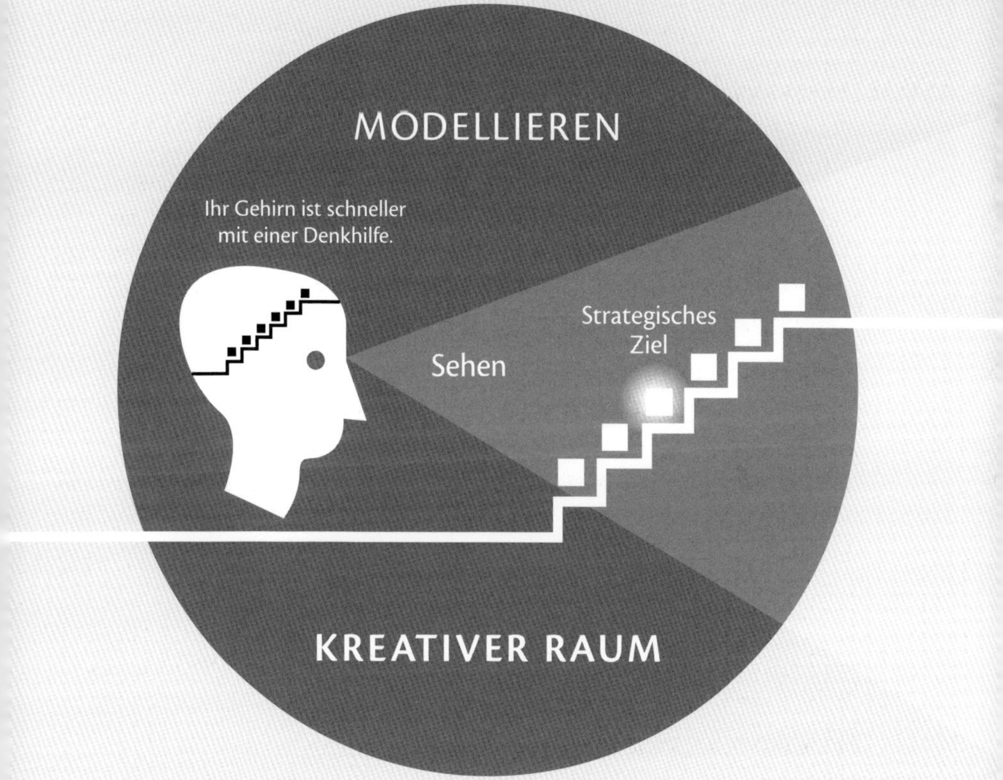

Unser Gehirn mag Strategie nicht, da Vorausdenken Energie verbraucht. *„Learning by doing"* ist für das Gehirn einfacher, verursacht aber gerade im Business mehr Kosten und Schmerzen als *„Learning by Vorausdenken"*. Daher raten wir, visuell zu planen. Jedes Produkt, das Sie auf dem Strategie-Tisch aussortieren, spart Ihnen hinterher Zeit und Geld. Mit der Treppe können Sie gezielt testen und Kurs halten.

Treppen-Grundlagen

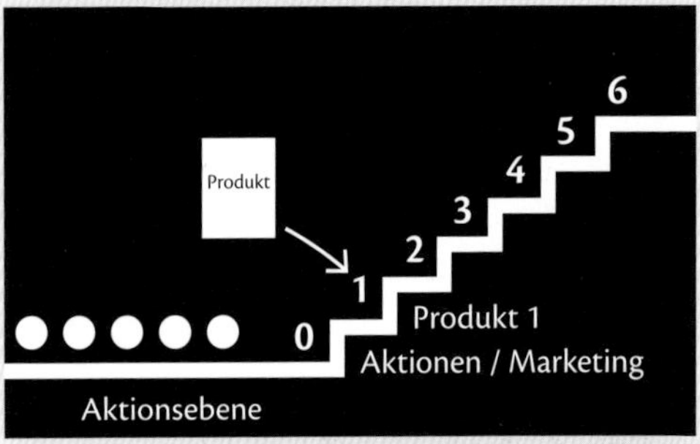

Sie zählen von unten nach oben

Auf Stufe 1 steht das erste Produkt.
Der Boden davor ist die Aktionsebene (= 0).

Aktionen auf der Null sind zum Beispiel regelmäßige Postings auf Facebook oder andere Marketing-Aktionen.

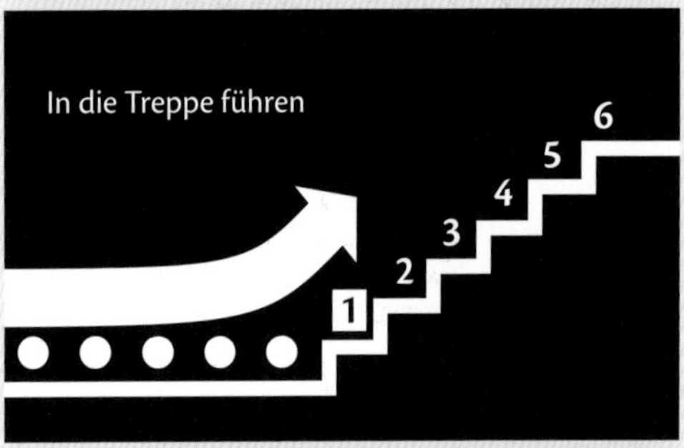

Reichweite führt in die Treppe

Die Aktionen vor der Treppe und die Reichweitenprodukte dienen dazu, dass Ihre Kunden Sie kennenlernen und den Einstieg in Ihre Experten-Treppe beginnen.

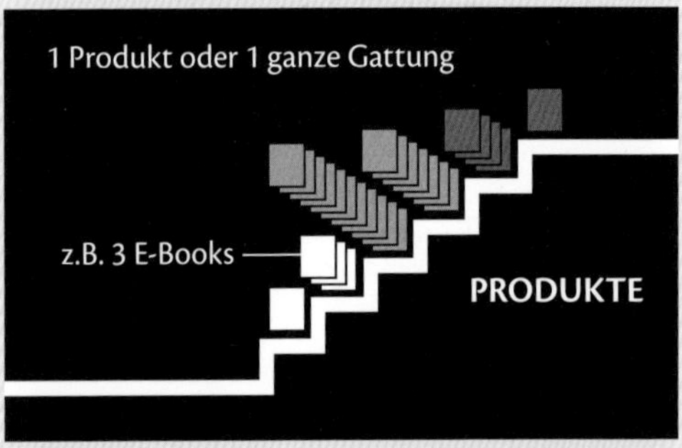

Pro Stufe alle Produkte einer Gattung

So gehören alle Ihre Bücher zu einem bestimmten Preis auf eine Stufe. Der Einfachheit halber zeichnen wir aber nur ein Produkt ein.

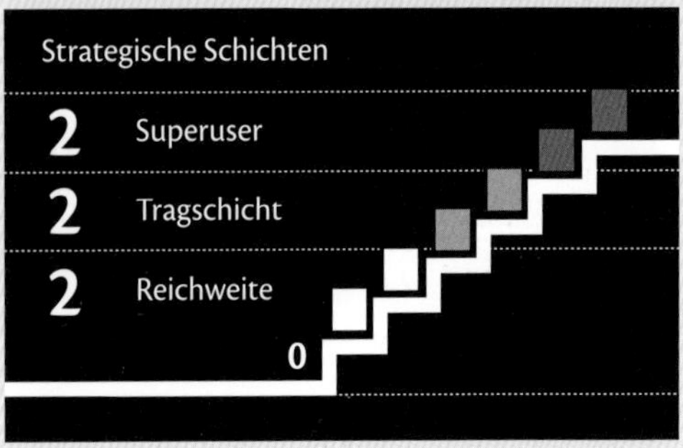

Eine 2-2-2-Treppe

Im einfachsten Aufbau hat die Treppe in jeder der drei Schichten 2 Produkt-Arten.

Sie können aber auch eine Schicht auf 1 Produkt verkürzen und dafür eine andere um ein Produkt auf 3 erweitern.

Beim Start ist die Treppe meist noch unvollständig, z.B. 2-1-0.

Die Smart Business Produkt-Treppe®

Zu Beginn raten wir, mit einer 6-stufigen Treppe zu arbeiten. Das reicht für unser Gehirn. Die „Rechenleistung", diese einfache Treppe zu überblicken, ist gering. Sie wollen ja Spaß bei der Arbeit haben. Wichtig sind die drei Schichten: *Reichweite – Tragschicht – Superuser*

Eine 2-2-2-Treppe

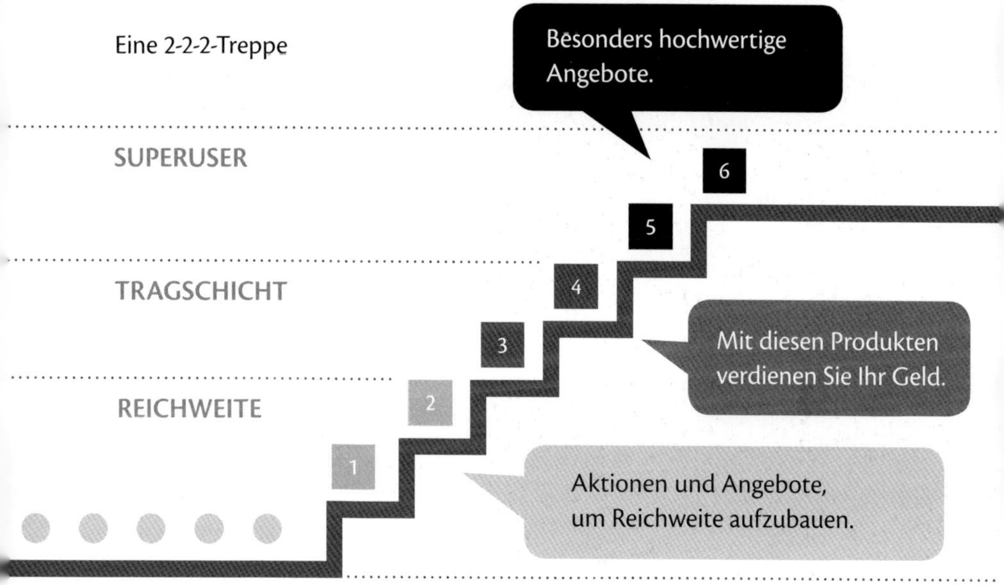

Kundenerlebnis und Betriebswirtschaft zusammen denken

- In diesem Beispiel ist die Tragschicht mit 2 Produkten belegt
- Mit diesen „Arbeitspferden" verdienen Sie Ihren Hauptumsatz
- On Top stehen Angebote für alle, die mehr als Durchschnitt wollen

Ihre Experten-Produkte übernehmen also unterschiedliche Aufgaben. Für die Kunden schaffen sie das ***Kundenerlebnis*** (die Reise auf der Treppe). Zum anderen setzen Sie mit dem Portfolio ***betriebswirtschaftliche Akzente***: Nicht jedes Produkt kann und soll gleich viel zum Ergebnis beitragen.

Zahlen im Auge behalten

Wenn Sie nur auf E-Books für 2,99 € setzen, müssen Sie SEHR VIELE davon verkaufen, um auf einen grünen Zweig zu kommen. Angenommen, Sie zielen auf 10.000 € Umsatz pro Monat (das wäre eine grobe Messlatte für einen Vollerwerb), brauchen Sie Produkte, die teurer sind.

Planen Sie Ihren Umsatz strategisch:

- **Tolles Spitzenangebot – ca. 40 % Umsatz**

- **Das ist das Wissen, das Sie verkaufen – ca. 60 % Umsatz**

Das ist Ihre eigentlich wichtige Schicht. Wenn Ihre Hauptprodukte nicht ziehen, nützt Ihnen eine hohe Reichweite unten auch nichts.

- **Hier investieren Sie – Marketing und Einstiegs-Inhalte**

Aktionen, Content und erste Produkte, die entweder *for free* oder so niedrigpreisig sind, dass Sie hier keinen Gewinn erwirtschaften.

Der Freibier-Fehler

Große Start-ups arbeiten oft so, als wenn es nur um Reichweite ginge. Sie investieren vor allem in Ausbreitung. Gewinn kommt später. Unbewusst lassen sich auch viele Solopreneure zu einer solchen Massen-Schlacht verführen. Wenn Sie aber alles in die Reichweite „geben", haben Sie verloren. Fragen Sie sich: Wie viel Zeit und Geld können Sie regelmäßig unten in die Treppe investieren? Wenn Sie dort zu viele Aktionen und Free Content aufbauen, geht Ihnen die Luft für Ihre eigentlichen Angebote aus.

Faustformel: Ihre Tragschicht muss attraktiv sein und bleiben.

Eine 2-3-1 Treppe

Hier haben zwei Produkte die Aufgabe, in die Treppe zu führen, drei Tragschicht-Produkte folgen, obenauf dann ein Superuser-Produkt.

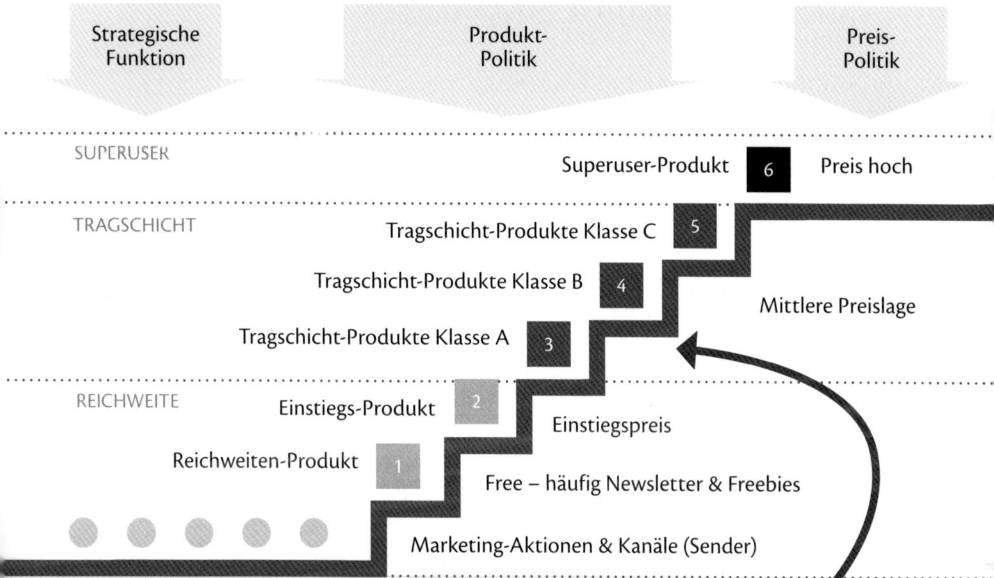

Wie planen Sie Ihre Produkt-Treppe?

- Wir raten, in der Mitte bei der 3 und 4 zu beginnen.
- Wenn sich jemand für Ihr Angebot interessiert, was wäre dann Ihr Standard-Arbeitspferd? Es tut den Job UND bringt Ihnen ausreichend Gewinn. Ihre Arbeitspferde stellen Sie auf die 3 oder 4.
- Haben Sie das, überlegen Sie, was eine leichtere Klasse sein kann. Welche Produkte wären gut für den Themeneinstieg, ohne Ihr Arbeitspferd zu kanibalisieren? Das ist in der Regel die Stufe 2.
- Anschließend, überlegen Sie, wie Sie die User glücklich machen, die wirklich mit Ihnen zusammenarbeiten wollen. Ihre Supersuser.

Klassische Coaching-Treppe (2-2-1)

Klassische Experten denken in stundenbasierter Dienstleistung, nicht in Produkten. Angenommen ein Coach organisiert sich über die Produkt-Treppe®, dann könnte das so aussehen:

Klassische Coaching Treppe

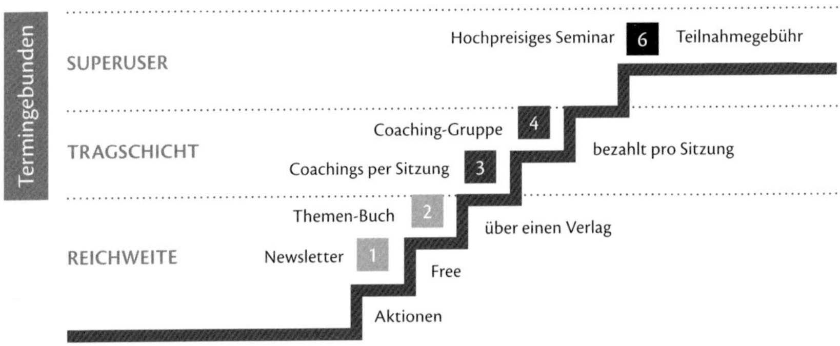

Die Tragschicht ist hier mit individuellen Terminen belegt

Die Angebote klassischer Experten sind individuell und termingebunden. Dieser Coach würde z.B. seine Woche mit Einzel- und Gruppen-Terminen vollbuchen. Dazu käme einige Male im Jahr ein Seminar. Wenn dieser Experte alle seine Terminabsprachen und Seminarbuchungen noch per Telefon und händisch vornimmt, wäre sein Automatisierungsgrad = null.

Folge dieser Aufstellung

- Viele feste Termine pro Woche
- Keine Zeit, während der Woche an neuen Produkten zu arbeiten
- Wenig Zeit für „Spaß-Formate“ – also hochwertigere Angebote

Das Problem

Solange Sie in dieser Aufstellung bleiben, sind Sie durch Ihre Kunden ausgelastet und Ihr *Kreativer Raum* bleibt klein. Der größte Teil Ihrer Zeit geht in die Bearbeitung von Einzelfällen.

Smarte Programm-Treppe (2-2-1)

Bei dieser smarten Treppe dagegen können alle Produkte automatisiert angeboten und gebucht werden. Die gesamte Tragschicht ist frei von festen Terminen. Wenn es nur ein Seminar pro Jahr gibt, haben Sie sonst „frei".

Smarter Aufbau beim gleichen Thema

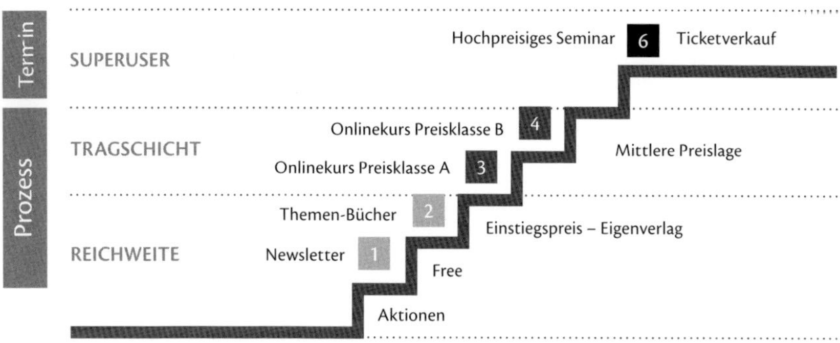

Möglichst viele Stufen mit klaren Produkten belegen

Das Ziel Smarter Experten ist nicht zwingend eine 100% automatisierte Treppe. Häufig gibt es im Superuser-Bereich ebenfalls Seminare oder Kurse, bei denen die Expertin / der Experte persönlich anwesend ist. Der Unterbau und die Tragschicht ist aber weitestgehend automatisiert. Diese Treppe wäre grob gesehen 70 % automatisiert.

Folge dieser Aufstellung

- Keine festen Termine pro Woche / einige wenige fixe Termine pro Jahr
- Viel Zeit während der Woche, an neuen Produkten zu arbeiten
- Genug Zeit für die hochwertigen Angebote an der Spitze

Die neue Freiheit

Sobald Ihre Produkte greifen und sich regelmäßig verkaufen, entsteht ein Grundeinkommen, das Sie für neue, kreative Arbeit freisetzt. Sie schaffen neue Produkte, der Freiheitsraum wird größer.

Die Treppe frisch halten

Wenn Sie Ihre Produkte planen, sehen Sie diese nicht statisch.

• Starten Sie mit einer minimalen Testversion	*Version 0.1*
• Testen Sie im kleinen Kreis, wie es ankommt	*Test*
• Verbessern Sie	*Version 0.2*
• bis zum Launch	*Version 1.0*
• Verbessern Sie Kleinigkeiten ohne neuen Launch	*Version 1.1*
• Neuer Launch des Produktes (großes Update)	*Version 2.0*

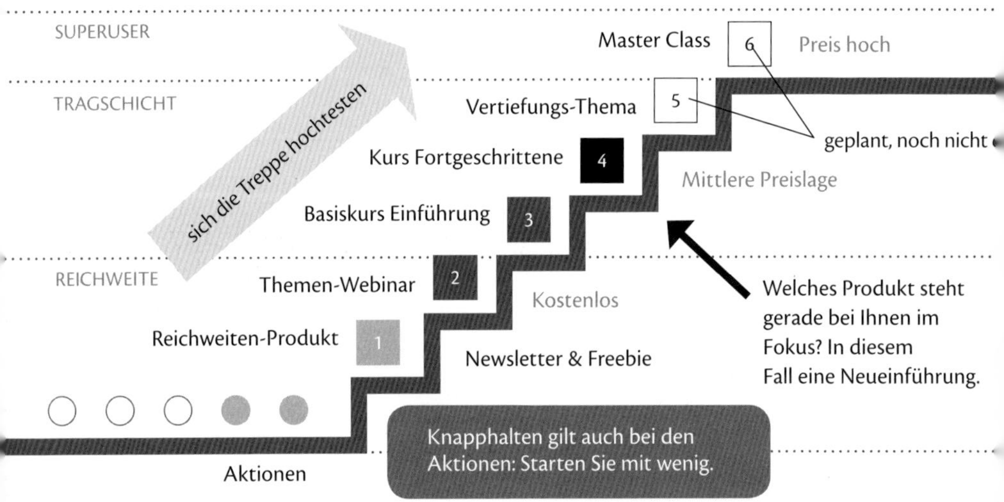

Mit wenig starten

Theoretisch können Sie mit mehr Stufen und vielen Angeboten arbeiten. Ideen sind schnell vorhanden. Wir raten dringend davon ab. Wenn Sie sauber planen, merken Sie schnell, wie wenig in ein Jahr hineinpasst. Es geht nicht darum, in wenigen Wochen fertig zu sein. Aber Sie sollten in wenigen Monaten die ersten Produkte im Test und in der Auslieferung haben. Das gelingt nur, wenn Sie Ihr Portfolio straff halten.

Anfängerfehler – Marketing vergessen

Ohne Planung investieren viele zu viel Zeit in ein Produkt, vergessen aber dabei das Marketing. Ist das Produkt fertig, stellen sie es dann OHNE Marketing in die Öffentlichkeit. Es ist ja „fertig". Das ist schlecht, da das Produkt so nicht landet. Produkt und Marketing gehören zusammen!

Produktplanung

Eine Planung über die gesamte Treppe bewahrt Sie davor, auf einer Stufe zu viel zu investieren. Hier sehen Sie eine Treppe, bei der die ersten drei Stufen bereits laufen. An der vierten Stufe wird gearbeitet und der Zeitpunkt für den Launch steht fest. Das gibt Ihnen Struktur.

Stufe 1	Stufe 2	Stufe 3	Stufe 4	Stufe 5	Stufe 6
					Tagung
					geplant 2019
				Kurs C	
				geplant 2018	
			Kurs B		
			Version 0.6		
		Kurs A	Launch 11/18		
		Version 1.3			
	Webinar	Update 06/18			
	Version 2.2				
Newsletter	Update 03/19				
monatlich					

Dieses Produkt testen Sie. Hoher Zeitaufwand.

Diese Produkte laufen. Wenig Zeitaufwand.

Gesamtplanung

Wir empfehlen, auf drei Ebenen zu planen und Termine zu stecken:

- Produktplanung über die gesamte Treppe (siehe oben)
- Projektpläne pro Produkt-Erstellung / Produkt-Update
- Marketingplan über das laufende Jahr – was wird wann promoted

Tipp: Ärgern Sie sich nicht, wenn etwas länger dauert ...

Das Produkt vom Payment her denken

Die Produkt-Treppe® heißt nicht umsonst *„Produkt"*-Treppe. Um etwas zu verkaufen, brauchen Sie Angebote. Klingt einfach, ist aber ein zentraler Punkt. Viele Experten haben keine Idee, wie sie ihr Wissen in Produkte überführen. Ein Produkt besteht aus zwei Elementen: A) *einem Inhalt* und B) *einem Payment*. So kann ein Kurs zum Stückpreis angeboten werden oder per Abo oder als Bundle bei einem Ticket.

Payment	Beispiel
per Stück	Buch zum Festpreis. Rede zu einem Honorar
per Ticket	Ticket für ein Event. Auch für eine Challenge o.ä.
per Abo	Buchung Membership, Bezahlung per Monat
per Rechteabtritt[1]	Tantieme für eines Ihrer Produkte *(Lizenzen)*
per Klick oder per Aktion	Provisionen für Werbung, Affiliate-Systeme etc.

Im Prinzip kann jedes Wissensformat mit einem Payment versehen werden. In der Praxis gibt es pro Experten-Typ im Markt akzeptierte Muster. So kennen wir keinen Autor, der ein Buch-Abo-Modell etabliert hat. Die Zeit der Buch-Clubs ist vorbei. Wer Bücher als Produkt wählt, verkauft in der Regel per Stück. Hier einige gebräuchliche Muster:

Experten-Typ	mögliche Lead-Produkte	Einheit
Serien-Autor	*Bücher | Downloads | Printprodukte*	Stück | Rechte
Media-Sender	*Kooperationen | Anzeigen | Produkte*[2]	Klick | Stück
Themen-Redner	*Honorare | Ticketverkauf | Audioprodukte*	Ticket | Stück
Programm-Anbieter	*Zugang zu Kursen | Modulen | Materialien*	Stück | Abo
Community-Builder	*Zugang zur Community | Kongressen | Events*	Abo | Ticket

Fragen Sie sich: Was sind die Produkt-Formate, an die Sie glauben und bei denen Sie auch ausreichend hohe Preise aufrufen können?

1) Übergeben Sie Ihre Manuskripte einem Verlag, treten Sie Ihre Nutzungsrechte ab. Auch beim Verkauf über Plattformen übergeben Sie oft Rechte (wenn Sie z.B. einen Kurs in ein Portal wie Udemy einstellen). Denkbar ist auch die Lizenzvergabe von Material an Trainer.

2) Media-Sender haben als Hauptprodukt den Sender, verkaufen dann darüber weitere Produkte. Das sind Autorenprodukte, ein Programm, eine Community oder Keynotes etc., also die anderen 4 Typen.

Experten-Produktarten und Formate

Die Zahl möglicher Produkte und Formate wächst. Diese Aufzählung ist nicht vollständig, sondern soll aufzeigen, dass Sie zwischen vielen Content-Formaten[3] wählen können.

Verkauftes Produkt	*Inhaltliche Formate*	*Technische Formate*
Autoren-Experte schreibt[4] Bücher | Artikel | Periodica E-Books | Enhanced E-Books PDF-Material | Enhanced PDF Print-Materialien aller Art Spiele | Infokarten | Box Sets	*reine Textformate oder mit Grafik* Fachbuch | Impulsbuch | Arbeitsbuch | Magazin | Report | Essay Aufsatz | Abstract | Kolumne Poster | Infografik | Arbeitsblätter Diagramme| Checklisten| Anleitung	*Papier oder digital* Paperback | Hardcover Loseblatt | Gebunden DIN A4 | DIN A5 etc. Dateien wie ePub | Kindle HTML | Adobe PDF
Sendermarke sendet 1 Kanal | Newsletter | Feed 1 Blog | Podcast | Videokanal 1 Social Media Kanal 1 Show | 1 Sendeformat	*Sendungen mit Sende-Formaten* Einfache Postings | News | Folgen Interviews | Dokus | Tests HowToDo-Videos | Edutainment Shows (= Mix diverser Elemente)	*Alle Techniken, die Serien von Sendungen ermöglichen. Ein Podcast ist z.B. eine Serie von Tonaufnahmen.* Text | MP3 | Video Tweet | FB-Post | Instagram etc.
Redner ist zu hören Keynotes | Vorträge | Reden Seminare | Workshops | Camp Bühnen-Show | Online-Konferenz Hörbücher | Hörkurs | Podcast	Fachvortrag | Impulsvortrag Referat | Forum | Panel | Werkstatt *TED wurde weltweit bekannt für die Rennaissance des direkt vorgetragenen Storyvortrages[5].*	*Redeformate div. Längen:* 20 min | 30 min | 60 min etc. mit und ohne Präsentation *Reden via techn. Medien:* CD | MP3 | iTunes etc.
Programme sind Schulen Online-Kurse | Videokurse Jahres-Programm | Lerngruppe Seminare | Workshops | Lab Lehrgang | Ausbildung | Schule	*In der Regel mit Kursformaten gemäß Lernschicht-Pyramide* Schnupperkurs | Einführungskurs Basis-Seminar | Modul | Lehrbrief Lektion | Einheit | Master-Class Fortgeschrittenen-Kurs etc.	*Push-Systeme, die einzelne Einheiten zusenden. Oder Pull-Systeme mit Downloads.* Video | Slide Show | Screencast Membership-Plattformem Virtueller Klassenraum
Communities verbinden Live-Events | Online-Events Abos | Membership | Reisen Geschlossene Gruppen Vermittlungen (Börsen) Kollaborative Produkte	*Life-Formate = man sieht sich* *Content-Formate = wie oben* Kongress | Konferenz | Camp Meetup| Workation | Hackaton Studien-Reise | Exkursion | Mastermind | Adventure | Challenge	*Plattformen, die Austausch oder Service ermöglichen* FB–Gruppe | XING-Gruppe Chat | Forum | Kommentare Pinboards | Börsen Membership-Plattformen

3) Unterscheiden Sie inhaltliche und technische Formate. Häufig trägt ein Produkt auch den Namen des inhaltlichen Formates. Beispiel: ***Zukunfts-Forum***. Hier ist „***Zukunft***" das Thema und „***Forum***" das Format.

4) Autoren schreiben nicht nur, sie gestalten auch. Viele Kurs- und Arbeitsmaterialien sind heute visuell. Entweder sind Sie selbst Gestalter oder Sie arbeiten mit Designern zusammen.

5) Das Rede-Format ist bei TED streng: in maximal 18 Minuten, eine Idee möglichst ansprechend vorzutragen.

Strategie war noch nie eine starre Disziplin

Können Sie Erfolg planen?

Wir sagen: In einem bestimmten Umfang – Ja! Die Zeit der Smarten Experten hat einen neuen Denkrahmen: Erfolg ist kein Schicksal, sondern kann erarbeitet werden. Entrepreneure gestalten Wirklichkeit, sie warten nicht auf sie. Es hat auch schon vor der Zeit der Smarten Experten erfolgreiche Wissensarbeiter gegeben. Neu ist aber, dass Sie heute Ihr Expertenmodell systematisch „designen", vom Produkt bis zur Marke.

Ein Geschäftsmodell ist ein Labor Ihrer Gedanken

Das Gestalten eines Geschäftsmodells ist uns nicht in die Wiege gelegt. Wer noch in der alten Berufshaltung steckt, wartet auf feste Gesetze oder Vorgaben. Die gibt es aber in einer digitalen, dynamischen Welt nicht.

Strategie ist die Kunst, in einem unübersichtlichen Gelände, auf dem sich ständig Parameter ändern, ein Ziel zu erreichen. Die Produkt-Treppe® ist kein magischer Zauberstab. Hin und wieder wird ein Schachzug, der auf dem Papier gut aussah, nicht aufgehen. Planung ist für Smarte Experten ein Gemisch aus einem Ziel und der Reaktion auf Ereignisse. Denken Sie an Joseph Michael, der eigentlich ein Buch veröffentlichen wollte (er tat es, es wollte nur niemand haben). Was passiert, wenn Ihr Plan nicht aufgeht? Sie können sich ärgern und alles hinwerfen. Das ist aber nicht die Formel für Erfolg. Was ist der nächste, der zweite Schritt? Agile Denker bleiben auf Kurs, reagieren aber auf Realität. Joseph Michael schaffte nach seinem Buch-Flop den Einstieg in seine Profikarriere über einen Online-Kurs, der in sein Lieblings-Schreibwerkzeug *Scrivener* einführte. Er wusste, wie schwer es war, damit zu arbeiten ... Er schaffte es also über das Werkzeug, mit dem er das Buch erstellte :-)

Werden Sie zum flexiblen Produkt-Treppen-Architekten!

Entwickeln Sie bitte eine neue Vorliebe für Strategie. Werden Sie zum Produkt-Treppen-Architekten! Die Treppe ist in diesem Sinne ein visuelles, agiles Planungs-Tool: schnell, einfach und flexibel.

Nicht auf die Zukunft warten – mitgestalten

Wir hatten im ersten Kapitel beschrieben, wie sich unsere Zeit ändert. Produktion und Weiterbildung sind im Umbruch. Die Produkt-Treppe® ist ein Werkzeug der agilen Planung. Es geht nicht um numerische Exaktheit. Dafür sind Kalkulationen da.

Kombinieren Sie die Treppe mit anderen agilen Techniken:

Digitale Revolution und Welt 4.0

- Entwickeln Sie ein Bewusstsein für digitale Technik und das Internet
- Versuchen Sie, im Kopf der Entwicklung einen Tick voraus zu sein
- Was ist bereits passiert, was wird noch folgen?

Design Thinking + Agile Denke

- Kreativ sein als Handlungsmaxime – gestalten, nicht verwalten
- Entwicklungs-Zyklen kleiner und schneller ansetzen
- Realtität beobachten und selbstkritisch bleiben
- Allein und mit anderen Neues denken (solo + Kollaboration)
- Geschäftsmodelle visualisieren und modellieren
- Klare Bedarfslagen entdecken und dynamisch reagieren
- Thesen aufstellen und mit Prototypen testen

Lean-Startup

- Sich in das eigene Geschäftsmodell hineintesten
- Aus den Tests lernen und weiter messen
- Von groben funktionalen Erst-Tests zu später feinerem Controlling

Dranbleiben

- Aber Achtung: Flexibilität hat nichts mit Chaos zu tun!
- Bei aller Dynamik und Anpassung geht es am Ende um Konsistenz
- Erfolgreich wird der, der ein gutes Angebot konstant im Markt hält

All das ist für Solopreneur-Experten genauso relevant wie für Start-ups.

Checkliste Produkt-Treppe®

Die Produkt-Treppe® ist das Herzstück Ihres Experten-Modells. Wenn wir Biografien von Experten verfolgen, sind diejenigen erfolgreich, die ihren Angebots-Mix so aufbauen, dass ihre Kunden ihre Treppe VERSTEHEN. Gradmesser einer guten Treppe sind also Ihre Kunden. Verstehen Ihre KundInnen die Logik Ihrer Produkte? Steht die Anstrengung, Ihre Treppe hinaufzusteigen, in angemessenem Verhältnis zum Lernerfolg?

So gestalten Sie Ihre Treppe

Grundlagen klären

- Haben Sie Klarheit, für welches ***Thema*** Ihre Treppe steht?
- Welche Experten-Treppe bauen Sie? (***Experten-Typ***)
  Eine Autoren-Treppe, Sender-Treppe, Programm-Treppe ...?
- Für welchen ***Marken-Typ*** steht Ihre Treppe? So kann z.B. das Produkt auf Stufe 1 oder Stufe 6 den Markennamen tragen.

Die Treppe anlegen

- Starten Sie bei den Stufen 3 und 4.
  Was sind Ihre Arbeitspferde? Ist Ihre Tragschicht attraktiv?
- Wie bauen Sie darunter Reichweite auf?
  Wie viel und wo können Sie in Marketing investieren?
- Was wäre on Top ein Super-Produkt?
  Woran hätten Sie und Ihre Kunden besonders viel Interesse?

Die Treppe planen

- Legen Sie einen Treppen-Plan an.
  Welche Produkte erstellen Sie bis wann auf welcher Stufe?
- Legen Sie für die aktuellen Produkte eine Projektplanung an.
- Denken Sie an das Marketing pro Produkt-Launch.

Vertiefung

Arbeitsblätter Produkt-Treppe® in unserem E-Mail MINI-Kurs

- In unserem Newsletter mit seinen MINI-Kursen erhalten Sie in der Einheit zur Produkt-Treppe® die Arbeitsblätter zur Treppe kostenlos.
- Ansonsten funktioniert die Treppe auf Servietten, Flip-Chart etc.

Unser Marketing-Generator setzt ganz auf die Produkt-Treppe®

- auf über 200 Seiten vertiefen wir dort die Anwendung der Treppe
- Produktführung, Markenführung, Planung, Kennzahlen
- smartbusinessconcepts.de/marketing-generator

Alternativen zur Produkt-Treppe®

- *Business Model Canvas* von Alexander Osterwalder
- *Lean Canvas* von Ash Maurya (eine Variante der Business Canvas)

❗ Beide Tools sind aber mehr für komplexe Geschäftsmodelle

Sie sind mit diesem Schritt fertig, wenn Sie dies beantworten können:

Was sind Ihre Tragpferde in der Mitte? Name des Produktes

Wie ist Ihre Reichweitenschicht aufgebaut? Name der Produkte

☺

06 FERTIG

Zeit für Pause und Notizen

Hallo Ihr zwei,

ich wollte mich nur mal kurz melden und sagen, dass gestern mein eBook rausgekommen ist – das lief auch wirklich gut an und hat mir bisher in nicht mal 24 Stunden schon die ersten 1.000,- € Umsatz eingespielt. Außerdem gab es schon phänomenales Feedback ...

Viele Grüße

Jan

Jan Doering
Moderatorenwerk

Schritt 7 – Expertenbiografien denken

7 Sich als Experte etablieren

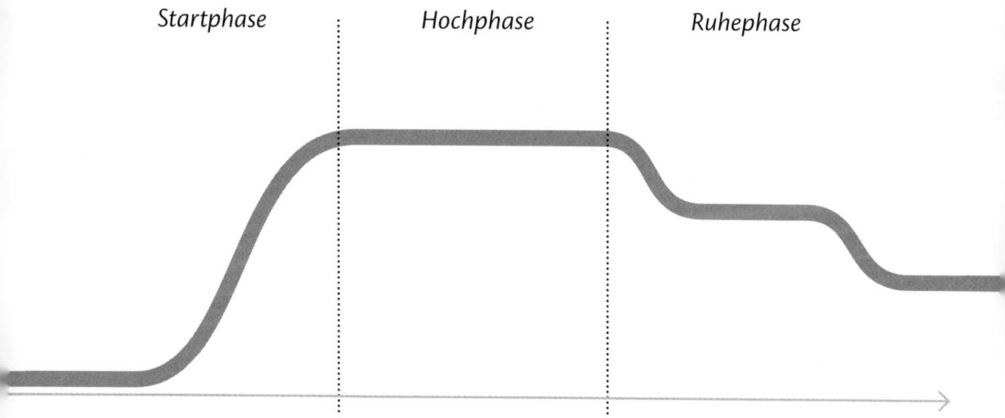

Wo sind Sie gerade und wo wollen Sie hin?

Niemand wird als Experte geboren. Jeder fängt irgendwo an. Aber wie geht es dann weiter? In Deutschland gibt es nirgends eine „Experten-Kunde". Dabei halten wir es für sehr wichtig, zu träumen und einen Plan zu haben.

Ein Phasenmodell, das Ihnen dabei hilft.

Als Expertin oder Experte smart sein Geld verdienen

Drei verschiedene Szenarios

Wir zeigen Ihnen in den nächsten drei Kapiteln mögliche smarte Experten-Biografien aus drei unterschiedlichen Sichtwinkeln:

- Kapitel 07 • Sie sind noch nicht als Experte etabliert und starten bei Null
- Kapitel 08 • Sie sind bereits Profi, wollen aber Ihre Arbeitsweise ändern
- Kapitel 09 • Sie haben einige Runden als Smarter Experte hinter sich – was dann?

Das bisherige Buch hat Ihnen *die Zeit der Smarten Experten* vor Augen geführt. Es gibt immer mehr Experten, die neue Technik nutzen, um freier und selbstständiger zu publizieren, zu lehren und davon zu leben.

Beschrieben wurden Möglichkeiten, Fallbeispiele, smarte Techniken und Denkweisen. Eine Sache wahrzunehmen, sie zu verstehen ***oder sie selbst zu tun***, sind aber zwei komplett verschiedene Dinge.

Es gibt viele, die würden gerne sportlicher sein, tun aber nichts dafür ...

Im letzten Drittel des Buches geht es daher um die Umsetzung. Wie schaffen Sie es, Ihren eigenen Expertenstatus smart zu leben? Wir sind Realisten und werden ohne rosarote Brille beschreiben, was Sie erwartet, wenn Sie Ihren Weg professionell gehen. Wir selbst sind Profis und erwirtschaften aus unserem Home-Office als Experten unser Einkommen. Das tun wir seit mehr als 25 Jahren.

Smart geht, aber einige Punkte sind wichtig. Besonders wichtig ist, dass Sie die Waage zwischen Ihrer Person (Ihre Dimension) und der Ihres Betriebes (Ihre Einnahmen) ins Lot bekommen. Anders gesprochen: Sie müssen Ihre Flughöhe rausbekommen. Der eine schafft mehr, der andere weniger. Der eine steht noch am Anfang, der andere ist bereits mitten drin... Uns ist daher wichtig, dass Sie Ihr Expertenkonzept an Ihre Person anpassen, Ihre Träume weder zu groß noch zu klein machen.

Fangen wir zunächst mit dem Start an.

Das Experten-Phasenmodell

Dieses einfache Phasenmodell hilft Ihnen, Ihre Experten-Biografie zu beobachten. Wir starten bei der Entscheidung und der Etablierung.

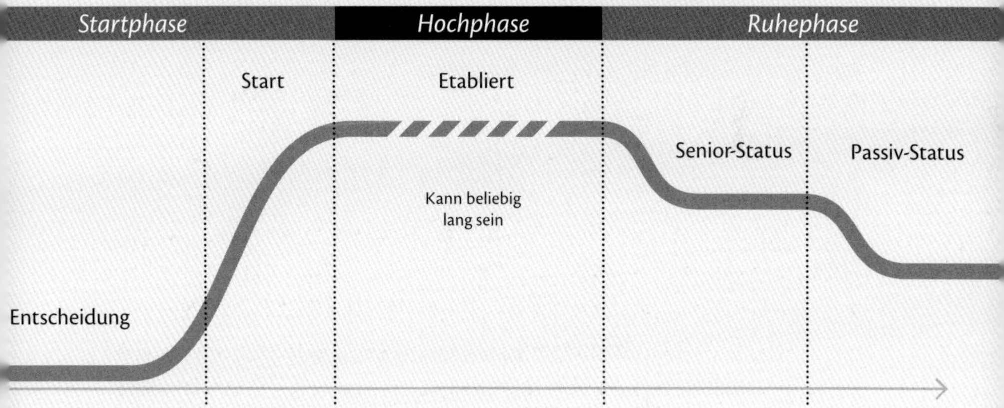

Das Sicherungs-System

Sowohl beim ***Start*** *(dieses Kapitel)* als auch beim ***Switch*** *(nächstes Kapitel)* raten wir Ihnen, mit einem *Sicherungs-System* zu arbeiten. Also nicht Knall auf Fall bisherige Einnahmen zu kündigen, sondern aus System A auszuschleichen und das neue Experten-System parallel zu etablieren.

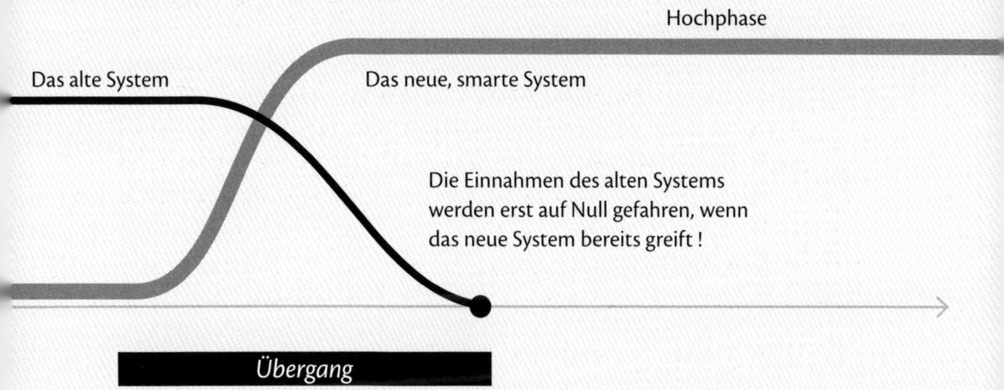

Wie fahren Sie ein Experten-System hoch?

Das Netz ist voll von „Financial-Freedom-Träumen“. Häufig sind solche Träume recht plump: Arbeiten, bis das Konto voll ist und dann nichts mehr tun. Rechts sehen Sie einen Extrem-Traum, der wenig mit der Wirklichkeit zu tun hat. Es ist der „One-Shot-Traum“. Ein Treffer genügt.

Ein eigenes Gefühl für Zahlen bekommen

Wenn Sie neu starten, fehlen Ihnen Erfahrungen. Das macht Sie anfällig für Fehlinformationen und schräge Bilder. Jeder träumt am Anfang hin und wieder an der Wirklichkeit vorbei. Das gehört dazu. Bleiben Sie deshalb aufmerksam: trennen Sie sich von Gedanken, die Sie dazu verführen, nicht wirklich und ehrlich zu investieren. Eine Experten-Etablierung dauert. Planen Sie dafür länger als 1 Jahr. Diese Startphase hat eine besondere Bedeutung. Wer die erste Etappe nicht schafft, kommt gar nicht in der attraktiven Hochphase an. Zu Beginn sind Zahlen kritisch. Ein steiler Erfolg wie bei *Giulia Enders* mit ihrem Buch *Darm mit Charme* ist die absoltue Ausnahme. Hier gilt es, die eigenen Ressourcen mit Augenmaß einzusetzen und nicht zu pokern. Behalten Sie immer eine Reserve für Plan B.

Das Start-Paradox - Leichtigkeit ist am Anfang schwer

Das bringt uns zum ***Start-Paradox***: Um es in Zukunft einmal leichter zu haben, müssen Sie erst einmal über eine Anfangsschwelle hinweg. Sie müssen sich gegen die Meinung anderer trauen, ihren eigenen Weg zu gehen UND zusätzliche, neue Energie mobilisieren und investieren. Hier kommen zwei Tugenden ins Spiel, die oft übersehen werden: Ausdauer und Fleiß. Wenn Sie Ihr Thema nicht tiefer, lustiger, neuer, spannender – kurzum besser – aufarbeiten, warum sollte jemand zuhören?

Die gute Nachricht: Es macht Spaß, Qualität zu liefern und es gibt einige Techniken, die Ihnen helfen, die erste Zeit gut zu gestalten. Das fängt bereits VOR dem eigentlichen Start an. Sehen wir uns daher erst einmal an, wie Sie überhaupt ***entscheiden***, ob die vorgestellten Konzepte in diesem Buch etwas für Sie sind.

Der Bestseller-Traum

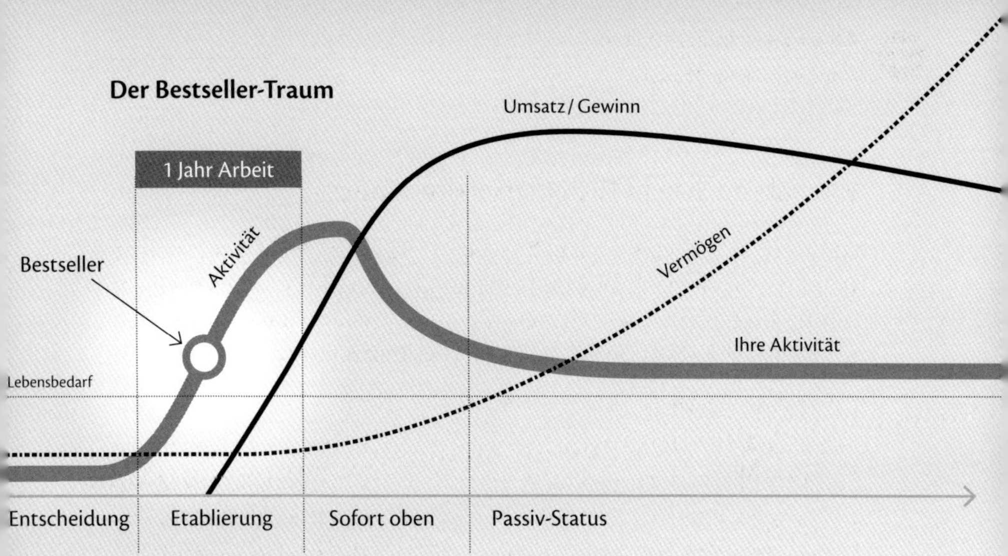

- Sie entwerfen einen Online-Kurs oder schreiben ein Buch oder ähnlich.
- ***Umsatz:*** Dieses erste Produkt wird sofort ein Mega-Bestseller, treibt Ihre Umsätze über die 1-Mio-Euro-pro-Jahr-Grenze und bleibt dort wie festgeklebt über Jahre hinweg auf einem gigantisch hohen Umsatz stehen.
- ***Vermögen:*** In Folge klettert Ihr Vermögen in astronomische Höhe.
- ***Aktivität:*** Deshalb müssen Sie nur noch wenig arbeiten.

In der Regel sieht das nicht so aus. Begraben Sie daher Phantasien vom schnellen Geld. Ein starkes Produkt zu Beginn hilft natürlich, rechnen Sie aber nicht damit, dass Sie damit schon „durch" wären.

Das Gesetz der kleinen Zahl

Jeder träumt von einer Auflage von über 100.000 (große Zahl). Dies ist im Bereich der Fachbücher (oder anderen Fach-Publikationen) aber die Ausnahme. Die Realität der meisten Fachpublikationen = kleine Zahlen!

Je spezieller Ihr Fachthema, um so eher landen Sie bei verkauften Auflagen von 1.000 bis 3.000 Stück. Also muss Ihr Geschäftskonzept anders aussehen, wenn Sie mehr als eine schwarze Null schreiben wollen. Unter dem ***Gesetz der kleinen Zahlen*** verstehen wir Konzepte, die bei normalen Auflagen tragfähig sind. Versuchen Sie schon, über die 3.000 Stück hinauszukommen, aber kalkulieren Sie nicht mit großen Zahlen.

Wuschelkopf bricht konservativen Berufsstand auf

Jan Uekermann ging immer schon gerne auf andere zu und dachte eigentlich daran, Journalist zu werden. Nach einem freiwilligen Einsatz in einem Kinderheim in Guatemala wurde ihm angeboten, ***Fundraiser*** zu werden – eine Aufgabe, die er nicht vor Augen hatte. Das änderte sein Leben. „Die Schönheit von Geben und Nehmen" ist seitdem eine Passion, die ihn treibt:

- 2002 beginnt er die Ausbildung zum Fundraiser und sammelt zunächst Spenden für Kinderprojekte. Er kommt sofort gut bei Großspendern an und spezialisiert sich bald auf das Großspenden-Fundraising
- seit 2006 gibt er sein Wissen in Seminaren und Vorträgen weiter
- 2008 startet er mit FUNDCAST, dem ersten deutschsprachigen Fundraising-Podcast (zunächst Audio, dann Video), mit dem er auf Kongressen Fundraising-Expert/innen interviewt
- Auch engagiert er sich im Bloggerteam von *sozialmarketing.de*
- 2010 erscheint sein erstes Buch: *Fundraising-Grundlagen*

- 2012 hört er als fest angestellter Fundraiser auf
- 2013 zieht er um in die Schweiz, nach Zürich, wo er sich schnell durch seinen Job als Projektleiter von *Swissfundraising* ein Netzwerk aufbaut
- Im gleichen Jahr gründet er mit *Marita Haibach* (eine profilierte Großspenden-Fundraiserin) das *Major Giving Institute*
- 2014 wird er *Head of Communication* für *RaiseNow* (Teilzeit-Mandat)
- 2017 erscheint in Zusammenarbeit mit Dr. Marita Haibach das Buch: *Großspenden-Fundraising – Wege zu mehr Philanthropie*
- 2018 startet er seinen ersten Online-Kurs: *Fit fürs Fundraising*

Gut zu sehen: Der schrittweise Übergang vom Angestellten zum Fundraising-Experten und wie Projekte und Jobs diesen Weg stützen.

Von einem, der nicht aufhören kann zu lernen

Jan Uekermann fällt dadurch auf, dass er bodenlos neugierig ist. Er will es wissen. 2007 bekommt er als erster Stipendiat des *Alumnivereins der Fundraising Akademie* einen Forschungsauftrag und geht für einige Wochen in die USA, um dort bekannten US-Fundraisern über die Schulter zu schauen. Und was tut er, als er immer mehr als Experte gebucht wird? Er beginnt im Sommer 2017 Fundraising zu studieren, im ersten offiziellen Master-Studiengang in Deutschland, in Ludwigshafen am Rhein.

januekermann.de

Hallo Jan, wann kam bei Dir der Umschlag von „ich bin ein Fundraiser" zu dem „ich bin ein Fundraising-Experte"? War das gewollt oder eher Unfall?

„Als ich begann, mein Wissen in Seminaren, Vorträgen, Fachartikeln zu teilen, wurde mir klar, dass ich Menschen begeistern kann. Ich schaffe es zu inspirieren und motivieren. Sie zu ermutigen, Neues auszuprobieren, Dinge anders zu sehen. Ich fühle mich nicht als Experte – obwohl ich in dem einen oder anderen Bereich schon viele Erfahrungen sammeln durfte. Ich möchte immer lernen. Und dieses Wissen so aufbereiten, dass viele davon profitieren können."

Was hat Dir geholfen, Deinen Ruf, dass Du etwas zu sagen hast, aufzubauen?

„Ich hatte bisher immer eine Festanstellung, dank derer ich auch Freiheiten hatte, Dinge auszuprobieren und umzusetzen, die mir ebenfalls am Herzen lagen. Ein regelmäßiges Einkommen hilft am Anfang – das ist mein Learning. Ich bin gefühlt immer noch vor dem Anfang, obwohl ich eigentlich schon mitten drin bin."

Auswertung

Jan Uekermann nutzt vorbildlich seine Möglichkeiten und etabliert sich konsequent in einem Themenfeld. Sein Fachgebiet ist so speziell, dass er dort nicht von digitalen Massen-Angeboten leben kann. Daher setzt er auf einen Mix von klassischen und smarten Formaten und flankiert das Ganze durch Teilzeit-Mandate. In unseren Augen ist das smart.

Wie treffen Sie eine Entscheidung?

Ihr Weg zum Wissens-Entrepreneur beginnt bei Ihren Entscheidungen. Sich kopfüber ins Wasser zu stürzen, ist keine gute Idee. Zumindest, wenn Sie nicht wissen, wie tief das Wasser ist. Lernen Sie, bessere Entscheidungen zu treffen, besser zu testen und besser vorzubereiten.

Oft treffen wir Entscheidungen kurzatmig und ohne einen Kontext – als wäre das Leben eine *Multiple-Choice-Prüfung*. Es gibt immer 3 Checkboxen, und wer sofort die richtige ankreuzt, hat gewonnen. Viele glauben, Erfolg im Business sei wie Lotto. Man muss raten, und wer zufällig die richtige Idee hat, kommt durch. Das ist Jackpot-Denke und nicht mutmachend.

Smart geht anders. Hören Sie auf, Business-Entscheidungen *schwarz-weiß* zu sehen. Natürlich gehört zu jedem Erfolg eine Portion Glück, aber Ihre Vorgehensweise ist wichtiger als der Faktor „Glück". Erfolg entsteht beim Gehen und nicht beim Grübeln. Erfolg als Experte hat viel damit zu tun, wie Sie experimentieren und aus Ergebnissen lernen.

Raten Sie nicht, testen Sie sich voran. Entscheiden Sie sich daher, einen Weg zu gehen, bei dem Sie herausfinden, ob es klappt oder nicht. Treffen Sie in Zukunft keine *Ja / Nein-Entscheidungen*, sondern *Etappen-Entscheidungen*: Wie weit gehen Sie, bis Sie etwas entscheiden können?

Das ist eine agile Grundhaltung, die Sie vor Fixierungen bewahrt.

Smarte Denker mischen drei Dinge:

A – Sie entwickeln ein klares ***Ziel***, was sie wollen
B – Sie bleiben aber ***flexibel*** auf dem Weg der Umsetzung
C – Sie begrenzen das Risiko unterwegs durch smarte ***Test-Boxen***

Ihre erste Test-Box ist die Entscheidung, ob Sie überhaupt smarte Produkte wollen. Rechts steht eine kurze Regieanweisung, wie Sie Schritt für Schritt Ihr Experten-Potenzial ausloten und dann eine Entscheidung treffen, ob Sie sich an den Sprung (Experten-Etablierung) heranarbeiten. Denn einfach sofort springen, ist nicht die beste Taktik.

Warum eine Entscheidung mehr ist als ein Ja oder Nein

Lange Vorgeschichte – *Jede Entscheidung hat eine Vorgeschichte.*

Wendepunkt

Ein Ereignis oder eine Einsicht führt dazu, dass Sie sich überlegen, ob ein smartes Experten-Modell für Sie richtig ist. Tipp: Beginnen Sie ab jetzt mit Notizen: Was war der Auslöser? WARUM zieht Sie das an?

Der Entscheidung Raum geben

Ihre erste Test-Box

6 Monate

Entscheidungs-Projekt

Nehmen Sie sich ernst und machen Sie aus diesen ersten Gedanken ein Entscheidungs-Projekt. Schreiben Sie sich auf, was passieren müsste, damit Sie sich wirklich professionell darauf einlassen.

Richten Sie sich einen Kreativen Raum ein

Schaffen Sie sich einen Platz, an dem Veränderung passieren kann. Eine Wende passiert nicht am Küchentisch, wenn Ihre Kinder um Sie herumtoben. Reservieren Sie Ihre beste Gedankenzeit für Ihre strategische Arbeit. Ohne einen Kreativen Raum, werden Sie kein Smarter Experte.

Die Idee entwickeln und testen

Idee entwickeln – Ihr Experten-Modell skizzieren

Nutzen Sie dazu die Schritte 3, 4, 5 und 6 in diesem Buch:
Finden Sie Ihr Thema, legen Sie Ihren Experten-Typ fest, entscheiden Sie sich für einen Marken-Typ, skizzieren Sie Ihre Produkt-Treppe®.

Idee mit Prototyp testen

Womit könnten Sie zügig testen, ob andere Ihre Produkte kaufen? Welchen Prototypen (Pilot) können Sie aufsetzen?

Entscheidung, es zu versuchen

Läuft der Prototyp gut, dann fällen Sie die Entscheidung, ob Sie in die nächste Runde gehen. Sie beginnen, Ihre Produkt-Treppe® zu etablieren. Läuft der Prototyp nicht gut, brechen Sie entweder ab oder setzen den nächsten (veränderten) Prototyp auf.

Agiles Denken für Experten

Smartes Denken ist agil. Das bedeutet: Sie arbeiten zielgerichtet, aber in kleinen Entwicklungs-Loops, um Ergebnisse immer frisch den aktuellen Ereignissen anzupassen. Gemeinhin wird angenommen, dass nur Teams agil arbeiten könnten. Weit gefehlt. Experten sind seit Urzeiten Entwickler, Designer, Denker und Modellierer. Trauen Sie sich zu, auch mit einem Expertenkonzept agil vorzugehen.

ENTSCHEIDUNG

Sicherungs-System

Der Pilot mit oder ohne Prototyp

Ein Pilot ist ein erster Feldversuch. Entweder mit einem Prototypen (Vorversion Ihres Produktes) oder einfach einem Vortrag zu Ihrem Thema etc. Der Pilot dient dazu, herauszubekommen, ob Sie mit Ihrer Idee richtig liegen. Es kann mehrere Piloten geben. Bei einem Piloten muss noch nicht zwingend etwas verkauft werden, kann aber.

Experten-Start

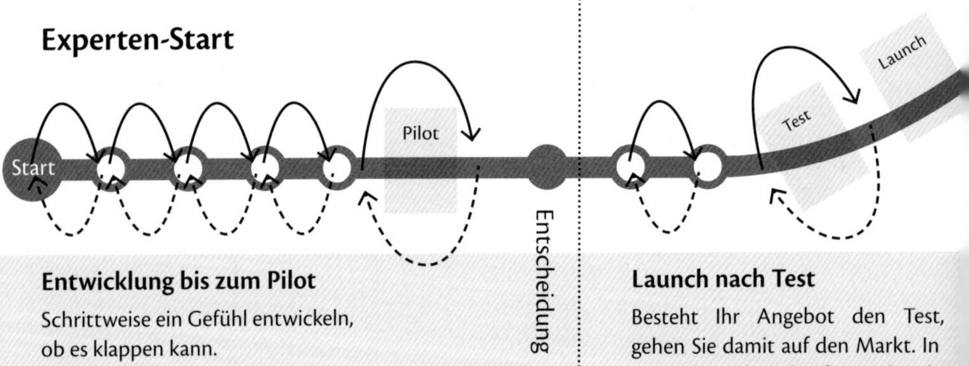

Entwicklung bis zum Pilot

Schrittweise ein Gefühl entwickeln, ob es klappen kann.

ETABLIERUNG

Erster realer Test

Für einen realen Test brauchen Sie einen Prototypen oder bereits das fertige Produkt. Sonst können Sie es nicht testen. Bei uns ist Testversion immer eine Version 0.6 oder ähnlich. Die 1.0 ist dann die erste reguläre Verkaufs-Version.

Launch nach Test

Besteht Ihr Angebot den Test, gehen Sie damit auf den Markt. In einem Launch verkaufen und etablieren Sie gleichzeitig den Ruf, dass Sie da sind. Stecken Sie sich beim ersten Launch nicht zu hohe Ziele.

Was sichert Sie?

Während Sie Neues entwickeln, müssen Sie von etwas leben. Entweder gibt ein Lebenspartner Rückendeckung oder Sie arbeiten oder jobben so lange parallel, bis die neuen Einnahmen groß genug sind. Kredite empfehlen wir nicht, da Sie nicht genau wissen, wann Ihre Etablierung greift.

HOCHPHASE

Etabliert

sind Sie, wenn die Umsätze stabil bleiben.

ETABLIERUNG

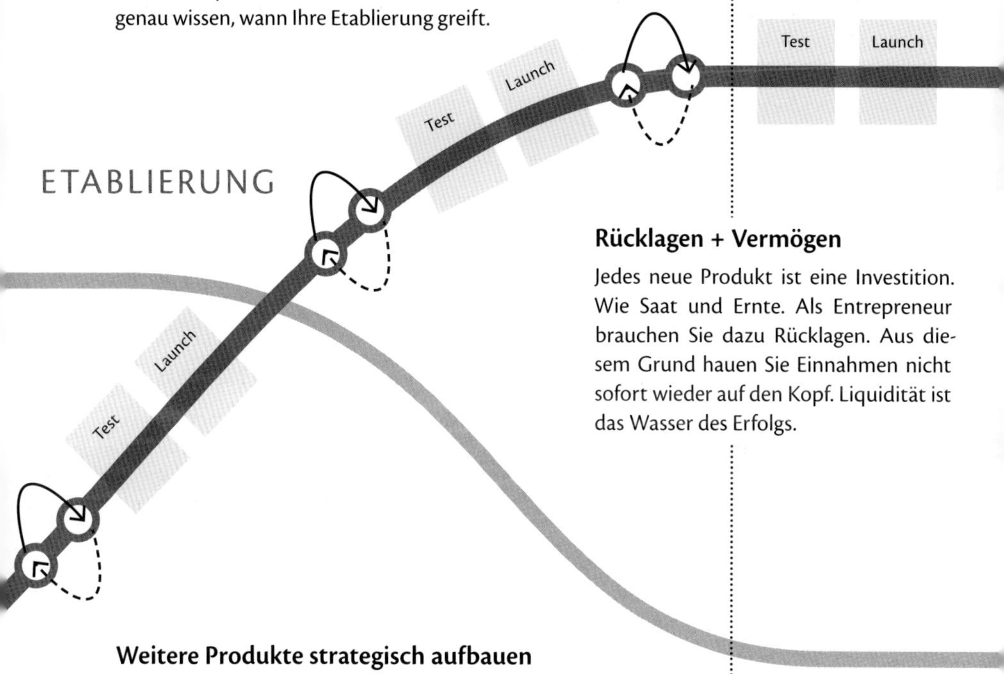

Rücklagen + Vermögen

Jedes neue Produkt ist eine Investition. Wie Saat und Ernte. Als Entrepreneur brauchen Sie dazu Rücklagen. Aus diesem Grund hauen Sie Einnahmen nicht sofort wieder auf den Kopf. Liquidität ist das Wasser des Erfolgs.

Weitere Produkte strategisch aufbauen

Sie arbeiten sich an Ihrer Produkt-Treppe® hoch. Ob Stufe für Stufe oder nach einem anderen Muster, ist eine strategische Frage. Im Marketing Generator stellen wir das ausführlicher dar. Den Rhythmus *Entwicklung, Feedback, Test, Launch* behalten Sie bei.

Sicherung zurückfahren

Sie können langsam einschätzen, wie viel Sie pro Monat erwirtschaften. Erst ab jetzt reduzieren Sie die Einnahmen aus dem alten System.

Baustellen parallel managen

Sechs Dinge brauchen Sie für Ihren Erfolg:

- Eine passende Infrastruktur — *Büro / Technik / Rechtsform etc.*
- Ein klares Thema — *Siehe Kapitel 3*
- Ein Angebot — *Produkt-Treppe®*

- Reputation — *Ihre Marke*
- Ein Marketing, das Interessenten erreicht — *Reichweite*
- Kunden, die Ihre Angebote / Produkte kaufen — *Umsatz*

Die Versuchung – nur am Produkt zu arbeiten

Wer beginnt, hat also (minimal) sechs Baustellen. Was am meisten Spaß bringt, ist in der Regel die ***Produkt-Entwicklung*** (Angebot). Deshalb ist die Versuchung groß, sich in einen Keller einzuschließen und drei Jahre vor sich hinzuarbeiten, bis Ihr erstes Produkt steht. ***Vorsicht Falle!*** So vergessen Sie die anderen Baustellen. Wer startet, hat schlagartig mehrere Dimensionen: Technik, Finanzen, Administration, Kunden, Marketing etc. Wie in einer Aufwärts-Spirale brauchen Sie alles.

Es geht daher beim Start für Sie um mehr als ein neues Produkt. Es geht um eine VERÄNDERUNG. Sie werden Entrepreneur. Das bedeutet: Sie werden komplett anders arbeiten und steuern – Sie verändern sich. Sie werden Unternehmer und müssen Ihre Zeit anders einteilen.

Faustformel für Ihren Zeiteinsatz

- 1/3 System-Entwicklung — *Technik, Struktur, Administration*
- 1/3 Produkt-Entwicklung — *Content & Formate*
- 1/3 Marketing — *Reichweite & Netzwerk*

Wenn Sie zu viel Zeit in die Produkt-Entwicklung investieren, stehen am Ende Ihre Systeme nicht. Ohne Ihre Systeme *(Geschäftsmodell, Technik, Komponenten, Netzwerke, Administration)* hat Ihr Produkt keinen Boden und ohne Marketing keine Reichweite.

Drei Lieblingsfehler von Anfängern

HOBBY-FEHLER | Der Kardinalfehler – Herumspielen

Ihr Geschäftsmodell als reine Selbstentfaltung anzusehen

Von einem smarten Experten-Modell zu leben, ist KEIN Hobby. Leidenschaft (Herz) für Ihr Thema ist wichtig, aber wählen Sie keine Sache, die Sie *„immer schon einmal machen wollten"*. Hier das Resümee eines Solopreneur-Paares, das sich nach einigen Jahren fragte, warum es beim Erfolg nicht so weit war, wie es wollte: *„Dabei sind wir aber häufig unseren Neigungen und Interessen gefolgt und haben erst spät an das Geschäftsmodell gedacht."*[1] Wo ist der starke, eindeutige Bedarf Ihrer Kunden? Spielen Sie nicht herum.

PRODUKT-FEHLER | Zu viel in ein einziges Produkt investieren

Ihr erstes Produkt *(Seminar, Buch, Online-Kurs ...)* soll besonders gut sein. Von daher vergessen Sie, zügig auf den Markt zu gehen und zu testen. Varianten dieses Fehlers sind:

- ***Zu glauben, ein Buch, Kurs allein wäre schon ein Geschäftsmodell***
  Ein Buch etc. kann wichtig sein, aber es ist nur ein Baustein auf Ihrer Produkt-Treppe®. Merksatz: *Produkte vergehen, Treppen, die stehen.*
- ***Ein Buch, Seminar etc. mit einem Co-Autor zu schreiben / entwickeln***
  Aus Angst, nicht genug Reputation zu haben, holt man sich einen zweiten Experten an Bord. Damit verlieren Sie Rechte und Eigenständigkeit.
- ***Komplexe Produkte zu unterschätzen***
  Produzieren Sie nicht gleich als erstes Produkt einen Online-Kurs mit 40 Videos in drei Sprachen an 5 verschiedenen Orten. Keep it simple.

WUSEL-FEHLER | Zu viele Dinge wahllos nebeneinander

In der ersten Begeisterung starten Sie zu viele Dinge parallel. Halten Sie sich immer vor Augen: Was Sie anzetteln, müssen Sie auch durchhalten. Konzentrieren Sie sich auf Ihre zentralen Aufgaben. Bringen Sie diese nach vorn. Nicht die Anzahl von Aktivitäten entscheidet, sondern die Anzahl von Verkäufen und Buchungen. Bleiben Sie gelassen fokussiert.

1 – In einer Mail an uns.

Erste Reichweite

Beim Start haben Experten selten eigene Reichweite. Online-Marketer kompensieren dies durch Geld und investieren in Anzeigen *(aktives Marketing)*. Wenn Sie nicht aufpassen, artet das in eine reine Geldschlacht aus. Besser: Reichweite, ohne dafür zu bezahlen *(passives Marketing)*.

REICHWEITE-SYSTEM

Beim Start muss das Marketing noch nicht komplett online sein. Gespräche + Netzwerk zählen ebenso.

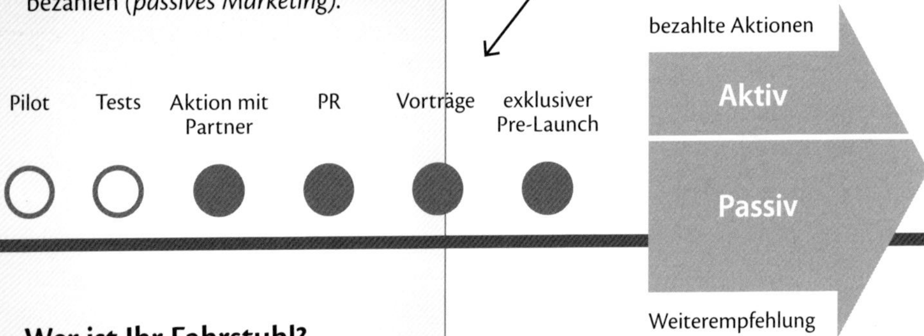

Wer ist Ihr Fahrstuhl?

Wer empfiehlt Sie gerne weiter und nimmt Sie Huckepack? Gibt es andere Experten, Medien, Events, Firmen, etc. die Sie nach vorne bringen? Schmieden Sie Kooperationen.

- Wie können Sie bekannt werden?
- Wer kann Ihr Fahrstuhl sein?
- Wann berichten andere über Sie?
- Wann empfiehlt man Sie weiter?

Erste Aufmerksamkeit setzen

Was erzeugt eine hohe Aufmerksamkeit? Im Fallbeispiel von *Eugen Simon* schildern wir, wie sein Programm deutschlandweit durch seine *1-Euro-Sprungbrett-Seminare* bekannt wurde.

Was müssten Sie anbieten, dass andere über Ihr Angebot berichten? Sie kommen voran, wenn Ihr Passiv-Marketing (andere empfehlen Sie) anspringt.

IMPULS-SYSTEM

FAN-SYSTEM

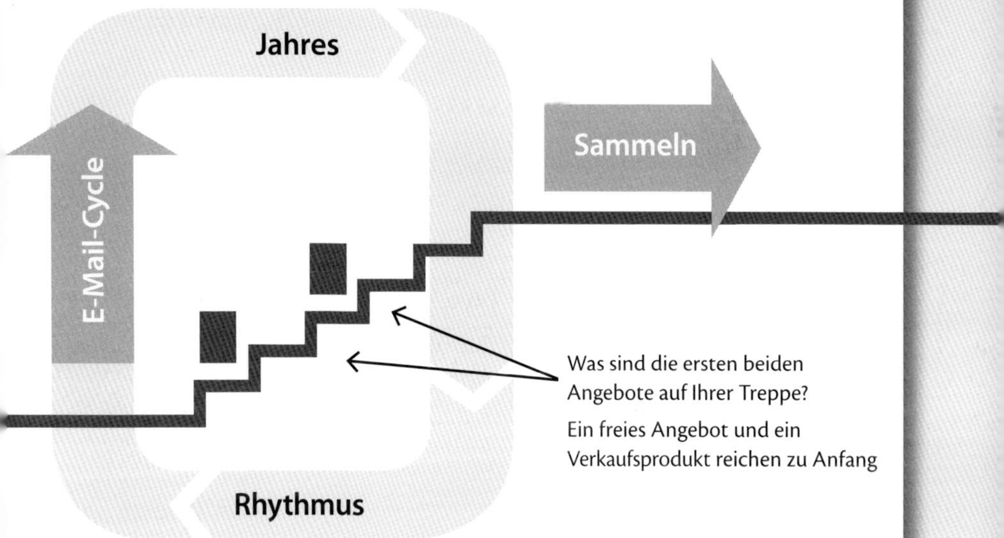

In die Kommunikation holen

Setzen Sie von Anfang an auf E-Mail-Marketing. Investieren Sie in ein System wie *MailChimp, Newsletter2Go* oder *ActiveCampaign.* Verkaufen Sie nicht sofort. Holen Sie Interessenten in Ihre Mailing-Liste und sprechen Sie dort mit ihnen via Mail.

Weitere Tipps zu Komponenten finden Sie in unserer *Komponenten-Liste.*

Nacharbeit

Gerade am Anfang (aber nicht nur dort) lohnt es sich, mit den Kunden in Kontakt zu bleiben. Diese sagen Ihnen, ob Ihre Inhalte funktioneren und diese empfehlen Sie weiter.

Wichtig: Ihre Kunden machen Sie zum Experten, nicht Sie selbst.

5 gebräuchliche Start-Szenarien

Sie haben eine erste Infrastruktur, Ihr Thema und idealerweise ein erstes Produkt. Was dann? Wie kommen Sie in den Aufwind? Das ist die Zeit, Ihre Start-Logik festzulegen. Für Ihr Marketing brauchen Sie eine Startrampe, das Ei vor der Henne, eine Art Marketing-Steigbügel. Es gibt einige Startformen, die immer wieder zu sehen sind:

Buchstart

- Der klassische Expertenstart. Schreiben Sie ein gutes Buch zu Ihrem Thema und nutzen Sie die Sogwirkung des Buches. In der Regel schreibt der Experte das Buch selbst. Wir empfehlen, das erste Buch allein zu schreiben (ohne Coautor). Sie wollen ja, dass Ihr Name bekannt wird.
- ***Alternativ:*** Sie setzen auf einen Sammelband mit Artikeln anderer Experten. Vorteil: Sie müssen nicht selbst schreiben und nutzen die Reputation anderer. Nachteil: Sie gewinnen dadurch nur begrenzt. Warum sollte man sich für Sie entscheiden und nicht für die anderen?

Kongress-Start

- Gerade Community-Builder starten eher mit einem Event. Klassiker wäre „der Kongress". Es geht aber auch jedes andere Format. Aber Vorsicht: Ein Event muss spitz kalkuliert werden, um keine Verluste einzufahren. Wenn Sie es falsch machen, verdienen nur die Saalbesitzer und Caterer. Denken Sie also quer und halten Sie den Aufwand in Grenzen.
- ***Alternativer Trend:*** Sie veranstalten einen *Online-Kongress*. Bei diesem brauchen Sie keine Räume, sondern „nur" digitale Technik. Dabei wechseln sich z.B. einen ganzen Tag lang Speaker in Webinaren oder anderen virtuellen Formaten ab. Diese Strategie ist zur Zeit häufiger im Netz zu sehen. Es ist quasi der „virtuelle Sammelband".

Keynote-Start

- Sie sprechen auf Veranstaltungen, wo Sie können (zu jeder Kondition). Hauptsache, Sie stehen vor einem Publikum und werden bekannter. Das ist ein anstrengender Weg, funktioniert aber nach wie vor. Voraussetzung: Sie haben nicht nur die eine Keynote, die Sie halten, sondern Angebote im Hintergrund, auf die Sie verweisen können.

Social-Media-Start / Kanal-Start

- Sie bloggen, podcasten und senden, was das Zeug hält. Dabei haben Sie einen starken Kanal (Sender) der Schritt für Schritt immer mehr Nutzer anzieht. Ist das Vertrauen gewachsen, können Sie dort Ihr Angebot etablieren. Anstrengend, aber wesentlich günstiger als zu versuchen, nur mit Anzeigen zu starten. Sie investieren konsequent in Ihren Markenaufbau und liefern nützliche Inhalte. Erst geben, dann mehr anbieten.

Launch-Kette

- Sie kennen die Reihenfolge Ihrer Kurse, Bücher, Angebote und kennen sich mit Online-Marketing aus. Sie launchen mit einem strengen System alle 3 bis 6 Monate ein Produkt und achten darauf, Ihre Reichweite Stück für Stück zu steigern (Unsere Erfahrung: Sie schaffen nur ein großes Produkt pro Jahr. Was kommt dazwischen?). Dies funktioniert besonders gut, wenn Sie ein Netzwerk haben. Hier ist auch der Affiliate-Launch anzusiedeln, bei dem wir aber vorsichtig sind.

Wer startet wie?

Da Sie die 5 Experten-Typen kennen, können Sie ahnen, welcher Experten-Typ wohl am ehesten mit welcher Start-Strategie arbeitet.

Experten-Typ	Start-Strategie	Marketing-Herausforderung
Autor	Buch	Erste Auflage verkaufen, Rezensionen
Sender	Kanalstart	Über die ersten 7 Sendungen hinauskommen
Redner	Keynotes	Angefragt zu werden, Höhe des Honorars
Programm	Erster Kurs	Kritische Masse für den ersten Kurs
Community	Event	Kritische Masse für das erste Event

Denken Sie immer daran, dass ein Angebot einen Vorlauf braucht, um zu greifen. Oft helfen ***Huckepack-Strategien***: Sie halten mehrmals einen Vortrag, bis dieser rund ist, schreiben dann daraus abgeleitet das Buch zum Thema und satteln dann den dazugehörigen Kongress auf das Buch.

Mut zu einer neuen Rolle

Es ist einfacher denn je, Smarter Experte zu sein. Heute können Sie sich in „Eigenarbeit" etablieren und (beim richtigen Thema) auch davon leben. Die Eintrittsschwellen sind drastisch gesunken. Ein Experten-Start ist aber keine klassische Existenz-Gründung. Wir raten davon ab, es wie eine Ladeneröffnung zu sehen. Alles einrichten und dann die Türen öffnen ...

Nehmen Sie sich die Zeit, die Sie zur Etablierung brauchen. Wir sprechen immer pauschal von drei Jahren. Dieser Zeitraum ist willkürlich benannt. Es hängt davon ab, mit welchem Thema Sie bei welchem Publikum mit welchen Vorkenntnissen starten. Achten Sie auf ein Sicherungs-System.

Packen Sie auch eine gehörige Portion von Anfangsmut und Energie ein. Deutschland ist kein Mutmacherland. Schon gar nicht, wenn es um den Start einer smarten Expertenbiografie geht. Rechnen Sie also damit, nicht von allen verstanden zu werden.

Was erwartet Sie als Smarter Experte?

Die Antwort ist einfach: Sinnvolle Arbeit. Aber nichtsdestotrotz – Arbeit!

Es gilt, einiges zu tun, bevor Sie ein gutes Einkommen ernten können. Wir haben Bücher wie *„Die 4 Stunden Woche"* gelesen und wissen, dass viele sich vom Versprechen leichter Arbeit und überdurchschnittlichem Verdienst angesprochen fühlen. Lassen Sie sich nicht täuschen: Der eigene Weg zum smarten Expertentum ist oft steinig. Es ist Arbeit, eigene Produkte aufzusetzen, darüber Einkommen zu etablieren und stabil zu halten. Es ist oft bequemer, jeden Morgen um 6 Uhr aufzustehen und um 8 Uhr in irgendeinem Betrieb seinen Arbeitsplatz einzunehmen.

Dies wäre einfacher (weil andere für Sie entscheiden) und „sicherer".

Aber wollen Sie das? Wir nicht mehr.

Wenn Sie an Ihren Produkten arbeiten, sind Sie eigenverantwortlich tätig. Das kostet Energie. Zeit eigenverantwortlich zu gestalten – das ist zugleich das Schönste an einer smarten Selbstständigkeit. Wenn Sie das wollen: Fangen Sie an. Es ist möglich, Smarter Experte zu werden!

Zusammenfassung

Experten-Phasenmodell

- Das Phasenmodell hilft, eine langfristige Sicht zu entwickeln
- Fallen Sie nicht auf „Bestseller-Reichtums-Träume" herein
- Achten Sie auf ein Sicherungs-System, bis Sie etabliert sind

Fehler vermeiden

- Sie sind Entrepreneur: 1/3 Struktur – 1/3 Produkt – 1/3 Marketing
- Auch wenn Sie noch wenig Reputation haben: bleiben Sie solo
- Starten Sie zu Beginn nicht zu viele Sachen parallel

Erste Reichweite

- Überlegen Sie sich eine Start-Systematik: Was hebelt welches Produkt?
- Beginnen Sie bereits, in der Entscheidungsphase zu testen
- Setzen Sie nicht allein auf Anzeigen – wer empfiehlt Sie weiter?

Sie sind mit diesem Schritt fertig, wenn Sie dies beantworten können:

Ich starte mit dem folgenden Prototyp Einfaches Testprodukt .

Ich treffe Zeitpunkt / Ereignis *die Entscheidung, ob und wie ich weitermache.*

07 FERTIG

Zeit für Pause und Notizen

Förster & Kreuz sind Autoren, die Menschen mit ihren Büchern und Vorträgen inspirieren. Sie machen keine Coachings. Keine Beratung. Keine Trainings.

Klarstellung auf *foerster-kreuz.com/kontakt*
Stand Juni 2018

Schritt 8 – Ein Thema gezielt verändern

8 Sich als Experte smart wandeln

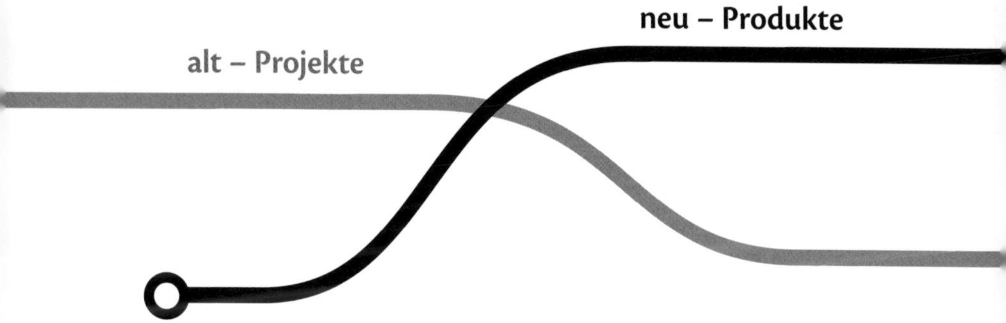

Eine neue Klarheit erreichen

Sie sind Profi, sind mit Ihrer bisherigen Aufstellung aber nicht zufrieden? Kein Problem. Das können Sie ändern. Tun Sie es allerdings schrittweise. Zug um Zug. Es ist in der Regel nicht weise, eine bisherige Selbstständigkeit Knall auf Fall durch ein neues Thema zu ersetzen.

Die eigene neue Version finden

Viele Smarte Experten, die wir kennen, waren bereits selbstständig und fingen dann erst an, neue smarte Wege zu gehen. Auch wir haben klassisch als strategische Berater gearbeitet, bevor wir uns smartisierten.

Ein Wechsel der Systeme ist immer ein Kraftaufwand, da Sie das eine System noch bedienen und das neue System parallel aufbauen. Der Trick ist, Ruhe zu bewahren und den Wechel gut zu planen. Wenn Sie den neuen Aufbau mit Gewalt durchdrücken, laufen Sie Gefahr, Ihre alten Kunden vor den Kopf zu stoßen. Sie verlieren dann dort schneller Umsatz, als Sie neuen smarten Umsatz aufbauen. Machen Sie es anders: Nutzen Sie den Schwung Ihres bisherigen Business, um den neuen Bereich aufzubauen. Wir raten also zur Geduld, zunächst beide Bereiche zu bedienen und dann langsam aus alten Tätigkeiten auszugleiten.

Das Langlauf-Modell

Gleiten Sie ruhig in Ihre Zukunft

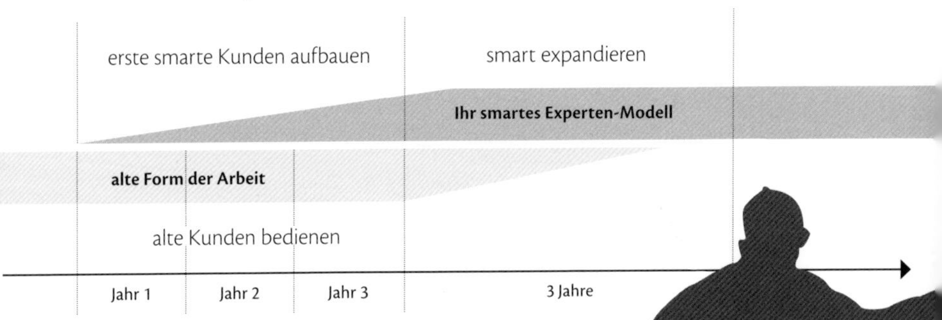

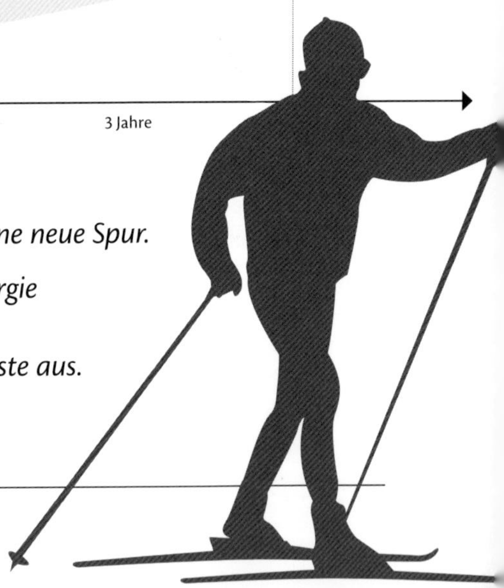

Ein einzelner Schritt ist noch keine neue Spur.

Aktivieren Sie Ihre Langlauf-Energie
und setzen Sie auf Kontinuität.
Den Sprintern geht meist die Puste aus.

FINANZEN | Smart sein zieht nicht sofort mehr Geld

Wenn Sie es nur wegen des Geldes tun, werden Sie nicht durchhalten

Dinge leichter angehen zu können, hat auch immer mit Geld zu tun. Aber wenn das Ihr einziger Motivator ist, reicht das nicht. Wer seine Arbeit auf smart umstellt, hat vor allem das Ziel, seine Arbeit besser zu steuern.

Das Sekundärziel ist natürlich auch, mehr pro investierter Zeit zu verdienen. Doch dazu muss sich das neue System erst etablieren. In der Regel führt ein Umbau zunächst dazu, dass Sie WENIGER verdienen. Sie gewinnen neue Terminfreiheit, müssen aber mehr in die eigene – von Einzelkunden unabhängige Reichweite – investieren. Stellen Sie sich also zunächst auf eine Zeit ein, in der Ihr altes Finanzvolumen sinkt. Ein Switch ist nicht die Zeit, ein Haus zu bauen oder groß in Autos zu investieren.

LANGLAUF | Nicht die Sprinter gewinnen, sondern Routinen

Gehen Sie wie ein Langläufer geordnet auf die Strecke

Wer sich ändern möchte, muss zwei Dinge aufbringen:

- Die Antritts-Energie, die Wende einzuleiten
- Die Disziplin, den Weg dann durchzuhalten

Die Antritts-Energie ist häufig schnell aktiviert, da man das neue Ziel vor Augen sieht. Die Durchhalte-Disziplin ist das Problem:

Sie hören auf, bevor die Änderung wirken kann.

Es ist wie im Sport: Sie beginnen endlich, jeden Morgen eine Runde zu laufen. Drei Monate halten Sie durch. Dann kommt der Urlaub und danach fangen Sie nicht wieder an. Ihr Ziel „auf Dauer gesünder zu leben" ist damit nicht erreicht. Aus diesem Grund raten wir zu moderaten Etappen, aber einer Langstrecken-Mentalität. Bauen Sie nicht auf einen Schlag alles um. Konzentrieren Sie sich lieber darauf DURCHZUHALTEN. Achten Sie auf Routinen, Pausen, Meilensteine. Feiern Sie jeden Fortschritt.

Was spricht für einen Wechsel aus der Selbstständigkeit?

Wer aus einer bestehenden Selbstständigkeit heraus einen neuen, smarten Experten-Status aufbaut, hat es meist leichter als Neustarter.

Alte Infrastruktur weiter nutzen

- Sind Sie bereits selbstständig, können Sie auf bestehender Infrastruktur aufsetzen. Ausnahme ist, wenn Sie in Ihrer alten Firma Mitgesellschafter haben. Dann raten wir Ihnen, für Ihr neues Experten-Programm etwas Neues aufzusetzen.
- Sie haben Skills, Netzwerke, Themen, Infrastruktur – nutzen Sie das.
- Sie können aus bestehenden Aufträgen vorfinanzieren. Das macht am meisten Sinn, wenn Sie im bestehenden Bereich (noch) guten Umsatz haben. Ist Ihre Selbstständigkeit „ausgehungert", belastet das eher als zu helfen. Leiten Sie einen Change also nicht zu spät ein.

Was können Sie von Ihrem alten Thema übernehmen?

Besonders leicht ist der Übergang, wenn Sie Ihr bestehendes Thema einfach auf eine neue Stufe heben. Ihre alten Kunden erleben Ihre neuen Produkte als neues, erweitertes Angebot. Etwas schwerer wird es, wenn Sie Ihre Selbstständigkeit mit einem Thema A fahren und nun daneben ein komplett neues Thema B setzen.

Ein neues Thema parallel setzen

- Wer auf ein ganz neues Thema setzt, hat in der Übergangszeit zwei verschiedene Erwerbslogiken (eine joborientierte und eine Produkt-Logik), UND verschiedene Inhalte. Das kann nerven. Ihre bestehende Selbstständigkeit A verlangt Aufmerksamkeit, Sie würden aber schon gerne mehr in B investieren. Bleiben Sie trotzdem geduldig. Es geht.
- Bei zwei Themen müssen Sie darauf achten, die Kundengruppe A nicht mit Thema B zu verwirren. Wenn Sie die Bereiche gut trennen, wird das in der Regel gut funktionieren. Achten Sie aber darauf, dass Ihr Auftritt im Web überall für beide Gruppen funktioniert.

FALLBEISPIEL | Wann sich ein Umstieg nicht lohnt

Ich liebe meine alte Arbeitsweise – was tun?

Auf dem *Solopreneur Day 2017* spricht uns *Joel Müller** an. Er hat unsere Bücher gelesen und sich auf den Workshops alles angehört. Aber an seiner Produkt-Treppe® scheitert er ständig. Im fällt nichts ein, was er als Kurs, Buch oder anderes entwickeln könnte. Wie soll er damit umgehen?

Auf die Frage, wie er zur Zeit aufgestellt ist, antwortet er:

- Er ist strategischer Berater und arbeitet immer vor Ort beim Kunden
- Seine Kunden brauchen individuelle Beratung
- Er liebt es, im Gespräch mit den Kunden die Aufgabenstellungen von allen Seiten zu betrachten und dann fortzuentwickeln
- Er ist gerne in den Betrieben, um zu erleben, wie sich die Dinge entwickeln und mag den Kontakt zu den operativen Teams

Auf die Frage, wie es mit seinen Einnahmen steht, meint er „sehr gut“. Die Kunden schätzen die Zusammenarbeit und sind gern bereit, für seine Arbeit zu bezahlen. Die Auftragsbücher sind voll.

Auf die Frage, ob er die Termine vor Ort reduzieren möchte, antwortet er: Nein, dies sei ja der Teil seiner Arbeit, den er am meisten schätze.

Wozu soll Joel sich verändern?

Joel hat das Profil eines Live-Menschen. Er blüht im direkten Kontakt auf. Dort entstehen die Lösungen mit seinen Kunden. Er liebt seinen Job. Er wird gut bezahlt. Solange er gern reist, genug Rücklagen für seine Rente aufbaut und Spaß an seiner Arbeit hat, braucht er keine smarten Produkte. Wir rieten davon ab, auf Gewalt Produkte zu „erfinden“.

Es gibt zwei Indizien, wenn Ihre Selbstständigkeit nicht smart sein muss:
- Sie lieben den Kundenkontakt (gleich, ob vor Ort oder am Telefon)
- Es gibt kein Thema, an dem Sie lange theoretisch arbeiten wollen

Bei Joel ist die Diagnose eindeutig. Häufig ist es aber ein Gemisch. Einiges wollen Sie aufgeben, anderes behalten. Die Lösung: mischen Sie klassisch und smart. Werfen Sie nur die Dinge raus, die nicht mehr passen.

*Name und Details leicht geändert.

8 **Ein Thema smart wandeln**
Alte gegen neue Kunden tauschen

Ein klassischer Berater verschiebt seine Produkt-Treppe®

Nehmen wir an, Sie sind klassischer Berater und leben von individueller Beratung. Sie bieten Ihre Leistung auf Tagessatz-Basis an. Dann kann Ihre klassische Produkt-Treppe® so aussehen: Unten ein klassisches Fachbuch, um Reputation aufzubauen, ab dann Beratungsaufträge bis hin zu hochpreisigen Projekt-Mandaten mit Etats. Für jeden dieser Aufträge schreiben Sie individuelle Rechnungen.

Treppe noch nicht smart

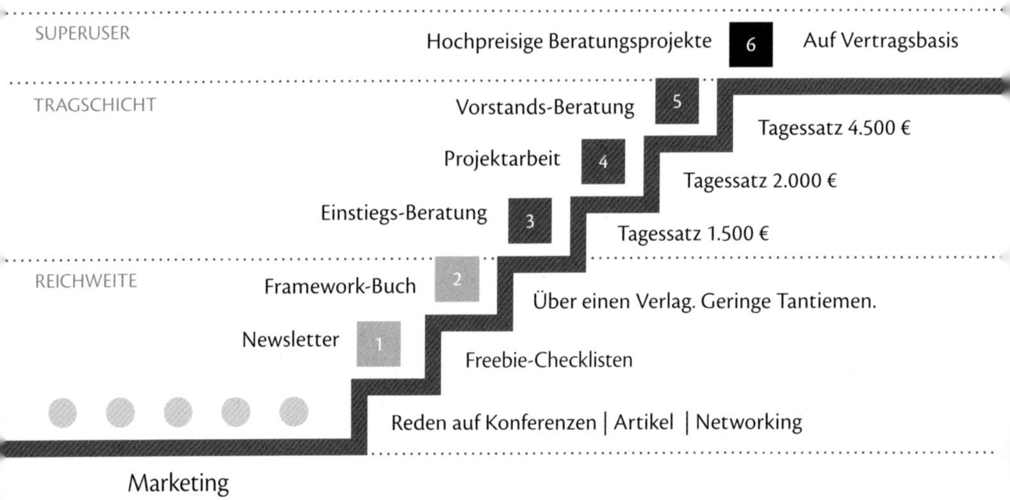

Klassisch, solides Geschäftsmodell

Bei diesem Modell hängt Ihr Umsatz von der Stückzahl der in Auftrag gegebenen Beratungstage und der hochpreisigen Beratungsprojekte ab.

Nachteile dieser Treppe

- Sie haben einen komplett fremdbestimmten Terminplan
- Sie müssen bei den Beratungen + Mandaten persönlich vor Ort sein
- Der Verlag verdient an Ihnen, nicht Sie am Verlag
- Ihr Einkommen hängt komplett an Ihrer körperlichen Gesundheit
- Im Urlaub haben Sie keine Einnahmen, da Sie nicht arbeiten

Wie kann sich dieser klassische Experte smartisieren? Eine Möglichkeit: Sie verschieben die Arbeit vor Ort in das Superuser-Segment und schwenken in der Tragschicht auf Online-Angebote plus einem neuen Podcast um.

Gemischter Aufbau

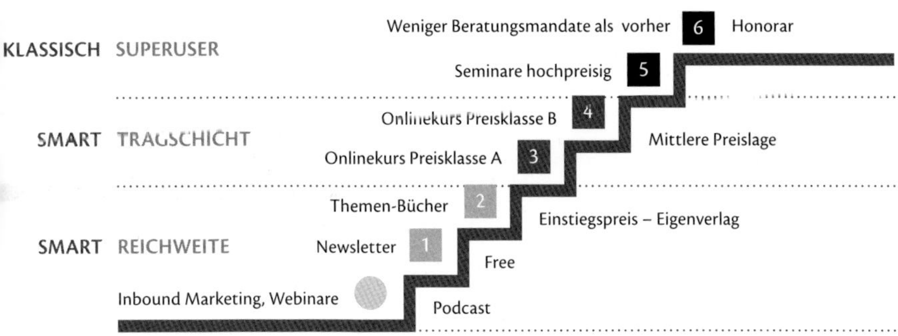

Vorteile und Nachteile dieser neuen Aufstellung

Ab jetzt sind Sie weniger unterwegs (Terminfreiheit). Sie haben aber mit dem Podcast, Büchern und Kursen neue Aufgaben. Diese Treppe verlangt mehr Kreativ- und Reichweiten-Arbeit. Es ist in der Theorie schwer zu sagen, welche der beiden Treppen mehr Zeit kostet. Das ist zu testen.

Produkt-Treppe® Mit zwei oder mehreren Treppen arbeiten

Was ist, wenn Sie zwei Modelle mischen?

Wenn Sie noch in beiden Welten leben, wird die Arbeit mit der Produkt-Treppe® dann nicht chaotisch? Nein, Sie arbeiten einfach mit zwei Treppen parallel. Das ist der große Vorteil der Produkt-Treppe®: Sie können so viele Treppen nutzen, wie Sie brauchen, um den Überblick zu behalten.

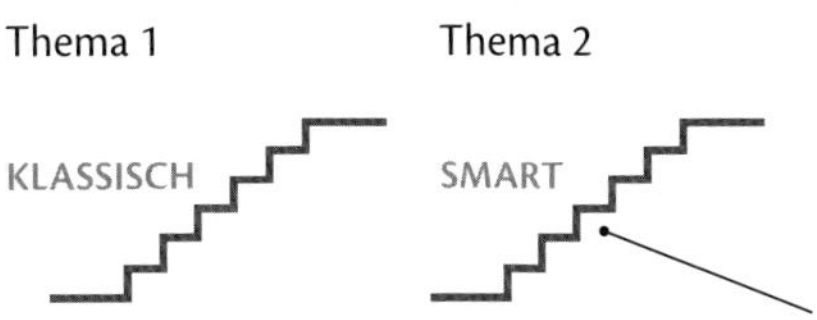

Unterscheidet sich Thema oder Arbeitsweise in einem Bereich stark, nutzen Sie dafür eine neue Treppe.

Sie können auch für eine Stufe eine Untertreppe eröffnen, wenn dort ein besonderes Angebot steht

Unser Weg der Smartisierung

Ein Wechsel betrifft meist mehrere Schichten

Vor über 25 Jahren starteten wir mit Projektarbeit. Wir nahmen als strategische Berater alles an, was angefragt wurde. Jahre, in denen wir lernten und Fundamente für später legten: *Strategie, Geschäftsmodelle, Marketing, Design, Fundraising.* Dann folgten zwei *Start-ups* mitten in der *Dotcom-Krise.* Damit standen wir tief in der Auseinandersetzung: *Think Big* oder *Think Smart?* Indirekt war dies die Geburtsstunde unseres Programms.

Der Schmerzpunkt wird erreicht

Eigentlich lief es gut. Wir waren gefragt und bekamen Etats mit bis zu 6-stelligem Volumen. Solche Projekte leitet man nicht mehr mit links. Wir nahmen aber auch kleinteilige Jobs an und steckten unsere Nase in die Start-up-Szene. Das war irgendwann zu viel. Als ein kompletter Jahreswechsel (Weihnachten und Silvester) wegen eines schiefliegenden Projektes zerschossen wurde, war der Schmerzpunkt für uns erreicht.

Wir setzten uns hin und fragten uns: *Was ist eigentlich unser Thema?* Kunden-Themen hatten wir genug. Was war aber ***unser*** eigenes Thema? Ohne diese Frage hätten wir unser Geschäftsmodell nicht gewendet.

SMARTBUSINESSCONCEPTS

Anderen Mut machen, Unternehmen smart zu denken

Smarte Geschäftsmodelle / Solopreneurship / Vertrauens-Marketing

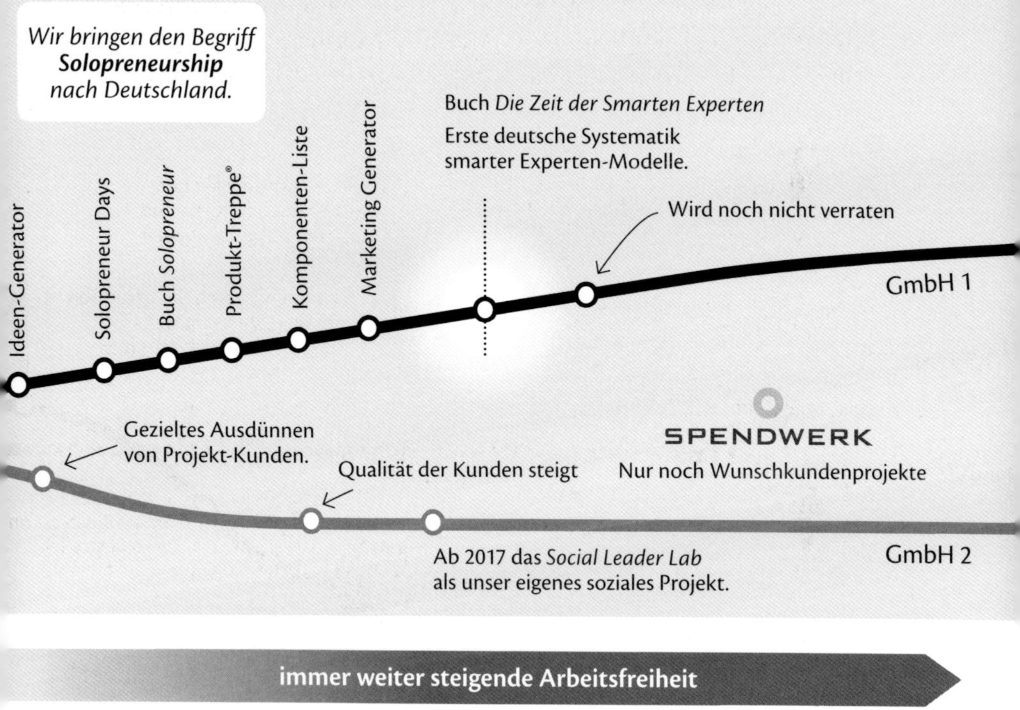

Status heute

Heute sind wir klar als Experten positioniert, sind fast komplett ortsunabhängig und können uns in beiden Firmen aussuchen, wie wir arbeiten. Die *Spendwerk GmbH* bleibt: Es steckt viel Herzblut darin und bestimmte soziale Projekte machen zu viel Spaß, um sie abzulehnen. Dazu kommt eine Beobachtung: Als wir konsequent nur noch die Kunden annahmen, mit denen wir arbeiten wollen, stieg die Qualität der Anfragen. Unser Switch qualifizierte also beide Stränge.

smartbusinessconcepts.de	unser Haupt-Programm
spendwerk.de	Kunden im Sozialmarketing
contagromberg.de	diese Seite klammert beide Firmen

MODULE SCHAFFEN Von der Einzelberatung zum Plattform-Design

Jan Kristof Arndt – vom Berater zum Productized Service

Jan Kristof Arndt ist klassischer Berater, kommt aus der Betriebswirtschaft, und sein Thema ist seit Jahren „Innovation", seine Beratungsfirma heißt konsequent *trendINNOVATION*. Seit einiger Zeit arbeitet er daran, mehr als einzelne Aufträge oder Seminare anzubieten, smarter zu werden.

„Ich stelle in Zukunft immer mehr auf digitale Beratungsprodukte um. Wir versuchen durch unsere digitalen Leistungen, unserem Anspruch noch besser gerecht zu werden, unsere Kunden zu befähigen, etwas selbst zu tun."

Drei digitale Plattform-Module sind in der Entstehung

Delve Deep Innovation – ein umfassendes Online-Innovationsaudit. In diesem Modul kann ein Unternehmen seinen Status quo in puncto Innovation untersuchen. Bisher wurde das klassisch in Interviews erhoben. Nun können mehr Mitarbeitende ihre Sicht einbringen.

4 More Innovation – ein strukturiertes Impulsformat. Über ein Jahr verteilt werden 46 Aufgaben gestellt, die einem Unternehmen helfen, die eigene Innovationspolitik zu verbessern. Gearbeitet wird mit *Moodle*.

Evulu – das größte Tool, ermöglicht einer Firma, den kompletten Ideenprozess in ein Kollaborationswerkzeug auszulagern. Hier können Teams Aufgabenstellungen sammeln, Ideen entwickeln und gemeinsam bewerten. Das Tool wird selbst programmiert, wurde in eine eigene Firma ausgelagert und er holte sich dafür einen Partner an Bord. Damit überschreitet er hier sogar die Grenze zu einem Online-Start-up.

Wie weit ist Jan Kristof Arndt?

Jan Kristof Arndt geht seinen Change sehr strukturiert an. Er entwickelt seine Tools „am Kunden", damit der Nutzen steigt, und hat zugleich klare Ziele für sein Geschäfsmodell: in Zukunft 20 Prozent Umsatz über Manntage vor Ort, 80 Prozent über digitalen Module. Noch ist das Vision, aber es ist ein smartes Konzept, bei dem erste Bausteine bereits stehen.

trendinnovation.de

Informationen Stand Juli 2018

do care! – wie eine Expertin einen Schritt weitergeht

Dr. Anne Katrin Matyssek weiß, was es bedeutet, sich als Autorin und Trainerin zu etablieren. Seit 1998 investierte sie allein 4.000 Stunden in PR-Arbeit und Content Marketing, bis ihr Ruf als Expertin für *Betriebliches Gesundheitsmanagement* stand. Ganz zu schweigen von der Zeit, ca. 30 Bücher (!) zu schreiben und die Inhalte ihres Programms auszuarbeiten.

Dann lief es. Sie wurde von Betrieben angefragt, war ausgebucht. Ihre Referenzliste wuchs, andere Gesundheits-Trainer fragten an, ob sie sie ausbilden könne, sie verkaufte Bücher und Materialien. Sie hätte endlos so weitermachen können. Aber ihr Programm war zu breit geworden. Zu viele Anfragen kamen herein, die sie dazu zwangen, immer individueller zu reagieren, sie war auf dem Wege, sich selbst zu zerlegen.

2014 trifft Sie die Entscheidung, nur noch im Home-Office zu arbeiten (nicht mehr direkt beim Kunden) und konsequent smart zu fokussieren:

- Keine Keynotes, keine Seminare, keine Trainer-Trainings mehr

Was tat sie:

- Sie spitzte ihr Thema weiter zu auf zwei Schwerpunkte: ***„Fehlzeiten senken“*** und ***„Gesund führen“***
- Sie straffte ihr Programm und stellte es kompakter dar
- Ihre Produkte sind in Zukunft nur noch Papier oder Online
- Sie schuf einen neuen Mitgliederbereich für Gesundheits-Profis
- Sie investierte in eine eigene Online-Trainer-Ausbildung

2018 zieht sie eine erste Bilanz, ob der smarte Change gelungen ist:

„Als Einzelmensch nur noch Online-B2B-Produkte anzubieten, war anfangs schwierig. Meine Kunden wollten mich live erleben, an Webinaren konnten viele aus IT-Gründen nicht teilnehmen. Mein Einkommen ging nach dem Wechsel ins Home-Office zunächst in den Keller. Freiheit hat eben ihren Preis. Aber für mich ist sie unbezahlbar. Und inzwischen hat sich mein Geschäft ganz gut erholt – ohne Termine vor Ort.“

do-care.de

Informationen Stand Juli 2018

Smart werden ...

Der entscheidende Punkt beim Wechsel zum eigenen Experten-Modell ist Ihr Arbeits-Rhythmus. Selbstständige sind darauf konditioniert, dass Kunden immer an erster Stelle kommen. In der Regel haben Sie eine feste Uhrzeit, an der Sie mit Ihrer Arbeit beginnen.

Ab dann passiert das Folgende (altes Vorgehen):

- Sie prüfen, was anliegt
- Sie priorisieren die Aufgaben
- Die Aufgaben der wichtigsten Kunden kommen nach oben
- Die weniger wichtigen Kunden werden später bearbeitet
- Ist das Tagwerk geschafft, räumt man noch etwas auf, klärt die eine oder andere administrative Aufgabe und beendet den Tag

Wenn Sie weiter so handeln, werden Sie nie eigene Produkte etablieren. Bei einem solchen Kunden-Tages-Rhythmus stellen Sie die Arbeit am eigenen Konzept immer nach hinten und arbeiten nur daran, wenn Sie bereits ausgepowert sind. Das hat keine Energie und Zukunft.

Ihr eigenes Konzept gehört ab jetzt an erste Stelle

Die alten Kunden für eine Übergangszeit noch weiter zu halten und gut zu betreuen, bedeutet nicht, dass sie Ihre beste Zeit bekommen. Ihre besten Arbeitszeiten gehören ab der Entscheidung, smart zu werden, Ihnen! In dieser Zeit arbeiten Sie für sich selbst!

Klingt einfach, viele halten genau dies aber nicht durch. Sie können den Kundendruck nicht aushalten und leiden unter schlechtem Gewissen. Wenn Sie Montagmorgen starten: Was tun Sie im ersten Zeitslot? Sie arbeiten eine ruhige Zeiteinheit in Ihrem Kreativraum an IHREM Konzept. Erst danach checken Sie E-Mails etc. Machen Sie das jeden Tag so. Wenn Sie so vorgehen, werden sich unattraktive und lästige Kundenprojekte von allein aussortieren. Erinnern Sie sich: Sie wandeln sich vom Bearbeiter zum Unternehmer. Das beginnt vor allem in einer anderen Zeiteinteilung: Strategische, kreative und administrative Arbeit bekommt mehr Raum.

... bedeutet, die Prioritäten zu drehen

Ausgleiten mit Plan

Ihre Zeitplanung zu verändern, ist der maßgebliche Schritt. Dazu kommt ein strategisch umsortiertes neues Kunden-Management:

- Analysieren Sie Ihre bisherigen Kunden
- Ordnen Sie diese nach Umsatz und Stresslevel
- Machen Sie sich einen Plan, welche Aufträge ab jetzt Vorrang haben
- Trauen Sie sich, dafür das Geld zu nehmen, das die Arbeit wert ist
- Alle anderen bearbeiten Sie gut, aber im Auslaufmodus
- Unpassende Anfragen sagen Sie sofort ab. Schreiben Sie erst gar kein Angebot mehr. Sie sparen sich extrem viel Zeit, wenn Sie aufhören, Kompromisse zu machen. Das ist für Sie und für Ihre Kunden fair.
- Nutzen Sie Sollbruchstellen, um bei unattraktiven Kunden aufzuhören.

ABER: Sie kündigen nicht aktiv. Das wäre das Signal in die Branche, dass Sie aufhören. ***Unsere Erfahrung:*** Wenn Sie mit Fingerspitzengefühl umschichten, passieren zwei Dinge: Zum einen wird Zeit für Ihr neues Projekt frei. Zum anderen erhalten Sie Ihre Reputation im bisherigen Bereich und steigern dort sogar die Qualität und den Verdienst.

Alte Vita, neue Vita

Experten haben oft Angst, dass eine Änderung gefährlich ist. Viele dieser Ängste sind unbegründetes Kopfkino. ***Beispiel:*** Sie sind Ärztin und stadtbekannt. Was würde passieren, wenn Sie plötzlich auch Bücher über Blumenbestecke schreiben? Oft tauchen sofort innere Zweifel auf: *Konzentriere Dich auf eine Sache. Verzettel Dich nicht. Gefährde niemals Deine eingeschlagene Karriere.* Stimmen, die wir von klein auf hören. Dahinter steckt eine Grundangst: *Könnte es sein, dass meine Kunden beginnen, an meiner Professionalität zu zweifeln?*

Wir möchten Ihnen Mut machen, sich nicht von Ängsten, sondern von Ihren Zielen leiten zu lassen. Es gilt, nicht naiv zu sein. Aber meist freuen sich andere über ein Gegenüber mit einer interessanten Biografie und verschiedenen Facetten. Werden Sie also offener und hinterfragen Sie Ihre Position. Wir haben z.B. lange Jahre klassische Businesskunden (wie z.B. *arvato*) und Non-Profitkunden (wie z.B. die *Deutsche Stiftung Denkmalschutz*) sauber in zwei GmbHs getrennt. Weil wir dachten, dass es zwei unterschiedliche Reputations-Profile sind. Heute sind wir lockerer in thematisch gemischten Feldern unterwegs. Querdenken sehen wir als neue Qualität. Aber das hat gebraucht ...

Schreiben Sie Ihre Geschichte – überlassen Sie das nicht anderen

Damit Sie selbst und Ihr Umfeld besser mit dem Kopfkino umgehen, haben wir noch einen Tipp: ***Schreiben Sie Ihre Biografie auf.*** Was ist Ihre Geschichte? Was führte dazu, dass Sie von A nach B gingen? Lassen Sie nicht zu, dass andere diese Geschichte schreiben.

Beginnen Sie ein kleines Logbuch, was wann passierte. Unser Gehirn ist erstaunlich fahrlässig bei der Zuordnung von Fakten. Storytelling ist eine harte Profession – oft fehlt uns selbst die Klarheit. Durchdringen Sie Ihre Wahrheit und arbeiten Sie daran, dass andere sie verstehen. Schreiben Sie dazu eine eigene Vita (das Logbuch ist nur eine Sammlung, eine Art Gedächtnis). Welchen Stil Ihre Vita hat, hängt vom Reputationsfeld ab, in dem Sie sich bewegen. Unterschätzen Sie Ihre Vita nicht. Menschen lernen von Menschen, deren Geschichte sie verstehen.

Zusammenfassung

Die alten Kunden nicht einfach kündigen

- Nutzen Sie Ihre bisherige Struktur als Sicherungs-System
- Kündigen Sie nicht hart, sondern lassen Sie weich auslaufen
- Umsatz A sollte erst fallen, wenn Umsatz B relevant und stabil ist

Gelassenheit mit Konsequenz

- Ein gleitender Übergang braucht Konzentration
- Nehmen Sie sich nicht zu viel vor, aktivieren Sie Ihre Langlaufenergie
- Erstellen Sie einen Plan, wie Sie die Spur wechseln und handeln Sie neu

Neue Priorität

- Fangen Sie an, Ihren Tagesablauf anders zu gestalten
- Ihre eigene Experten-Biografie bekommt ab nun Priorität
- Dann erst kommen Aufträge anderer, ordnen Sie Kunden strategisch

Sie sind mit diesem Schritt fertig, wenn Sie dies beantworten können:

Ich will in Zukunft das folgende Thema smart entwickeln:

Ihr smartes Wechselthema

Die folgenden Kundengruppen möchte ich ausgleiten lassen:

alte Kundengruppe, die ausgetauscht werden soll

☺

08 FERTIG

Zeit für Pause und Notizen

We say learning Dutch is Alzheimer's prevention.
I've started painting
and I'm not sure how that will play out
and I don't have to now.

Ein Teil der Antwort auf die Frage,
was David Allen in Zukunft in Amsterdam tun wird

Schritt 9 – Umsatz, Vermögen, Sinn

9 Eine Expertenbiografie leben

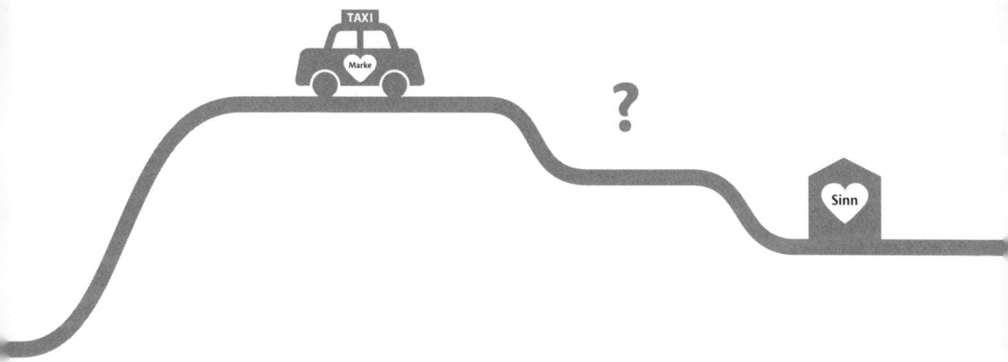

Was tut ein Experte eigentlich, wenn er „fertig" ist?

Die letzten beiden Kapitel ging es um den Aufbau von ***neuen*** Experten-Modellen. Was ist aber, wenn Sie wie ein alter Wein sind? Sie haben eine Strecke hinter sich und Ihre Produkte sind etabliert. Was kommt dann?

Wie runden Sie Ihre Expertenbiografie sinnvoll ab?

Gute Bilder – gute Gedanken

Sie haben eine Experten-Strecke hinter sich und sind in Ihrem Thema gut (gewesen). Was nun? Wie wäre es mit Zufriedenheit, Glück, intakten Beziehungen und etwas mehr Ruhe? Häufig wird vergessen, das zu planen.

Was wollen Sie eigentlich erreichen?

Dieses Buch handelt davon, dass Ihr Leben sich positiv verändert, wenn Sie Ihr eigentliches Thema finden und benennen. Das ist die Basis. Wer sein Thema findet, beschäftigt sich von Stund an mit Inhalten, die ihm und anderen mehr Sinn oder Wert bringen.

- Allein das erhöht schon die Zufriedenheit
- Aber da ist mehr drin

Im ersten Kapitel haben wir geschrieben, dass die *Zeit der Smarten Experten* vor allem durch ***Wahlfreiheit*** gekennzeichnet ist. Sie werden durch smarte Technik ortsunabhängiger, sprich: flexibler. Das bedeutet: Sie sind viel wendiger als andere Menschen und können bestimmen, wo Sie einmal landen werden. Sie können das entscheiden und planen.

Expertenbiografie von hinten her denken

Von daher macht es ***Sinn***, einmal Ihre Biografie von hinten her zu denken (wo wollen Sie landen?) und dieses Ziel dann auch auszuarbeiten, zu visualisieren und darauf hinzuleben. Dies hat etwas mit unserem Gehirn zu tun. Neuronal ist bekannt: Ihre Bilder im Kopf bestimmen maßgeblich, in welcher Realität Sie später ankommen. Ihre Bilder bestimmen Ihr Verhalten. Ihr Verhalten gestaltet Ihre Beziehungen und Ihr Umfeld.

Das hat aber mit vier weiteren Dingen zu tun: Mit Ihrem ***Lebens-Zyklus, Ihren Finanzen,*** Ihrem ***optimalen Landesplatz*** und Ihrem ***Kreativen Raum.*** Denn positives Denken (Visualisierung) führt nicht allein zum Ergebnis. Daher sehen wir uns das einmal an: Was passiert, wenn Sie nicht nur kurzfristig denken, sondern spätestens in der zweiten Hälfte Ihres Lebens beginnen zu lenken, wo Sie ankommen wollen?

FALLBEISPIEL Wo wird meine Heimat sein?

Großstadt oder Walddorf?

Wir sprachen mit einer Expertin*, die in ihrer Branche weit bekannt ist, 53 Jahre alt fragte sie uns, ob wir es für kritisch halten, wenn sie ihre Geschäftsadresse nicht mehr in Frankfurt, sondern in einem kleinen Ort in Süddeutschland hätte. Denn dort wäre sie aufgewachsen und sie könne sich vorstellen, dort wieder heimisch zu werden.

Klingt nach einer einfachen Frage, ist es aber nicht.

Die postalische Adresse ist nicht der Punkt. In der Regel interessiert es heute keinen mehr, von wo Sie tätig sind. Ein guter Bekannter von uns hat gerade ein Haus in Nordstrand gekauft – das ist sehr weitab vom Schuss – und er wird trotzdem weiter als Experte tätig sein. Bei Smarten Experten spielt der Wohnort für die Kunden kaum eine Rolle.

Aber für Sie ist es wichtig. Und dahinter stehen weitere Fragen:

Ihr Landeplatz

- Mit wem sehen Sie sich?
- Wo sehen Sie sich?
- Wie gesund sehen Sie sich?
- Mit wie viel Vermögen sehen Sie sich?
- Mit welchen Aufgaben?
- Mit welchen Beschäftigungen sehen Sie sich?

Es geht im Kern um die Frage, was eigentlich Ihre ***Heimat*** ist, Ihr Lebensmittelpunkt, der Sie trägt und an dem Sie gerne sein möchten. Diesen Ort gibt es entweder bereits ***oder Sie müssen ihn schaffen!***

Interessant an diesem Beispiel

Warum stellt sich diese Expertin diese Frage erst mit 53? Wer mit 50 oder 60 erst einen Plan für seine Heimat schmiedet, hat sie in der Regel vorher an anderer Stelle umsonst gesucht. Antwort: Auch in diesem Fall hatten sich ein, zwei andere Träume vorher zerschlagen.

Tipp: Frühzeitig die Sinnfrage stellen und immer wieder Bilanz ziehen.

*Details leicht geändert.

Zyklische Lebensmodelle

Wie gestalten Sie Ihre Experten-Biografie? Smart-Worker können quer über Grenzen gehen. Viele Systemzwänge kommen erst daher, weil man an EIN System gebunden ist. Warum nicht ständig auf Reise sein?

KLISCHEE Grenzenlos surfen – wäre das etwas für Sie?

Hier einmal das Hardcore-Klischee* eines *Digitalen Hypermobilen*:

- hat das Crypto-Vermögen auf einem supersicheren Hardware-Stick
- den Steuersitz in einem freundlichen europäischen Kleinland
- den Wohnsitz auch dort, muss aber nur wenige Tage pro Jahr dort sein
- ansonsten alle Freiheiten jeder Destination auf der Welt
- den bevorzugten Kreativ-Spot in einem Space an einem Strand
- die Versicherungen etc. international aufgebaut
- die Freunde, weltweit verstreut, virtuell vernetzt
- braucht kein Altersheim, weil sie/er gesund und vegan lebt
- Auto, Haus, Segelboot – braucht sie/er alles nicht – *rent it! share it!*

Das ist tatsächlich (legal) möglich (wenn man nicht nur das deutsche Gesetz zu Grunde legt). Aber man braucht ein hohes Selbstbewusstsein, eine Prise Optimismus und die Aufgabe des deutschen Standortes.

Doch es gibt viele weitere Spielarten, die nicht ganz so radikal sind. Dafür haben wir einen anderen Begriff geprägt, den der ***zyklischen Konzepte***. Wenn Ihnen die Skizze oben „zu flexibel" ist, könnte Ihnen das gefallen: Hier geht es um ein gemischtes Profil stationär / mobil. Oder auch einfach darum, feste Orte (zwei oder drei) rhythmisch zu wechseln. Was ist der Trick? Sie lösen sich von dem normalen Urlaubs-Rhythmus, den Angestellte bedienen müssen und bauen antizyklische Rhythmen auf. Dadurch können Sie Ihre Lebens- und Arbeitsqualität steigern.

---

* Zur Klarstellung: Viele deutsche Digitale Nomaden haben ihren Steuersitz in Deutschland. Der kleinere Teil ist so stark entkoppelt wie oben beschrieben. Die Szene wächst aber weltweit stark.

Zyklische Modelle – zwei oder drei feste Orte im Zyklus

Smart Working (die Möglichkeit von verschiedenen Orten zu arbeiten) ist ein Trend, von dem Sie besonders als Smarter Experte profitieren. *Digitale Nomaden* sind eine extreme Form (= komplett ortsunabhängig). Das *Home-Office* ist eine andere Variante dieser Wahlfreiheit.

Wir haben z.B. als *Home-Office-Fans* ein komplettes Schwedenhaus um unser Büro herumgebaut (die schwedischen Architekten waren gar nicht froh, als wir die Planung mit unserer Kreativ-Loft-Etage anfingen und dann alles andere daran ausrichteten). Ergebnis: Das Haus ist komplett anders aufgestellt, als bei einem Familien-Standard-Haus.

Smart Working bedeutet hier: Seinen eigenen Wunschort selbst gestalten und an der Stelle leben, die man sich wünscht. Bei uns die Schnittmenge Hamburg + am Rande eines Naturschutzgebietes (Lüneburger Heide).

Mischen Sie diese beiden Extrempole in zyklischen Konzepten

Diese beiden Konzepte, *komplett frei beweglich* und *festes Haus*, scheinen sich zu widersprechen. Warum eigentlich? Mischen Sie doch einfach.

Was wäre, wenn Sie 6 Monate ein festes Home-Office haben mit einem für Sie optimalen Kreativraum. Hier haben Sie Heimat, feste Beziehungen und vielleicht später auch die Möglichkeit der Altersversorgung etc. Dazu arbeiten Sie 6 Monate an einem smarten *Adventure- oder Pleasure-Ort* in Deutschland, Europa oder international. Dieser kann fest sein oder auch wechseln. Eine freie Mitarbeiterin von uns hat das Wunschprofil: *Ostsee und Fichtelgebirge*. Fichtelgebirge ist die Landschaft, aus der sie kommt. Strand ist für sie dazu der geniale Gegenpol. Vieles ist denkbar.

- Ab dann definieren Sie einen strengen Zyklus. Welche Monate wo?
- Ab dann bauen Sie ein Geschäftskonzept, das genau diesen Zyklus stützt.

Die Monate, in denen Ihr Haus / Ihre Wohnung leer steht, vermieten Sie es an Digitale Nomaden, als *Airbnb*-Wohnung oder machen House-Sharing.

Zyklische Konzepte haben viel Potenzial und setzen große Energien frei. Es ist quasi die konservative Form, mehrere Lebensorte zu haben.

Warum planen und träumen zusammengehört

Findet das Leben heute oder morgen statt?

Wir haben die letzten Jahre viel mit Menschen gearbeitet, die nicht bis zur Rente warten wollen, bis ihr Leben „gut“ wird. Lebensqualität beginnt heute, wenn Sie sich ernst nehmen. Präsenz im Hier und Jetzt ist ein starkes Konzept. Dazu gehört die Frage, was eigentlich für Sie „gut“ ist. Vielleicht möchten Sie möglichst viele Wochen pro Jahr in der Sonne verbringen, für andere ist es etwas ganz anderes. Geht das aber, ganz im Jetzt zu leben und gar nicht an die Zukunft zu denken?

BEISPIEL Happy End – aber das war knapp

Frau gehabt

Wir erinnern uns noch gut an eine Begegnung vor einigen Jahren. Uns besuchte in unserem Home-Office eine 90-jährige Legende, ein Pionier in seinem Fachgebiet, Gründer einer der großen deutschen Berufsverbände – immer selbstständig, aber ohne echten Geschäftssinn. Er hatte nie genug Rücklagen gebildet und nur deshalb ein Auskommen im Alter, weil seine jüngere Frau bereit war, ihn die letzten Jahre mitzutragen. Er trank mit uns Tee, seine Frau kümmerte sich rührend um ihn, als sie zu ihrem Auto gingen. Eine Woche später starb er, friedlich nachts in seinem Bett – nachdem er am Abend zuvor mit Freunden seiner Lieblingsbeschäftigung nachgegangen war. Wir waren der letzte „berufliche“ Besuch, den er gemacht hatte. Ein Happy-End ... aber Glück (Frau) gehabt.

Gezielt träumen

In diesem Kapitel machen wir Ihnen Mut, konsequent zu träumen. Und dies so zu tun, dass Träume wahr werden. Dafür gilt es, kaufmännisch zu haushalten. Mehr als ein Selbstständiger hat durch zu schnelle Statusschau seine „Aktien“ verspielt. Aber Geld, Aktien, Freunde, Häuser, Möglichkeiten verspielt man nicht. Man hält sie. Deswegen geht es in diesem Kapitel um die langfristige Sicht: Wo landen Sie später?

Was passiert, wenn Sie kein Vermögen aufbauen?

Viele Selbstständige planen nicht. Sie laufen ihren Zahlen hinterher. Das Gegenteil einer überhitzten Erfolgsphantasie *(wie in Kapitel 7 gezeigt)* ist eine Mangelbiografie. Diese entsteht, wenn die Einnahmen immer zu knapp hin- und herschwanken und Sie ständig mehr ausgeben, als Sie eigentlich haben. Die Folge: Am Ende Ihrer Expertenkarriere ist kein Vermögen vorhanden. Das ist keine freie, unabhängige, starke Position.

Ruhephase nicht möglich

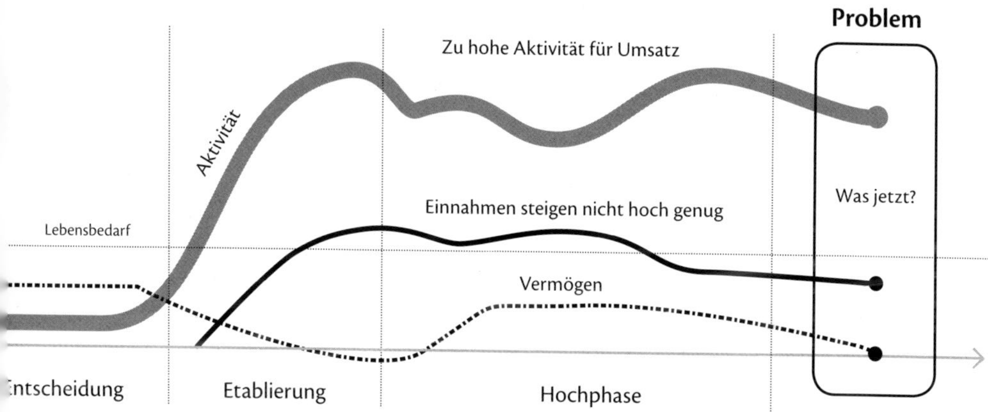

Früher gegensteuern und früher mutig planen

Wer mit 25 die Sachen etwas lockerer nimmt, hat recht. Das Leben ist lang. Wer spätestens mit 40 keine langlaufende Planung hat, ist in unseren Augen nicht mehr smart. Es geht uns dabei nicht um den konservativen Rentendenker, sondern um strategische Freiheit.

Dafür braucht man:

- ***Den Willen,*** in der Hochphase mehr Geld als nur das unmittelbar benötigte zu verdienen (das hat nichts mit *Get Rich Quick* zu tun)
- ***Eine Strategie,*** wie Sie Mittel bereitstellen, um später versorgt zu sein
- ***Die Disziplin,*** diese Strategie konsequent zu verfolgen
- ***Ein Ziel:*** ein Ort bzw. eine Lebensweise, die Sie erreichen wollen

Finanzen im Auge behalten

Im Internet finden Sie immer häufiger den Begriff „*Passive Income*". Dieses Wort nährt die Vorstellung, dass ein Business automatisch läuft. Als wenn Online-Produkte ein passives Einkommen garantieren würden. Das funktioniert so nicht. Unserer Erfahrung nach sinken die Einnahmen aus digitalen oder anderen Experten-Produkten zeitversetzt, wenn Sie weniger tun. Sie brechen nicht sofort ein und sie laufen auch über Auszeiten und Urlaube hinweg, aber sie laufen nicht ewig auf gleich hohem Niveau. Wer also „*in Rente*" gehen will, muss „*passiv*" anders denken.

Die Idealkurve

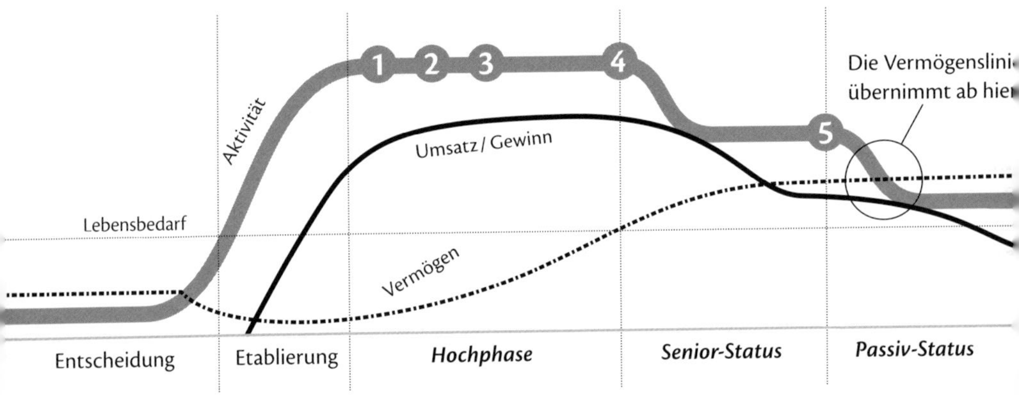

Experten-Biografie in drei Phasen

Hochphase	Ihr Geschäftskonzept läuft rund. Sie erwirtschaften mehr als Sie brauchen, müssen dafür aber auch am Ball bleiben. Sie können Rücklagen bilden und investieren.
Senior-Status	Sie sind bekannt. Sie haben Rücklagen. Sie stehen nicht mehr unter Erfolgsdruck, können weniger tun und sich ganz gezielt heraussuchen, was Sie wann angehen. Entspannte Wirkung.
Passiv-Status	Sie können sich ganz aus der aktiven Arbeit zurückziehen. Andererseits können Sie aktiv bleiben, wenn Sie wollen. An diese Phase schließt Ihre Altersphase an.

Vermögensaufbau

Es gibt verschiedene Grade finanzieller Unabhängigkeit. Auf welcher Stufe Sie sich befinden, hängt von zwei grundlegenden Parametern ab:
A – Wie viel brauchen Sie pro Monat, um glücklich zu sein?
B – Wie viel davon haben Sie durch welche Einkommen gesichert?

---

1 **Einkommen gesichert – Start gelungen**

Sie können sich ernähren. Monatlich ist genug Geld da, Ihre Rechnungen zu begleichen. Ihre Langzeit-Spar-Rate ist gering. Kleine Ansparungen dienen für Urlaub oder Anschaffungen.

---

2 **Kreative Unabhängigkeit durch laufende Geschäfte**

Ihr Geschäftskonzept versorgt Sie auch dann mit Einkommen, wenn Sie an neuen Produkten arbeiten. Wir bezeichnen dies als *„kreative Freiheit"* (z.B. Autor, der von Buch A lebt, während er Buch B schreibt).

---

3 **Rücklagen für ein Jahr – ab hier *Hochphase***

Sie haben zusätzlich Rücklagen, um 12 Monate ohne Einkommen im gleichen Lebensstil weiterzuleben, wie Sie es bisher gewohnt sind.[1] Diese Rücklagen sind schnell verfügbar. Schafft Sicherheit.

---

4 **Altersvorsorge gesichert – *Senior Status***

Sie haben die Vermögenswerte aufgebaut, um ab Ihrem Wunschjahr mit der Arbeit aufhören zu können. Wenn Sie jetzt weniger tun, macht das den Kohl nicht mehr magerer. Sie können wählerisch sein.

---

5 **Unabhängigkeit durch *„Passive Income Streams"***

Ihre Vermögenswerte arbeiten in sich und generieren ein ständiges, „passives" Einkommen. Beispiele sind Tantiemen, Lizenzen, Mieten, Beteiligungen, Dividenden, Renten. Wenn diese Einnahmen Ihre Lebenshaltung decken, spricht man von *„finanzieller Freiheit"*.

1 – Idealerweise ist dieses Vermögen von Ihrer Altersversorgung getrennt. Selbstständige stehen immer in Versuchung, im Zweifelsfalle ihre Altersversorgung anzugreifen. Tun Sie das nicht. Trennen Sie Rücklagen und Altersversorgung.

Über den gesuchten Landeplatz

Wir hatten gesagt: *Aktien und Freunde hält man.* Und: *Ihre Bilder im Kopf bestimmen, wo Sie ankommen.* Ist das wirklich so einfach? Aktien einfach nur zu halten, reicht nicht mehr, nicht jeder Freund bringt einen weiter. Und wer sagt, welche Bilder im Kopf die „richtigen“ sind? Ob Aktien, welche Freunde und was für Bilder passen, hängt maßgeblich von Ihren Zielen ab. Wie sieht Ihr Landeplatz in Ihrer Ruhephase aus? Die folgende Grafik hilft, eine konkrete Vorstellung für Ihren „Landeplatz“ zu entwickeln.

Landeplatz-Kompass

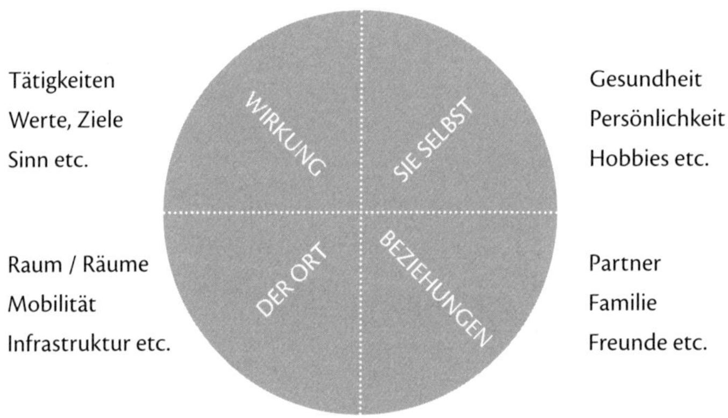

Das Gehirn einstellen – das grundlegende Bild

Auf der nächsten Seite steht ein radikales Beispiel von Freunden von uns. Sie hatten einen konkreten Traum, hielten daran fest und bekamen nach 6 Jahren anscheinend sinnloser Träumerei ein Areal angeboten, auf dem andere für sie mehrere Millionen Euro investiert hatten. Sie mussten nur noch mieten ... Ihr Traum kann kleiner sein: Sie sehen sich an einem Strand, in einer besonderen Stadt, in einem speziellen Haus, in einer bestimmten Gemeinschaft. Dieses grundlegende Bild „was suchen Sie eigentlich“ ist Ihr innerer Kompass – Ihr neuronales Zielszenario. Unabhängig von der Größe: Träumen und planen Sie Ihren Landeplatz herbei.

Ihr Landeplatz-Kompass

Sehen Sie den Ort, an dem Sie landen wollen, nicht eindimensional.

Wechseln Sie am Ende noch einmal Ihr Thema?

Wie geht es Ihnen gut?

WIRKUNG

Was wollen Sie dort (für andere) tun?

Was für Werte sollen dort gelebt werden?

Was für Ziele wollen Sie erreicht haben?

Was für einen Sinn wollen Sie dort finden?

SIE SELBST

Wie gesund wollen Sie sein?

Welche Teile Ihrer Persönlichkeit wollen Sie dort entfalten?

Welchen Hobbies wollen Sie nachgehen?

Was wünschen Sie sich dort?

ORT(E)

Was für Platz (Räume) brauchen Sie?

Welche Umgebung wünschen Sie sich?

Was für Technik ist nötig?

Was für Institutionen, Versorger, Infrastruktur hätten Sie gerne in Ihrer Nähe?

Miete oder Eigentum?

BEZIEHUNGEN

Welche(n) Menschen hätten Sie gerne direkt bei sich?

Mit welchen Menschen würden Sie gerne austauschen + Freund sein?

Welche Menschen möchten Sie nicht mehr in Ihrer Nähe haben?

Wer unterstützt und versorgt Sie in welchen Belangen?

Ein Ort oder mehrere?

Mit wem?

Wo wollen Sie Ihren Expertenabend verbringen?

Träumen und Ausdauer lohnen sich

Von einem, der ein Papst war, einen Gutshof pachtete und heute in großer Zufriedenheit sein eigenes Ding macht

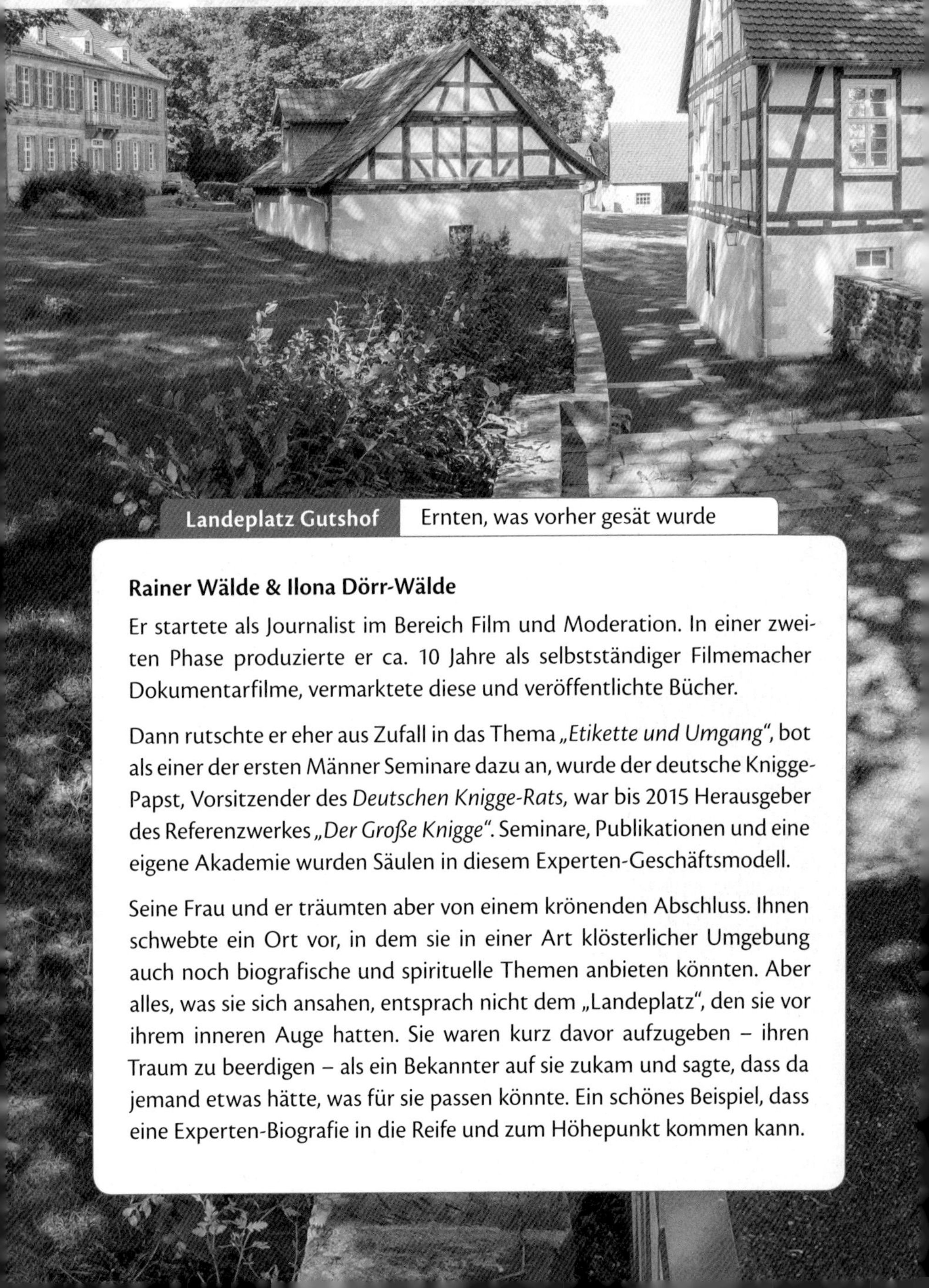

Landeplatz Gutshof Ernten, was vorher gesät wurde

Rainer Wälde & Ilona Dörr-Wälde

Er startete als Journalist im Bereich Film und Moderation. In einer zweiten Phase produzierte er ca. 10 Jahre als selbstständiger Filmemacher Dokumentarfilme, vermarktete diese und veröffentlichte Bücher.

Dann rutschte er eher aus Zufall in das Thema *„Etikette und Umgang"*, bot als einer der ersten Männer Seminare dazu an, wurde der deutsche Knigge-Papst, Vorsitzender des *Deutschen Knigge-Rats*, war bis 2015 Herausgeber des Referenzwerkes *„Der Große Knigge"*. Seminare, Publikationen und eine eigene Akademie wurden Säulen in diesem Experten-Geschäftsmodell.

Seine Frau und er träumten aber von einem krönenden Abschluss. Ihnen schwebte ein Ort vor, in dem sie in einer Art klösterlicher Umgebung auch noch biografische und spirituelle Themen anbieten könnten. Aber alles, was sie sich ansahen, entsprach nicht dem „Landeplatz", den sie vor ihrem inneren Auge hatten. Sie waren kurz davor aufzugeben – ihren Traum zu beerdigen – als ein Bekannter auf sie zukam und sagte, dass da jemand etwas hätte, was für sie passen könnte. Ein schönes Beispiel, dass eine Experten-Biografie in die Reife und zum Höhepunkt kommen kann.

Ankommen

Rainer Wälde über den Moment, als er und seine Frau Ilona zum ersten Mal auf den Gutshof Großropperhausen kamen:

Dann fuhren wir auf den Hof, stiegen aus und wussten schon nach wenigen Minuten: Das ist es!

Staunend hörten wir, dass die Deutsche Stiftung Denkmalschutz in den letzten sechs Jahren mit sehr viel Liebe zum Detail bereits alles fertig restauriert hatte.

Während wir sechs Jahre intensiv gesucht hatten, wurde in derselben Zeit einer der größten Gutshöfe in Hessen umgebaut – ohne zu wissen, für wen. Für unseren Traum passte es perfekt! Die Gebäude und die historische Anlage bieten alles, wovon wir viele Jahre geträumt haben. Wir sind nach langen Jahren dort angekommen, wo unsere Sehnsucht endlich ankern kann.

gutshof-akademie.de

Foto: Roland Rossner / Deutsche Stiftung Denkmalschutz

Schaffen Sie Ihren eigenen kreativen Experten-Raum

Wir beenden dieses Buch (das hat schon ein wenig Tradition) mit einem Plädoyer für einen eigenen ***Kreativen Raum***. Wenn Sie Ihr Experten-Thema festgelegt haben und sich damit professionalisieren, dann fliegt Ihnen das Geschäftskonzept nicht einfach zu – Sie erarbeiten es.

Dafür brauchen Sie einen Kreativen Raum.

Warum?

Zeit allein reicht nicht. Stellen Sie sich vor, man setzt Sie für einen ganzen Tag in der Eingangshalle des Hamburger Hauptbahnhofs ab. Mitten im Laufstrom der Menschen. Wir geben Ihnen keinen Stuhl, kein Sitzkissen, gar nichts. Wir lassen schon gar nicht zu, dass Sie sich in ein Café setzen. Nur Sie, ***stehend*** und um Sie herum ein tobendes Chaos an Menschen, Zugansagen, Gerüchen und rollendem Gepäck. Glauben Sie uns: Auch wenn Sie dort einen ganzen Tag Zeit haben, Sie werden dort weder eine Strategie entwickeln, noch eine Website aufsetzen, kein Buch schreiben oder irgendein anderes Produkt schaffen.

Zeit allein reicht nicht. Sie brauchen ungestörte, produktive Zeit. Das ist ein Grund, warum Eltern mit Kindern es schwer haben, ihre Experten-Energien zu aktivieren. Um kreativ und strategisch zu arbeiten, brauchen Sie einen Platz, an dem Sie in Ruhe arbeiten.

Ihr Kreativer Raum

- Was für Sie ein guter Raum ist, entscheiden Sie selbst
- Er kann im Home-Office, einem Space, einem Café, einem Hotel sein
- Sie können Plätze im Zyklus wechseln (z.B. Wochenzyklus) oder Orte
- In der Regel haben Sie aber einen festen, inspirierenden Hauptplatz
- Wichtig: Sie können dort die Außenwelt abschalten
- Wichtig: Sie kommen dort in Ihre Energie

Wie erwähnt haben wir um unsere Kreativ-Etage ein ganzes Haus herum gebaut. Mit extrem viel Arbeitsflächen (sitzend, stehend) plus einem eigenen Meditationsraum. So ernst nehmen wir das.

Ihr Kreativer Raum

das Labor Ihrer Gedanken

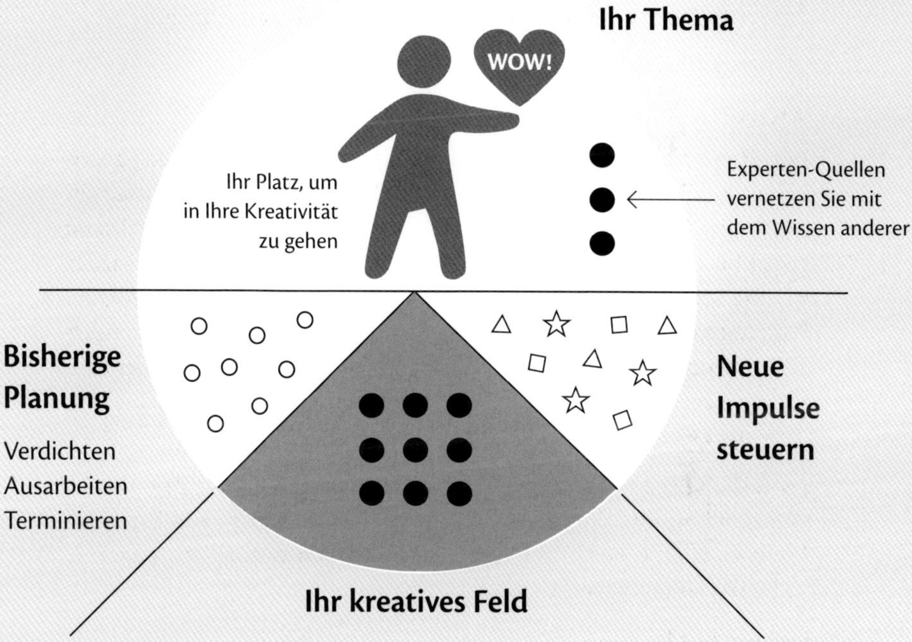

Schaffen Sie eine kreative Ordnung, in der Sie Ergebnisse erzielen

- Unterscheiden Sie Phasen der Inspiration und Produktivität
- In Phasen der ***Inspiration*** suchen Sie Neues, tauschen aus und experimentieren, forschen, entdecken und kombinieren
- In der ***Produktivität*** arbeiten Sie konsequent an ***Produkten***
- Bauen Sie regelmäßig konzentrierte, kreative Felder auf
- Schützen Sie Ihren kreativen Raum und steuern Sie Impulse

Angekommen sein

Mit dem letzten Kapitel wollten wir Ihnen Mut machen, darüber nachzudenken, wo Sie ankommen wollen. Vielleicht ist bei Ihnen ein Bild entstanden, wie Sie sich Ihren Ruheplatz-Lifestyle vorstellen.

Besonders schön finden wir das Beispiel von *David Allen* und seiner Frau *Kathryn*. Nachdem David Allen seine Firma in der Geschäftsführung an andere übergeben hatte, wollte das kinderlose Ehepaar nicht fade werden und *„sich auch vom US-zentrierten Denken lösen"*. Sie verkauften ihr geliebtes Eigenheim in *Ojai* (in der im Home-Office ihre Expertenkarriere begann), zogen zunächst für 4 Jahre nach *St. Barbara*, dann wagten sie den Sprung nach *Amsterdam*. Um zurückkommen zu können, lagerten Sie zunächst ihre alten Möbel in den USA ein. In Amsterdam wohnten sie nacheinander in drei Wohnungen, bis sie den Platz fanden, an dem sie alt werden wollen. Sie verliebten sich in die Stadt und beschlossen 2018, endgültig nach Holland zu immigrieren und dort sesshaft zu werden.

Vieles ist möglich, wenn Sie dafür offen sind. Eins ist sicher: Als Smarte Expertin oder Experte müssen Sie nicht in Rente gehen, sondern entscheiden selbst, was aus Ihnen und Ihren Themen wird.

Noch ein Aspekt

Es gibt das schöne alte Wort vom „Lebenswerk". Damit wird bei Künstlern das Gesamtwerk gemeint. Dieses Wort passt für uns auch besonders gut auf Experten. Was wünschen Sie sich als Lebenswerk?

- Welche Impulse sollen bleiben?
- Welche Menschen hätten Sie gerne bewegt?
- Was soll von Ihnen erinnert werden?

Es mag sein, dass es etwas gibt, das in Ihrem bisherigen Business nicht getan oder gesagt werden konnte. Warum legen Sie ein solches letztes Werk nicht in diese „ruhigere" Phase Ihrer Experten-Biografie? Wir begleiten gerade eine topfitte 70-jährige Frau, die Ihr „Alterswerk" schreibt und dort in einem Buch die Erfahrung eines langen Lebens mit neuen Erkenntnissen verknüpft. So wollen wir auch sein.

Zusammenfassung

Vom Ziel her denken

- Die Bilder im Kopf steuern Ihre Handlungen – bewusst oder unbewusst
- Träumen und planen sind zwei Seiten der gleichen Medaille
- Rechtzeitig anfangen, mit Vermögen richtig umzugehen

Wo wollen Sie landen?

- Träumen Sie einen Wunsch-Landeplatz zum Abschluss Ihrer Biografie
- Dieser Landeplatz sollte verschiedene Kriterien erfüllen. Welche?
- Machen Sie sich ein konkretes Bild davon!

Wie, wo, was?

- Smart Working ist der Schlüssel zu vielen Konzepten
- Wie mobil wollen Sie am Ende sein? Trauen Sie sich mehr zu
- Eine wenig bekannte Möglichkeit sind *Zyklische-Lebensmodelle*

Sie sind mit diesem Schritt fertig, wenn Sie dies beantworten können:

Ich möchte meine nächsten Jahre hier verbringen:

Ort A / Ort B

Später setze ich mich zur Ruhe in:

Ruhesitz

☺

09 FERTIG

Die Zeit der Smarten Experten – ist Ihre Zeit

Haben Sie Lust auf ein eigenes Thema?

Wenn Ja, warum tun Sie es nicht? Wir machen Ihnen Mut, auf dieses Thema zu setzen, an sich selbst zu glauben und ein Geschäftskonzept zu entwickeln, das in jeder Hinsicht smart ist.

Noch nie war es so einfach, sich als Experte zu etablieren. Wir sagen nicht, dass es einfach ist, aber wir sagen: Es ist einfacher denn je und nur einen mutigen Schritt von Ihrer jetzigen Arbeitsweise entfernt.

Wir glauben an die Kraft der Kontinuität: dass Sie Stück für Stück vorankommen und eine Stufe nach der anderen Ihre Experten-Treppe hinaufgehen. Deswegen sind wir Fans von Systematik und Strategie.

Und wir glauben an menschliche Beziehungen. Wir leben in der Zeit der neuen Netzwerke. Die Bedeutung von guten, ehrlichen Beziehungen wird zunehmen. Gerade in einer Zeit der Fake Facts, des Popularismus und des Status-Säbelrasselns – gerade dann ist die Zeit der Smarten Experten gekommen. Die Zeit der vertrauenswürdigen Quellen, ehrlichen Impulsgeber, guten (Lern-)Beziehungen und besseren Entscheidungen.

Wir glauben: Immer mehr werden lernen wollen, ohne Ideologien und ohne den Staub von alten, vermufften Systemen. Menschen wollen dabei Spaß haben, nicht an der Nase herumgeführt werden, wollen entdecken, sich entfalten und vorankommen.

All das können Sie liefern. Wir glauben an Sie.

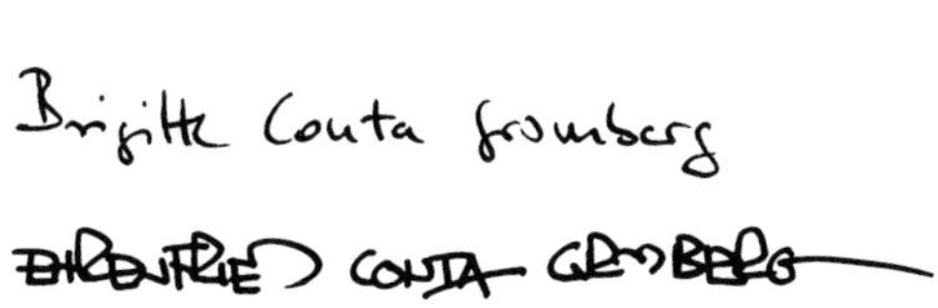

Jesteburg, August 2018

DANKE

Vielen Dank an alle Expertinnen und Experten, die uns über die Schultern blicken ließen und uns ohne mit der Wimper zu zucken ihre Zahlen und Strategien zeigten: Thanks for the open spirit!

Danksagung

An diesem Buch haben mehr Personen mitgewirkt, als wir aufzählen können. Stellvertretend für alle seien besonders genannt:

Claudia Ludwig	die mehr von Deutsch versteht, als wir es je tun werden, und uns das Buch lektorierte, obwohl sie an einem eigenen Manuskript schreibt.
Martin Krengel	der sein Fallbeispiel in Cartagena, Kolumbien gegenlas (*das Foto auf der Promenadenmauer stammt von dort*) – wo treibst Du Dich wieder rum?
Bernd Geropp	dessen stetige, ruhige Arbeit wir sehr schätzen und der uns seine Internationalisierungspläne schilderte, bevor sie öffentlich waren.
Oliver Bletgen	dafür, dass er unsere Gedanken über deutsches Steuerrecht immer wieder mit der Realität kreuzt.
Feli & Marcus	die sich direkt am Morgen nach der DNX mit uns zum Frühstück trafen. Das ist Hardcore!
Eugen Simon	für ein Interview mitten im Regen, mitten in Berlin, mitten in einem Park, mitten unter einem Regenschirm.
Shayna Oliveira	für das Gespräch in der Sonne an der Spree und ihre offene und unkomplizierte Art.
David Allen	für einen US-Amerikaner, der uns daran glauben lässt, dass nicht alle Amerikaner so sind, wie wir glauben, dass sie sind.
Anja Förster & Peter Kreuz	die ein außergewöhnliches Leben leben, für uns Inspiration sind – und für dieses Buch beim Vorwort eine Ausnahme machten!

Liste aller Fallbeispiele im Buch

A Autor
S Sender
R Redner
P Programm
C Community
● Ausführliches Beispiel
○ Erwähnung (Zitat oder im Text)
* Name geändert

Name	Fallbeispiel	Typ		Seite
Franziska Schmid	*Veggie Love* – Content Makerin wechselt gerne Wohnort	S A	○	10
Robert*	Projekt-Management-Experte geht smart		○	12
B. & E. Conta Gromberg	Eigener Rhythmus im Home-Office	P A	○	14
Barbara Oakley	Einer der erfolgreichsten Onlinekurse der Welt	P A	●	16
Maja Göpel	*The Great Mindshift* – Buch über Transformation	A	○	30
Rafael Winter	Reality Overload – Starbucking als unlösbare Aufgabe		●	31
Anna & Eddy	*How To Make Altersvorsorge Suck Less*	P	●	34
Eckhard Lechner	Nummer mit dem Maßband – nicht mehr so viel fahren		○	42
Anika*	Werde ich Coach oder Trainer?		○	45
Jan Doering	Vom Moderator zum *Moderatorenwerk*	P	●	56
Wissenschaftler	Sorge um die eigene Reputation		○	58
Ärztin*	Ärztin gründet eigenes Beratungsprogramm	P	○	59
Maik Pfingsten	Neue Reputation über Podcast	S	●	64
Giulia Enders	Ein Semester aussetzen, um ein Buch zu schreiben	A	●	67
Vera F. Birkenbihl	Smarte Oldtimerin mit gehirn-freundlichem Programm	A P	●	70
Andreas K. Giermaier	Was beeindruckt mich an Vera F. Birkenbihl?	P	○	71
Steffi Grauer-Stojanovic	Von der Kreativ-Direktorin zur Foodbloggerin	S A	○	82
Maria Anna Schwarzberg	Proud to be Sensibelchen – Wie finde ich mein Thema	A P	●	84
John Strelecky	*The Big five for Live®* – sehr einfaches Frameset	A P	○	91
Toastmasters	Community, in der die freie Rede geübt wird	C	○	91
Gary Vaynerchuk	Vom Wein-Channel zum Vorzeige-Entrepreneur		○	92
Peter Nielsen	Rinderhornmaker – extreme Nische in Nordfriesland	Maker	○	93
Lefty´s	Linkshänder-Shop – Standardbeispiel für Nische	Shop	○	94
Ash Ambirge	*The Middle Finger Project* – kick-ass-attitude	P	○	95
Cowboy Smithx	Kanadischer First-Nation entdeckt Stammestradition	P	○	95
Michael*	Internetsicherheit umgebrochen auf Lernschichten	P	●	102
Kim McCosker	Framework für erfolgreiches Selfpublishing-Kochbuch	A P	●	105

Name	Fallbeispiel	Typ		Seite
Förster & Kreuz	Autoren- und Speaker mit Wirtschaftsthemen	A R	●	114
Dr. Martin Krengel	Selfpublisher und Weltenbummler	A	●	116
Sascha Lobo	Digitalphilosoph, Autor und Microblogger	S A	○	121
Larissa Vassilian	Podcast Schlaflos in München	S	○	121
Bernd Geropp	Vom Unternehmer zum Podcast-Coach	S P	●	122
ichess	Wie werde ich führender *YouTube*-Schach-Channel?	S P	●	123
Norman Bücher	Lauft durch Wüsten und hält Reden	R A	●	126
US Experten	Robins, Tracy, Burchard, Eker, Galt	S P	○	128
Donald Trump	Trump University – Staatsanwaltschaft ermittelte	S P	○	129
Chris Anderson	Einer der wichtigsten Köpfe hinter TED	R	○	129
Eugen Simon	Von einem Höhenflug und seinen Grenzen	R P	●	130
David Allen	Der US-Altmeister für Ordnung im Kopf	P A	●	134
Shayna Oliveira	Aus Brasilien einfaches Englisch unterrichten	P	●	135
Bernadotte Noll	Slow Family Living – Familie als Tribe	C	○	139
Feli & Marcus	DNX – die Geburt einer internationalen Community	C	●	140
Leah Kramer	Craftster.org – Online Crafting Community	C	●	143
Joseph Michael	In vier Jahren von der Produkt- zur Personenmarke	P	●	150
Jörn-Hendrik Ast	Ich wäre besser mit meinem eigenen Namen gestartet		○	152
Johannes Deltl	Wie sich eine Positionierung bei Google niederschlägt		●	153
Mihály Csíkszentmihályi	Von einem, der seinen Namen hätte ändern sollen	A	●	155
Robert Frasch	*lehrlingspower.at* Netzwerk zur Ausbildung + Lehrzeit	P C	○	159
Christian Völkner	Tierisch gutes Storytelling	S	●	161
Jan Uekermann	Wuschelkopf bricht konservativen Berufsstand auf	P A	●	192
Joel Müller*	Ich liebe meine alte Arbeitsweise – was tun?		●	211
B.&E. Conta Gromberg	Unser Weg der Smartisierung	P A	●	214
Jan Kristof Arndt	Berater entwickelt digitale Innovations-Module	Service	●	216
Anne Katrin Matyssek	do care! – wie eine Expertin einen Schritt weitergeht	P A	●	217
90 jährige Legende	Happy End – aber das war knapp		○	228
Rainer & Ilona Wälde	Träumen und Ausdauer lohnen sich	P A	●	234
David Allen	Noch einmal nach Amsterdam umziehen		○	238

Literatur

Zwei Bücher von Chris Anderson

TED Talks

Die Kunst der öffentlichen Rede. Das offizielle Handbuch

Chris Anderson
Fischer Verlag, Frankfurt 2017
Sprache Deutsch, Paperback 288 Seiten
ISBN 978-3-596-03484-0

TED Talks ist eines der besten Bücher über die freie Rede, das wir gelesen haben. Es sagt auch viel über Authentizität aus.

The Long Tail

Nischenprodukte statt Massenmarkt

Chris Anderson
dtv Verlag, München 2009
Sprache Deutsch, Paperback 336 Seiten
ISBN 978-3-423-34531-6

Wer mehr über Nischenthemen wissen möchte, dieses Buch beschreibt, was „Nische" in unserer Zeit bedeutet. Über die Welt der unvorstellbar vielen Wahlmöglichkeiten.

Drei Bücher über den Wandel in der Arbeits- und Lernkultur

Wir nennen es Arbeit

Intelligentes Leben jenseits der Festanstellung

Holm Friebe, Sascha Lobo
Heyne Verlag, München 2008
Sprache Deutsch, Paperback 304 Seiten
ISBN 978-3-45360056-0

Was wollen all die jungen Leute mit den Laptops in den Cafés? Der Klassiker, immer noch lesenswert. Warum die digitale Bohème anders kreativ und produktiv ist.

Morgen weiß ich mehr

Intelligenter lernen und arbeiten nach der digitalen Revolution

Marcus Klug, Michael Lindner
tredition, Hamburg 2017
Sprache Deutsch, Paperback 356 Seiten
ISBN 978-3-7345-7752-9

Was bedeutet Lernen im digitalen Wandel? Gründliche Aufarbeitung der neuen Möglichkeiten. Mit ausführlicher Bibliografie.

Solopreneur

Alleine schneller am Ziel

Brigitte und Ehrenfried Conta Gromberg
Smart Business Concepts, 2015
Sprache Deutsch, Paperback 256 Seiten
ISBN 978-3-943895-07-0

Unser Grundlagenwerk über ***Solopreneurship***. Darin sind die 5 Solopreneur-Typen vorgestellt. Umkehr der Auftragsrichtung führt zur größeren Selbstbestimmung.

Vier Bücher über Kreativität und Produktivität

Flow und Kreativität
Mihaly Csikszentmihalyi
Erstauflage 1966 in den USA
Klett Cotta, Neuauflage Stuttgart 2015
Sprache Deutsch, Paperback 645 Seiten
ISBN 978-3-608-94822-6

Der Klassiker: Zusammenfassung der Arbeit von *Mihaly Csikszentmihalyi* zur kreativen Persönlichkeit. Wie diese im Flow arbeitet. Ursprünglich veröffentlicht mit dem Titel: *Creativity. Flow and the Psychology of Discovery and Invention*. Der deutsche Untertitel hat wenig mit dem Inhalt zu tun.

mindset
The new Psychology of Success
Carol S. Dweck
Ballantine Books, New York 2008
Sprache Englisch, Paperback 278 Seiten
ISBN 978-0-345-47232-8

Die Unterscheidung von „fixed minds" and „growth minds". Wie sich Menschen beim Lernen und Herausforderungen unterscheiden. Vor allem Beispiele aus Sport und Konzernen, aber trotzdem lesenswert.

Getting Things Done
the art of stress-free productivity
David Allen
Penguin Books, New York 2015
Sprache Englisch, Paperback 320 Seiten
ISBN 978-0-14-312656-0

Das ist die komplett neu bearbeitete Version von 2015. Lohnt sich. Nicht nur, weil David Allen ein Smarter Experte ist. System, wie man seinen Geist frei bekommt.

Golden Rules
Erfolgreich lernen und arbeiten
Dr. Martin Krengel
Eazybookz, Lauchhammer 2016
Sprache Deutsch, Paperback 192 Seiten
ISBN 978-3-941193-444

Man muss nicht überdurchschnittlich intelligent sein – viel wichtiger sind die richtigen Methoden. Arbeitsstrategien, wie Sie sich motivieren, organisieren und mit hoher Konzentration Ihren Stoff bearbeiten.

Ein Buch über Marketing für Trainer & Berater

Mehr als nur Gesundheit:
Was Trainer und Berater verkaufen
und wie Sie dabei erfolgreich sind
Anne Katrin Matyssek
Books on Demand, Norderstedt 2016
Sprache Deutsch, Paperback 120 Seiten
ISBN 978-3-7392-3521-9

Eigentlich ist dies ein Buch für klassische Gesundheitsexperten. Es steht hier aus zwei Gründen: Anne Katrin Matyssek beschreibt hier sehr ausführlich, wie sie sich selbst etablierte und es ist ein Beispiel für ein gut gemachtes Self-Publishing-Buch.

Quellverweise

Informationen und Zitate bei den Fallbeispielen

Für viele der Fallbeispiele im Buch wurden Interviews geführt. Diese erfolgten persönlich oder fernmündlich per E-Mail. Alle Zahlen und Informationen bei den Fallbeispielen stammen aus den persönlichen Interviews oder von den offiziellen Websites zu dem unter dem Fallbeispiel angegebenen Zeitpunkt. Alle Zitate direkt bei den Fallbeispielen, die nicht näher gekennzeichnet sind, stammen aus den Interviews.

Kapitel 1 - Die Zeit der Smarten Experten – den Umbruch verstehen

S. 10 Zitat ***Franziska Schmid***: https://www.veggie-love.de/about/ Stand 05.07.2018.

S. 16 New York Times Artikel über ***Barbara Oakley***: John Schwartz, Learning to Learn: You, Too, Can Rewire Your Brain, The New York Times, online in der Kategorie Education Life, 04.08.2017. Weitere Informationen über ihre Biografie von ihrer Website barbaraoakley.com und dem Artikel wikipedia.org/wiki/Barbara_Oakley, beides Stand September 2017. Der Hinweis auf ihren TED Talk bezieht sich auf die TEDx der Oakland University am 05.08.2014.

S. 18 Zitat: ***Chris Anderson***, TED Talks, Die Kunst der öffentlichen Rede, Frankfurt 2017, S.11.

S. 22 Hinweis ***„smarte Kleidung"***: ProSieben, Galileo, Smarte Kleidung, die sogar Leben retten kann, Staffel 2018, Episode 52, 24.02.2018. https://www.prosieben.de/tv/galileo/videos/201852-samstag-smarte-kleidung-die-sogar-leben-retten-kann-ganze-folge

S. 28 ***Niklas Luhmann*** veröffentlichte 1968 sein Buch: Vertrauen: Ein Mechanismus der Reduktion sozialer Komplexität im F. Enke Verlag, Stuttgart. Wieder aufgelegt UTB Taschenbuch, heute UVK.

S. 32 Zitat ***Frank-Walter Steinmeier*** „Ende der alten Welt des 20. Jahrhunderts": DPA Meldung am 22.01.2017, die sich auf einen Gastbeitrag von Frank-Walter Steinmeier in der „Bild am Sonntag" bezog. Wurde in vielen Medien aufgegriffen.

S. 32 ***Fixed mind / growth mind***: Siehe Literaturhinweis zum Buch mindset, The new Psychology of Success, Ballantine Books, New York 2008 von Carol S. Dweck.

Kapitel 2 - Wissen, was smart ist – der Unterschied klassisch / smart

S. 42 Zitat ***Eckhard Lechner***: Selbstvorstellung Solo Case, XING-Gruppe Solopreneur, März 2014.

S. 62 Stichwort Ramlab: Daniela Schröder, Was kommt nach dem Container? brand eins 07/2017, S. 23 oder direkt ramlab.com oder portofrotterdam.com

S. 63 Zitat ***Csikszentmihalyi*** über Domäne und Zustimmung des dafür verantwortlichen Feldes: Mihaly Csikszentmihalyi, Flow und Kreativität, Klett Cotta, Neuauflage Stuttgart 2015, S. 48. Die Erstauflage war 1966 in den USA, das Buch ist also über ein halbes Jahrhundert alt.

S. 67 Zitat über ***Giulia Enders*** aus dem Artikel von Christina Hucklenbroich, „Darm mit Charme" von Giulia Enders, Vom Bäh zum Wow, Frankfurter Allgemeine, 11.04.2014 http://www.faz.net/aktuell/wissen/giulia-enders-hat-einen-bestseller-ueber-darmhygiene-geschrieben-12891303.html Die Informationen über ihre „Zeit nach dem Buch" stammen aus den beiden Interviews: Philipp Schneider, Damit mit Charme – und dann?, Süddeutsche Zeitung: http://www.sueddeutsche.de/leben/bestseller-autorin-giulia-enders-tief-drin-1.3489797, 10.05.2017 und Interview von Kester Schlenz, Stern: https://www.stern.de/gesundheit/-darm-mit-charme---das-neue-leben-der-erfolgsautorin-giulia-enders-7408554.html, 17.04.2017.

S. 70 Dank an dieser Stelle für die Hintergrundinformationen von ***Andreas Giermaier*** zum Geschäftsmodell von Vera F. Birkenbihl. Ohne diese hätten wir die Produkt-Treppe® nicht so klar darstellen können.

S. 70 Zitat aus dem Spiegel über ***Vera F. Birkenbihl*** von Katrin Wilkens, Positiv denken macht krank, Der Spiegel 30 / 2002, S. 79. Der Artikel setzt sich kritisch mit dem Motivationstrainer Jürgen

Höller und dem „Positiven Denken" auseinander. Am Ende wird auch Vera F. Birkenbihl in die gleiche Schublade geworfen. In unseren Augen ist diese Gleichsetzung ihr gegenüber nicht fair. Vera F. Birkenbihl hat genug Punkte, die man angreifen kann, gleichzeitig aber ein Lebenswerk geschaffen, dem wir Respekt zollen.

Kapitel 3 - Finden Sie Ihr Experten-Thema

S.95 Hintergrund zu ***Cowboy Smithx***: „Elder in the Making" ist der Titel des Filmes von Chris Hsiung mit und über Cowboy Smithx: http://elderinthemaking.com/ Sein Instragram-Kanal: https://www.instagram.com/cowboysmithx/ „We are all Treaty People" ist eine Proklamation, die nicht nur von ihm verwendet wird. „Treaty" ist ein Vertrag, der zwischen First-Nations und den Siedlern (bzw. der englischen Krone) geschlossen wurde. Diese historischen Verträge sind immer noch in Kanada in Kraft. Sie regeln das Zusammenleben. „We are all Treaty" nimmt alle in die Verantwortung, dieses Zusammenleben respektvoll zu gestalten. Wir haben das Wort „Treaty" mit „Reservat" wiedergegeben, weil das in Deutschland besser verstanden wird. Im Sinne von: Alle sind auf der gleichen Seite. Alle sind im Reservat. Alle müssen aufeinander achten.

S. 105 Framework von ***Kim McCosker***: https://www.4ingredients.com.au/about-us Stand 06.07.2018

S. 106 ***Motivation / Information / Aktion***: In der Psychologie wird an vielen Stellen zwischen Motivation, Information und Aktion (Handlung) unterschieden. Häufig in der Reihenfolge: Es gibt eine Motivation. Um das gewünschte Ziel zu erreichen wird Information verarbeitet. Dann wird gehandelt. In der Didaktik hat die Handlung aber noch eine andere Bedeutung: Durch das Handeln (Üben), wird der Inhalt aufgenommen, verinnerlicht und neuronal „angelegt". An einigen Stellen wird diese Dreigliederung als MIA-Modell bezeichnet. Uns ist aber bis heute nicht bekannt, woher diese Bezeichnung kommt, daher nutzen wir sie nicht.

Kapitel 4 - Die 5 Experten-Typen

S. 108 Zitat ***iChess***: https://www.ichess.net/about/ Stand 06.07.2018

S. 108 Zitat ***Martin Krengel***: http://www.martinkrengel.com/martin-krengel/martin-krengel-vita/ Stand 08.08.2017 – Seite ist inzwischen neu gestaltet

S. 128 Slogan ***Expert Academy, Brendon Burchard***: Der genannte Slogan war lange Zeit Subline unter dem Logo der Akademie und wurde beim Relaunch der Seite 2018 ersetzt. Die Ausrichtung blieb aber gleich: „Have you ever wanted to make millions as an author, speaker, coach, seminar leader, or online trainer and thought leader?" war am 06.07.2018 der erste Satz in der Produktbeschreibung zur Expert Academy unter https://brendon.com/events/

S. 128 ***Melissa Galt***: Subline unter dem Logo ihrer Website https://melissagalt.com/ Stand 06.07.2018

S. 129 Hintergrund ***Trump University***: Better Business Bureau, eine Selbstregulierungs-Organisation, die seriöse Geschäftspraxis mit einem Rating bewertet: https://www.bbb.org/new-york-city/business-reviews/training-programs/the-trump-entrepreneur-initiative-in-new-york-ny-97075/

S. 139 ***Bernadotte Noll***: „Start small and stay small" ist Punkt 1 ihrer 10-Step-Anleitung, wie man einen Tribe baut: http://slowfamilyliving.com/2013/01/10-steps-towards-building-your-tribe/ Stand 06.07.2018. Ihre Seite ist auf den ersten Blick nur für Familien, das Tribe-Konzept von ihr ist aber weiter gedacht.

Kapitel 5 - Die 5 Marken-Typen

S. 146 Zitat ***do care!*** : Anne Katrin Matyssek in einer internen Mail in der Smart Business Intensivgruppe Herbst 2017.

S. 155 Die Information, dass ***Mihály Csíkszentmihályi*** mit Zuhörern immer zuerst seinen Namen übte, stammt von Gerhard Huhn, der Csíkszentmihályi persönlich kennt.

S. 159 ***Google***, Keywords: wir empfehlen die ***Google Ranking-Faktoren-Studie*** von ***Searchmetrics***. Zum Umgang mit Keywords im Domain-Namen speziell die Studie von 2015.

Kapitel 6 - Die Experten Produkt-Treppe®

Weitere Informationen zur Produkt-Treppe® finden Sie im Marketing-Generator unter https://www.smartbusinessconcepts.de/marketing-generator/ oder erhalten Sie über unseren Newsletter.

S. 168 Zitat ***Judith Imgrund***: Aus einer Mail an uns am 09.05.2016.

Kapitel 7 - Sich als Experte neu etablieren

S. 186 Zitat ***Jan Doering***: Aus einer Mail an uns 27.01.2017.

Kapitel 8 - Sich als Experte smart wandeln

S. 206 Zitat ***Förster & Kreuz***: https://foerster-kreuz.com/kontakt/ Stand 06.07.2018

Kapitel 9 - Eine Expertenbiografie leben

S. 222 Das Zitat von ***David Allen*** stammt aus dem am 18. April 2018 veröffentlichten Interview, das Jeff Tidwell, der Founder von „The Next For Me", mit David Allen führte. In diesem Interview geht es um die Perspektive für die Zeit im fortgeschrittenen Alter (post-50 lives). http://next-forme.wpengine.com/david-allen-getting-things-done-for-whats-next/ Die letzte Frage des Interviews ist traditionell: What's Next For You? Hier die vollständige Antwort von David Allen: „We have 3 partnerships now and have shrunk the company from 50 people down to about 7. We are an intellectual property licensing company. We found partners that were better than us at marketing and selling our work. Now have license partners around the world. I have just finished the blueprint for our global curriculum – if I get run over by a bus, the work will go way beyond me. And now, I'm not sure what to do next. We appreciate being in a place that challenges us to keep ourselves living and growing. We say learning Dutch is Alzheimers prevention. I've started painting and I'm not sure how that will play out and I don't have to now."

Bildverweis

Wenn nicht weiter genannt, liegen die Bildrechte der Fotos bei den Fallbeispielen bei den dargestellten ExpertInnen. Das gleiche gilt für Markennamen und Markenzeichen.

Foto Anna & Eddy: Martin Eckardt
Foto Jan Doering: Mauro Mazzetto
Foto Maik Pfingsten: Monika Nonnenmacher, Köln
Foto Maria Anna Schwarzberg: Carmen Imhasly
Fotos Norman Bücher: Christian Frumolt
Fotos Feli & Marcus und DNX: Brigitte Conta Gromberg
Foto Gut Großropperhausen: Roland Rossner / Deutsche Stiftung Denkmalschutz, Bonn
Foto Brigitte und Ehrenfried Conta Gromberg: Hauke Gilbert

Informationsgrafiken

Bildgrafik S. 208 Langläufer: fotolia by Rey Kamensky. Alle Illustrationen von Ehrenfried Conta Gromberg. Das Copyright aller Informationsgrafiken liegt bei Smart Business Concepts. Titelgrafik: Ehrenfried Conta Gromberg.

ich bin
solo

solo gemacht in der Nähe von Hamburg

Wie wir produzieren

Gedruckt wurde in Deutschland. Gelagert wird in Deutschland.

WASSER KOMPENSIERT

Klimawandel hat nicht nur mit CO_2 zu tun. Aus diesem Grund kompensieren wir zusätzlich auch den Wasserbrauch. Wir haben für diese Auflage einen Wasserverbrauch von 40.000 Litern zu Grunde gelegt und eine Kompensations-Spende an *nonwatersanitation.de* überwiesen. *Non Water Sanitation* führt in Indien ökologische Trockentoiletten in Dörfer ein, die bisher keine eigene Sanitärversorgung haben.

Print CO_2 kompensiert
Id-Nr. 1873612

CO_2 KOMPENSIERT

Die bei der Produktion dieses Buches freigesetzten CO_2-Emissionen wurden ausgeglichen durch Klimaschutz-Zertifikate von *Arktik* (*Gold Standard Zertifikate*). Mehr Informationen finden Sie unter *arktik.de* und *goldstandard.org*. Die Projekte werden auf Nachhaltigkeit vom *TÜV Nord* und vom *WWF* geprüft. Informationen, wie die Emissionen dieses Buches ermittelt und konkret kompensiert wurden, erhalten Sie unter *klima-druck.de*.

PAPIER

Alle in diesem Buch verwendeten Papiere sind FSC®-zertifiziert. Sie stammen aus Wäldern, die gemäß den Prinzipien des FSC® verantwortungsvoll bewirtschaftet werden. www.fsc-deutschland.de

FSC®
www.fsc.org
MIX
Papier aus verantwortungsvollen Quellen
FSC® C043106

Die Komponenten-Liste

www.smartbusinessconcepts.de/komponenten-liste

Spart Ihnen viele Kopfschmerzen

Von Website über Newsletter bis hin zur Logistik.

Die wichtigsten Komponenten übersichtlich geordnet und bewertet.

Welche Komponenten nutzen Sie?

In der Regel hat ein Smart Business Concept ein Set von ca. 10 bis 20 Komponenten. Je nach Solopreneur-Typ brauchen Sie dabei andere Kombinationen.

Die Komponenten-Liste nimmt Ihnen die Arbeit ab, sich selbst einen Überblick in der Fülle der Angebote zu verschaffen.

„Endlich eine zentrale Liste im Komponenten-Dschungel."

Dr. Barbara Eisenbart
Dozentin für Entrepreneurship